LEÇONS

SUR LES

FAMILLES NORMALES

DE

FONCTIONS ANALYTIQUES

ET LEURS APPLICATIONS

LEÇONS

SUR LES

FAMILLES NORMALES

DE

FONCTIONS ANALYTIQUES

ET LEURS APPLICATIONS

PAR

Paul MONTEL
Professeur à la Faculté des Sciences de Paris

RECUEILLIES ET RÉDIGÉES

Par J. BARBOTTE
Agrégé-Préparateur à l'École Normale supérieure

CHELSEA PUBLISHING COMPANY
BRONX, NEW YORK

SECOND EDITION

The present, second edition is a reprint, textually unaltered apart from correction of errata and various minor changes, of a work first published at Paris in 1927 in the series of monographs, Collection de Monographies sur la Théorie des Fonctions, under the editorship of Émile Borel and known commonly as the Collection Borel. It is published in 1974 at New York, N. Y. and is printed on 'long-life' alkaline paper

CIP

Library of Congress Cataloging in Publication Data

Montel, Paul Antonin, 1876-
Leçons sur les familles normales de fonctions analytiques et leurs applications.

Original ed. issued in series: Collection de monographies sur la théorie des fonctions.
1. Functions, Analytic. I. Title.
QA331.M73 1974 515'.9 73-14649
ISBN 0-8284-0271-X

International Standard Book Number: 0-8284-0271-X

Printed in the United States of America

PRÉFACE.

J'ai réuni dans ce Volume les principes de la théorie des familles de fonctions analytiques et les résultats les plus saillants que cette théorie a permis d'obtenir.

Dans cette étude, les fonctions méromorphes doivent être considérées comme régulières et continues : la valeur infinie ne joue aucun rôle spécial et les pôles ne sont pas des points singuliers. Le fait que des fonctions méromorphes ne prennent jamais certaines valeurs, appelées alors exceptionnelles, établit entre ces fonctions une solidarité remarquable. A ce point de vue, les fonctions holomorphes doivent être regardées comme admettant une valeur exceptionnelle commune : la valeur infinie.

Dès qu'il existe trois valeurs exceptionnelles pour les fonctions d'une famille, cette famille est normale, c'est-à-dire que toute suite infinie de fonctions lui appartenant est génératrice d'une suite partielle convergeant uniformément vers une fonction limite. Ce résultat est étroitement lié au théorème de M. Picard fixant à deux le nombre maximum des valeurs exceptionnelles d'une fonction uniforme autour d'un point singulier isolé, et ce théorème occupe, dans la théorie des familles normales, une position centrale.

M. Carathéodory a fait une des premières applications de la théorie des familles normales, pour l'étude de la représentation conforme; cette même théorie permet aussi une analyse complète de la correspondance des frontières.

Elle facilite également l'examen approfondi des propriétés d'une fonction uniforme dans le voisinage d'un point singulier isolé. On morcèle le plan de la variable complexe, autour de ce point, en une infinité de régions, et la représentation conforme de ces régions sur une aire fixe conduit à une famille de fonctions. L'étude de cette famille fournit des propositions maintenant classiques, ainsi que l'important résultat de M. Julia sur la distribution des arguments des zéros et les propriétés des fonctions de M. Ostrowski pour lesquelles cette distribution est exceptionnelle.

Une des applications les plus intéressantes de la théorie des familles normales concerne l'itération des fractions rationnelles dont l'étude générale a été conduite très loin dans cette voie par les beaux travaux de M. Fatou et de M. Julia.

Les premiers Chapitres de cet Ouvrage ont fait l'objet de leçons professées à l'École Normale supérieure. Elles ont été recueillies par M. Barbotte qui a apporté beaucoup de précision et de soins dans leur rédaction, et dont bien des remarques judicieuses m'ont été utiles : je tiens à lui exprimer ici mes vifs remerciements.

J'ai complété sur différents points ces premiers Chapitres et j'ai ajouté des Chapitres nouveaux traitant de questions que je n'avais pu aborder dans ces leçons, ou dont l'étude est toute récente : en particulier, les recherches sur les fonctions exceptionnelles, l'itération, les fonctions de plusieurs variables, et les familles complexes.

Je souhaite que le lecteur apporte à l'examen de ces pages la bienveillance avec laquelle M. Émile Borel les a accueillies dans sa belle Collection. La haute tenue que la Maison Gauthier-Villars a donnée à leur composition contribuera sans doute à provoquer en lui ce sentiment.

PAUL MONTEL.

TABLE DES MATIÈRES.

CHAPITRE II.

FONCTIONS HOLOMORPHES A VALEURS EXCEPTIONNELLES. FAMILLES QUASI-NORMALES.

Fonctions de Schwarz.

Familles de fonctions holomorphes à valeurs exceptionnelles.

Familles quasi-normales.

CHAPITRE III.

ÉTUDE DES FONCTIONS UNIFORMES AUTOUR D'UN POINT ESSENTIEL ISOLÉ.

CHAPITRE IV.

REPRÉSENTATION CONFORME.

Représentation conforme d'un domaine ouvert.

Correspondance entre les frontières.

CHAPITRE V.

FAMILLES DE FONCTIONS MÉROMORPHES.

Familles normales.

Familles quasi-normales.

CHAPITRE VI.

FAMILLES QUASI-NORMALES PARTICULIÈRES.

Familles de fonctions à valeurs quasi-exceptionnelles.

Fonctions méromorphes exceptionnelles.

CHAPITRE VII.

SUITES DE FONCTIONS ANALYTIQUES.

Suites de fonctions holomorphes.

Suites de fonctions méromorphes.

CHAPITRE VIII.

ITÉRATION DES FRACTIONS RATIONNELLES.

CHAPITRE IX.

FAMILLES DE FONCTIONS DE PLUSIEURS VARIABLES.

Familles normales de fonctions de deux variables.

Familles de fonctions uniformisantes.

CHAPITRE X.

FAMILLES COMPLEXES ET APPLICATIONS.

Familles complexes normales.

Familles complexes particulières.

Fonctions algébroïdes admettant des involutions exceptionnelles.

FIN DE LA TABLE DES MATIÈRES.

LEÇONS SUR LES FAMILLES NORMALES
DE
FONCTIONS ANALYTIQUES
ET LEURS APPLICATIONS

CHAPITRE I.

ENSEMBLES DE POINTS. FAMILLES DE FONCTIONS.

ENSEMBLES DE POINTS. DOMAINES.

1. **Ensemble. Point limite.** — Rappelons brièvement quelques notions essentielles sur les ensembles de points et les domaines. Nous considérerons des ensembles de points situés dans un plan et nous supposerons, en général, qu'il s'agit du plan de la variable complexe dans lequel un point unique, le point à l'infini, correspond à toutes les valeurs de la variable dont le module est infini.

On dit qu'un ensemble de points est *borné* lorsque tous ses points sont intérieurs à un cercle.

On appelle *point limite* ou *point d'accumulation* d'un ensemble (E) de points, tout point P tel que, dans un cercle arbitraire de centre P, il existe un point de (E) distinct du point P. Le point P peut appartenir ou ne pas appartenir à l'ensemble. Tout point de (E) qui n'est pas un point limite est un *point isolé*.

Si un ensemble admet un point limite P, il contient une infinité de points, sinon, dans un cercle assez petit de centre P, il n'y aurait aucun point de l'ensemble différent de P. Réciproquement :

Tout ensemble infini de points admet au moins un point limite. — Supposons d'abord l'ensemble borné Il existe un cercle et, par conséquent un carré Δ_0, de côté a, contenant tous les points de l'ensemble. Nous allons utiliser, pour la démonstration, le procédé bien connu des suites de carrés emboîtés. Partageons le carré Δ_0 en quatre carrés égaux au moyen des médianes : l'un au moins des carrés obtenus contient une infinité de points ; soit Δ_1 un des carrés possédant cette propriété. Partageons le carré Δ_1 en quatre carrés au moyen des médianes : nous obtiendrons un carré Δ_2 contenant une infinité de points. Et ainsi de suite ; la suite infinie de carrés

$$\Delta_0, \quad \Delta_1, \quad \Delta_2, \quad \ldots, \quad \Delta_n, \quad \ldots$$

dont les côtés ont respectivement pour longueurs

$$a, \quad \frac{a}{2}, \quad \frac{a}{2^2}, \quad \ldots, \quad \frac{a}{2^n}, \quad \ldots$$

a pour limite un point unique P. On voit aisément, en effet, que si l'on prend des axes Ox et Oy parallèles aux directions des côtés des carrés, les abscisses des côtés de Δ_n parallèles à Ox ont une même limite x, et les ordonnées des côtés de Δ_n parallèles à Oy ont une même limite y ; $x + iy$ est l'affixe du point P. Je dis que P est un point limite de l'ensemble.

Traçons un cercle de centre P et de rayon arbitraire ε ; lorsque n est assez grand pour que l'inégalité

$$\frac{a\sqrt{2}}{2^n} < \varepsilon$$

soit satisfaite, le carré Δ_n est tout entier dans le cercle, car le point P est commun à tous les carrés. Il y a donc des points de l'ensemble aussi près que l'on veut du point P.

Supposons maintenant que l'ensemble ne soit pas borné et traçons des cercles concentriques C_n de rayons $1, 2, \ldots, n, \ldots$. Ou bien un de ces cercles contient une infinité de points : il contient alors au moins un point limite à distance finie. Ou bien, quelque grand que soit le cercle, il n'y a à son intérieur qu'un nombre fini de points. Comme il y a toujours des points à l'extérieur de C_n, quel que soit n, nous dirons que le point à l'infini est un point limite. Ce point limite existe toujours pour un ensemble non borné.

Pour bien se rendre compte de la nécessité d'admettre le point à l'infini comme point limite dans le cas précédent, il suffit de représenter le plan complexe sur la sphère de Riemann au moyen d'une inversion dont le pôle est un point Ω de la sphère projeté en O sur le plan. Les cercles C_n se transforment en cercles situés sur la sphère admettant comme pôle commun le point Ω, et les points de la sphère correspondant à l'ensemble viennent s'accumuler autour de Ω.

2. Ensemble dérivé. — On appelle *ensemble dérivé* d'un ensemble (E), et l'on représente par la notation (E′), l'ensemble de tous les points limites de (E). Un ensemble (E) qui contient tous ses points limites est un *ensemble fermé :* par exemple, tout ensemble dérivé est fermé. Si un ensemble fermé n'a pas de point isolé, tous ses points appartiennent à son dérivé : c'est un *ensemble parfait*. Un ensemble parfait est identique à son dérivé.

Les points communs à deux ensembles fermés forment un ensemble fermé. Si deux ensembles fermés n'ont aucun point commun, la distance d'un point du premier à un point du second a un minimum non nul et ce minimum est atteint pour au moins un couple de points.

Soit, en effet, δ la borne inférieure de l'ensemble des distances des points d'un ensemble fermé (E) à ceux d'un ensemble fermé (F) : le nombre δ est fini, car aucun des deux ensembles ne se réduit au seul point à l'infini. Soit

$$P_1, Q_1; \quad P_2, Q_2; \quad \ldots; \quad P_n, Q_n; \quad \ldots$$

une suite infinie de couples de points P_n, Q_n, appartenant respectivement aux ensembles (E) et (F) et tels que la distance P_nQ_n ait pour limite δ. La suite infinie

$$P_1, \quad P_2, \quad \ldots, \quad P_n, \quad \ldots$$

admet au moins un point limite P ; si un point figure une infinité de fois dans la suite, on pourra le prendre ici comme point limite P_1 [1]. Soit

$$P_{\alpha_1}, \quad P_{\alpha_2}, \quad \ldots, \quad P_{\alpha_n}, \quad \ldots$$

une suite partielle ayant pour unique point limite le point P. La suite infinie

$$Q_{\alpha_1}, \quad Q_{\alpha_2}, \quad \ldots, \quad Q_{\alpha_n}, \quad \ldots$$

a au moins un point limite Q ; soit

$$Q_{\beta_1}, \quad Q_{\beta_2}, \quad \ldots, \quad Q_{\beta_n}, \quad \ldots$$

une suite partielle ayant Q comme point limite unique. L'un des points P ou Q est à distance finie, car, les ensembles étant fermés, P appartient à (E) et Q appartient à (F), et ces ensembles n'ont aucun point commun. Comme la distance PQ limite de la distance $P_{\beta_n} Q_{\beta_n}$ est égale à δ, les deux points sont à distance finie ; ils sont distincts, et la proposition est démontrée.

Le nombre δ minimum non nul de la distance des points de deux ensembles s'appelle la *distance des deux ensembles fermés*.

On définirait de même la distance d'un point à un ensemble fermé qui ne le contient pas ; les notions de distance d'un point à une courbe, à une surface, de deux courbes ou de deux surfaces sans point commun sont des cas particuliers de la proposition précédente.

Voici quelques exemples des différents types d'ensemble dont on vient de parler. L'ensemble des points du plan dont les deux coordonnées sont rationnelles n'est pas fermé, car son dérivé comprend tous les points du plan ; il ne contient pas de point isolé. Il en est de même de l'ensemble des points dont une coordonnée au moins est rationnelle.

L'ensemble des points $\frac{1 \pm i}{n}$ est fermé, n désignant un entier positif ou négatif, si l'on y adjoint l'origine qui est son seul point limite.

L'ensemble des points d'un carré ou d'un cercle est un ensemble parfait lorsqu'il contient les points de la périphérie.

---

[1] Lorsque des points P_{α_n}, en nombre infini, coïncident avec un seul point géométrique P, il y a avantage à considérer P comme un point limite lorsque les points P_{α_n} jouent des rôles différents pour des valeurs différentes de n, comme c'est ici le cas.

3. Points intérieurs et extérieurs. Frontières. Domaines. — On dit qu'un point P est *intérieur* à un ensemble (E), si l'on peut trouver un cercle de centre P et de rayon assez petit pour que tous les points de ce cercle appartiennent à l'ensemble.

Un point P est *extérieur* à (E), s'il existe un cercle de centre P tel qu'aucun point de ce cercle n'appartienne à l'ensemble.

Un point P est un *point frontière* de (E) si, quelque petit que soit un cercle de centre P, il y a, à l'intérieur de ce cercle, des points de (E) et des points n'appartenant pas à (E).

Tout point du plan est, soit extérieur à (E), soit intérieur à (E), soit frontière de (E).

On appelle *domaine* un ensemble dont tous les points sont intérieurs.

Par exemple, l'ensemble des points situés à l'intérieur d'un cercle, les points de la circonférence étant exclus, est un domaine.

Un domaine est *borné* lorsque l'ensemble de ses points est borné.

Si un domaine (E) ne contient pas tous les points du plan il existe nécessairement des points frontières [1]. Il suffit, pour s'en assurer, de joindre par un segment rectiligne un point du domaine à un point n'appartenant pas au domaine : on voit aisément que, sur ce segment, il y a au moins un point frontière. Les points frontières d'un domaine forment un ensemble (F), appelé *frontière* de ce domaine.

L'ensemble (E) est appelé plus précisément un *domaine ouvert;* l'ensemble formé par la réunion de (E) et de (F) est fermé, il est appelé *domaine fermé.* Toutes les fois que nous parlerons d'un domaine, sans ajouter qu'il est fermé, il s'agira d'un domaine ouvert.

Un domaine (Δ) est *complètement intérieur* à un autre domaine (D) si tous les points de (Δ), et ses points frontières, sont intérieurs à (D).

On dit qu'un domaine est *connexe* quand deux points quelconques A et B de ce domaine peuvent être joints par une ligne continue dont tous les points sont intérieurs au domaine.

---

[1] Mais il n'y a pas nécessairement de points extérieurs : par exemple, l'ensemble (E) formé par les points du plan non situés sur le segment rectiligne (0,1) admet ce segment comme ensemble de points frontières; il n'existe pas de point extérieur à (E).

Il est *simplement connexe* si deux chemins intérieurs quelconques allant de A à B peuvent se ramener l'un à l'autre par déformation continue, en restant toujours complètement intérieurs. Toute courbe fermée tracée dans ce domaine peut se réduire à un point par déformation continue. Cette déformation, dans le plan de la variable complexe, peut d'ailleurs s'effectuer en passant par le point à l'infini : nous dirons, par exemple, que les points extérieurs à un cercle forment un domaine simplement connexe. On fera disparaître toute distinction entre le point à l'infini et les autres points du plan au moyen de la sphère de Riemann, en prenant l'inverse du plan par rapport à un pôle Ω extérieur au plan, de façon à obtenir une sphère sur laquelle le point Ω ou pôle Nord correspond au point à l'infini du plan : l'ensemble des points extérieurs à un cercle deviendra alors une calotte sphérique contenant le point Ω.

Si un point A de la frontière (F) d'un domaine (D) est *isolé* par rapport à (F), tous les points voisins de A sont des points intérieurs.

Supposons en effet que, à l'intérieur d'un cercle de centre A et de rayon arbitrairement petit ne contenant aucun point de (F) distinct de A, on puisse trouver un point B extérieur à (D). Dans le même cercle, par définition, il existe un point C intérieur à (D). Nous pouvons, au besoin, remplacer C par un point voisin de manière que le segment de droite BC ne passe pas par A. Ce segment contient alors un point frontière A′, distinct de A, et situé à l'intérieur du cercle, ce qui est contraire à l'hypothèse.

On déduit de la remarque précédente que : *si la frontière d'un domaine simplement connexe comprend plus d'un point, elle ne comprend aucun point isolé : par suite, elle comprend une infinité de points.* Soit en effet A un point frontière supposé isolé : il existe alors un petit cercle de centre A, entourant ce seul point frontière, et dont la circonférence est tout entière intérieure à (D); cette ligne ne peut se réduire à zéro, par déformation continue puisqu'elle a à son intérieur le point frontière A, et à son extérieur d'autres points frontières : le domaine ne serait donc pas simplement connexe; cette proposition nous sera utile.

Étant donné un point O intérieur à un domaine borne (D), on peut trouver un domaine (Δ) complètement intérieur à (D), contenant le point O, et limité par un nombre fini de courbes rectifiables dont tous les points sont à une distance de la frontière moindre qu'un nombre donné ε.

Traçons en effet dans le plan un quadrillage dont le côté, inférieur à $\frac{\varepsilon}{\sqrt{2}}$, soit assez petit pour que le carré contenant O soit complètement intérieur à (D). Couvrons de hachures ce carré et hachurons de même ceux des carrés qui lui sont adjacents s'ils sont aussi complètement intérieurs à (D). Continuons de proche en proche, en hachurant tout carré qui a un côté commun avec un carré déjà hachuré et qui est complètement intérieur à (D). Les carrés ainsi hachurés, qui sont en nombre fini, forment un domaine connexe (Δ) contenant le point O et limité par un nombre fini de lignes polygonales fermées, constituées par des côtés du quadrillage. Soit AB un de ces côtés. L'un des deux carrés adjacents à AB contient des points frontières de (D), sans quoi l'un des deux carrés étant nécessairement hachuré, l'autre devrait l'être aussi, et AB ne limiterait pas (Δ). Tout point de AB est donc à une distance moindre que ε d'un point frontière.

La démonstration est encore applicable lorsque (D) n'est pas borné; mais, dans ce cas, les lignes polygonales ne sont plus nécessairement en nombre fini.

4. **Ensembles continus.** — Un ensemble (E) est *dense* dans un domaine (D) lorsque son dérivé contient tous les points de (D).

On dit qu'un ensemble (E) de points est *continu* si, étant donnés deux points P et Q de cet ensemble, on peut trouver une ligne polygonale joignant le point P au point Q, dont tous les sommets appartiennent à l'ensemble et dont tous les côtés sont moindres que ε.

Si un ensemble borné (E) *n'est pas continu, on peut trouver une courbe fermée rectifiable qui sépare deux points de cet ensemble et qui reste à une distance des points de l'ensemble supérieure à un nombre positif.*

L'ensemble (E) n'étant pas continu, il existe deux points P et Q de (E) et un nombre ε tels que P et Q ne puissent être reliés par une chaîne de points de (E) à chaînons inférieurs à ε. Considérons l'ensemble des points dont la distance à un point au moins de (E) soit inférieure à $\frac{\varepsilon}{3}$. Cet ensemble est un domaine et se décompose en un ou plusieurs domaines connexes $(\mathcal{D}_1)$, $(\mathcal{D}_2)$, ...; leurs frontières se composent des points dont la distance minima aux points de (E) est exactement $\frac{\varepsilon}{3}$ [1].

Les points P et Q ne peuvent appartenir au même domaine partiel $(\mathcal{D}_1)$ car, s'il en était ainsi, il existerait une courbe joignant P à Q à l'intérieur de $(\mathcal{D}_1)$, on pourrait alors trouver une suite finie de points de cette courbe, le premier étant P, le dernier Q, et la distance de deux points consécutifs étant plus petite que $\frac{\varepsilon}{3}$; à chacun de ces points, on pourrait faire correspondre un point de (E) qui en soit éloigné de moins de $\frac{\varepsilon}{3}$; deux points consécutifs de la suite de points de (E) ainsi obtenue seraient alors éloignés de moins de ε.

Soit donc $(\mathcal{D}_1)$ le domaine qui contient P, il ne contient pas Q; il existe un domaine $(\mathcal{D})$ complètement intérieur à $(\mathcal{D}_1)$ contenant P, et limité par une ou plusieurs courbes rectifiables dont la distance à la frontière de $(\mathcal{D}_1)$ est inférieure à $\frac{\varepsilon}{6}$. Ce domaine ne contient pas Q, donc l'une des courbes (Γ) qui le limitent sépare P de Q; la distance d'un point de cette courbe (Γ) à un point M de (E) est supérieure à $\frac{\varepsilon}{6}$, que M appartienne ou non à $(\mathcal{D}_1)$.

Il résulte du théorème précédent que la frontière (F) d'un domaine simplement connexe (D) est un ensemble continu. Dans le cas contraire, il existerait une courbe fermée (Γ) séparant deux points P et Q de (F). Comme (Γ) ne contient pas de point frontière, ou bien cette courbe est extérieure à (D), et elle ne peut séparer des points de (D) voisins de P et Q; ou bien cette courbe est intérieure à (D) et elle ne peut séparer P de Q, car elle peut se réduire à un point par déformation continue.

5. Courbes de Jordan. Points frontières accessibles. — On

---

[1] Cette distance est la borne inférieure des distances du point F à tous les points de (E), mais n'est pas nécessairement la distance de F à un certain point de (E), si (E) n'est pas fermé.

appelle *courbe de Jordan* l'ensemble des points dont les coordonnées sont exprimées par des fonctions d'un paramètre réel t

$$x = f(t), \qquad y = g(t),$$

définies et continues dans un intervalle fermé, par exemple l'intervalle $(0, 1)$. Elle est *sans point double* si deux valeurs différentes de t donnent toujours deux points différents, sauf peut-être les valeurs 0 et 1. Elle est ouverte ou fermée suivant que les extrémités de l'intervalle donnent ou non le même point.

Les points d'une courbe de Jordan forment un ensemble parfait.

Étant donnée une courbe de Jordan ouverte sans point double, on démontre que l'on peut trouver une ligne polygonale [1] sans point double ayant les mêmes extrémités et dont tous les points sont à une distance arbitrairement petite de cette courbe.

Un point frontière A d'un domaine (D) est dit *accessible par l'intérieur* si l'on peut trouver une courbe de Jordan partant d'un point intérieur O, aboutissant en A, et dont tous les points, sauf A, soient intérieurs à (D) : A est leur seul point limite situé sur la frontière.

L'ensemble des points accessibles est dense sur la frontière d'un domaine connexe, c'est-à-dire que tout point frontière non isolé est limite de points accessibles. Soient en effet A un point frontière non isolé; $A_1, A_2, \ldots, A_n, \ldots$ des points frontières qui tendent vers A. Sur le cercle (C_n) de centre A passant par A_n, il y a un point intérieur M_n, sinon (C_n) morcellerait le domaine, qui ne serait pas connexe. En suivant le cercle à partir de M_n dans un sens quelconque, il y a un premier point frontière rencontré, car l'ensemble des points communs à (C_n) et à la frontière est fermé. Ce point B_n est accessible par l'arc de cercle M_nB_n et la suite des points B_n tend vers A.

Tout point accessible A peut être atteint au moyen d'une ligne polygonale intérieure à (D) ayant une infinité de côtés au voisinage de A. Soit en effet (L) une courbe de Jordan intérieure aboutissant au point A qui correspond à la limite supérieure 1 du paramètre. Prenons une suite de nombres $t_1, t_2, \ldots, t_n, \ldots$ qui tendent

---

[1] Sauf indication contraire, quand nous parlerons d'une ligne polygonale, nous supposerons que le nombre de ses côtés est fini.

vers 1 en croissant; soit δ_n la plus courte distance de la frontière à l'arc (t_n, t_{n+1}) de (L). Cet arc peut être remplacé par une ligne polygonale ayant les mêmes extrémités et restant à une distance de l'arc inférieure à $\frac{\delta_n}{2}$: cette ligne est intérieure à (D). En mettant bout à bout toutes ces lignes polygonales, on obtient une ligne intérieure à (D) qui aboutit au point A. On voit aisément qu'il est possible de modifier cette ligne de façon à faire disparaître tous les points doubles qu'elle peut contenir.

Voici quelques exemples de domaines simplement connexes.

Le type de frontière le plus simple, après la courbe fermée sans point double, analytique ou composée d'arcs analytiques, est la courbe fermée de Jordan sans point double.

Jordan a démontré qu'une telle courbe partage le plan en deux régions simplement connexes [1] et A. Schœnflies que tous ses points sont accessibles par l'intérieur et par l'extérieur [2].

Considérons maintenant la courbe

$$(L) \qquad y = \sin\frac{1}{x} \qquad (x > 0)$$

(*fig.* 1); elle comprend une infinité d'arches venant s'aplatir

Fig. 1.

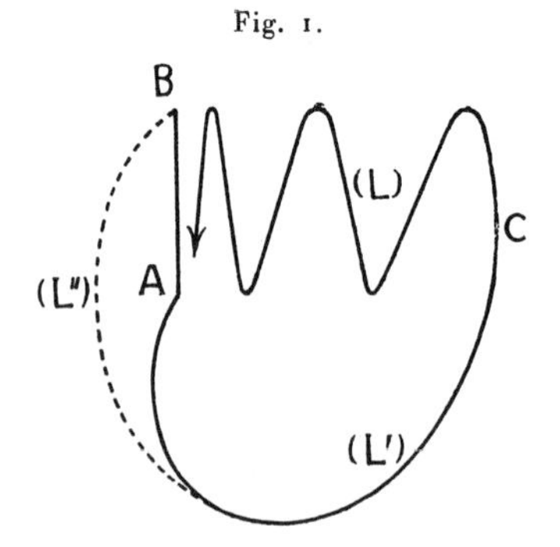

contre le segment AB (— 1, + 1) de l'axe des y. Relions le point A à un point C de (L) par une courbe de Jordan (L') située

(1) L'intérieur est la région qui ne comprend que des points à distance finie.

(2) Voir par exemple C. JORDAN, *Cours d'Analyse* (2e ou 3e édition), t, I. p. 90, ou Ch.-J. DE LA VALLÉE POUSSIN. *Cours d'Analyse infinitésimale* (3e édition 1914). p. 374.

au-dessous de la droite ($y = -1$). La courbe (L′), le segment AB et la partie de (L), dont les points ont une abscisse inférieure à celle de C, forment la frontière d'un domaine simplement connexe. La courbe (L) n'est pas une courbe de Jordan, car, en la coupant par une parallèle à l'axe de x, on trouve des points ayant pour limite un point arbitraire de AB. Les points de AB, sauf A, ne sont pas accessibles par l'intérieur. Si au lieu de (L′) on avait pris une courbe telle que (L″) aboutissant en B, ces points auraient été accessibles par l'intérieur, mais non par l'extérieur.

Quand la frontière n'est pas une courbe de Jordan, elle peut partager le plan en plus de deux domaines. Soit, par exemple, le domaine (D) hachuré sur la figure 2 compris entre deux spirales

Fig. 2.

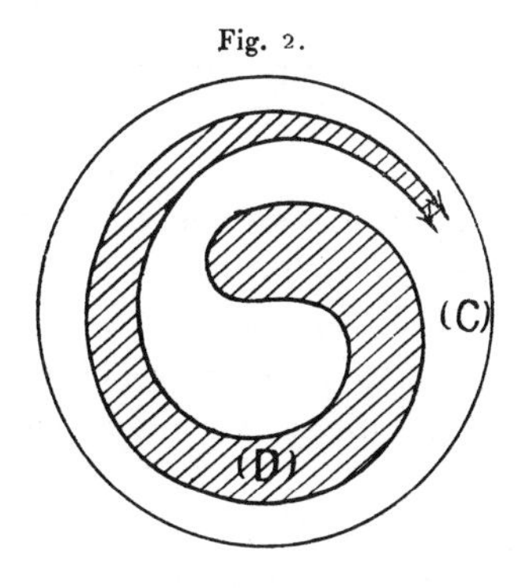

ayant un même cercle asymptote (C). La frontière comprend ces deux branches et la circonférence; elle partage le plan en trois domaines simplement connexes : le domaine (D), un autre domaine formé des points intérieurs au cercle (C), et l'extérieur du cercle (C).

En prenant plusieurs cercles, on peut obtenir une division du plan en autant de domaines que l'on voudra. Il existe même des frontières partageant le plan en une infinité dénombrable de domaines ([1]).

Soit (*fig.* 3) un carré dans lequel on a tracé des segments *ab*, *cd*, ..., parallèles à AB et partant du côté AD. L'ensemble des

---

([1]) Voir A. Schœnflies, *Die Entwicklung der Lehre von den Punktmannigfaltigkeiten*, t. II, 1908, p. 168.

points intérieurs au carré et non situés sur l'un de ces traits est un domaine simplement connexe dont la frontière comprend le périmètre du carré et les traits. Le point frontière m est *accessible*

Fig. 3.

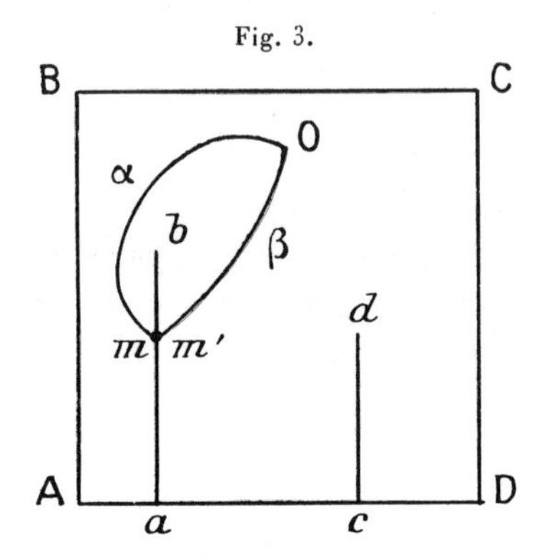

de deux manières différentes, et les deux chemins d'accès $O\alpha m$, $O\beta m$ forment une ligne fermée contenant à son intérieur une partie de la frontière. Nous considérerons le trait ab comme une coupure ayant deux bords, et nous dirons qu'il existe en m deux points frontières distincts m et m'. Des points voisins de m situés de part et d'autre de la coupure ne sont pas des points intérieurs infiniments voisins.

Fig. 4.

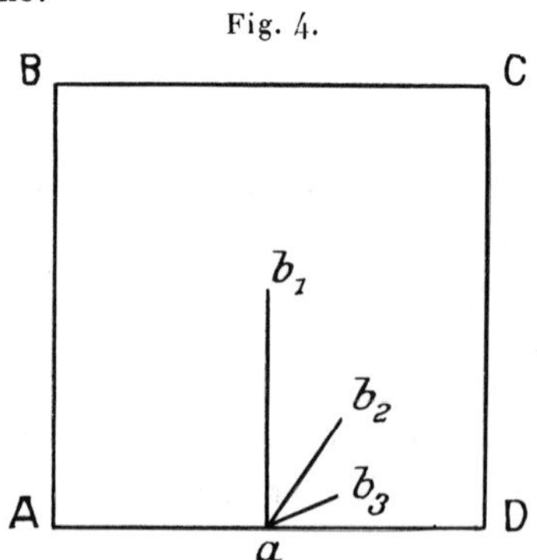

Soit maintenant a le milieu d'un côté d'un carré de côté unité; traçons les coupures ab_1, ab_2, ..., ab_n, ..., de longueurs respectivement égales à

$$\frac{1}{2}, \quad \frac{1}{2^2}, \quad \ldots, \quad \frac{1}{2^n}, \quad \ldots,$$

et faisant avec le côté AD les angles

$$\frac{\pi}{2}, \quad \frac{\pi}{2^2}, \quad \ldots, \quad \frac{\pi}{2^n}, \quad \ldots,$$

le point a est alors accessible d'une infinité de façons.

L'emploi d'une infinité de coupures fournit un moyen simple d'obtenir des frontières ayant des points inaccessibles. Nous en donnons ci-dessous (*fig.* 5) trois exemples; les figures indiquent

Fig. 5.

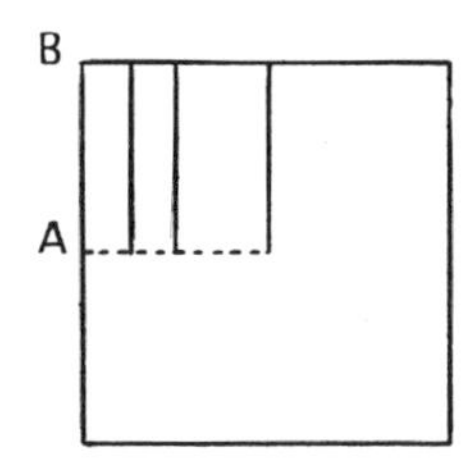

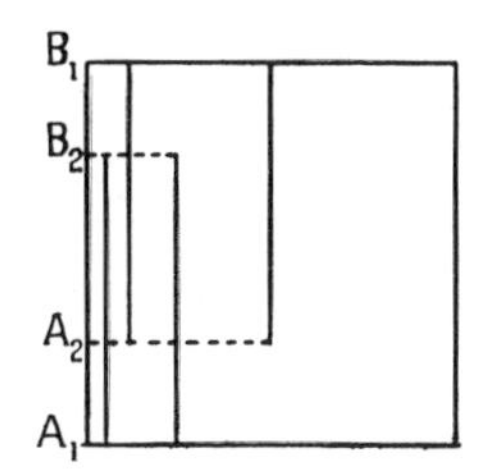

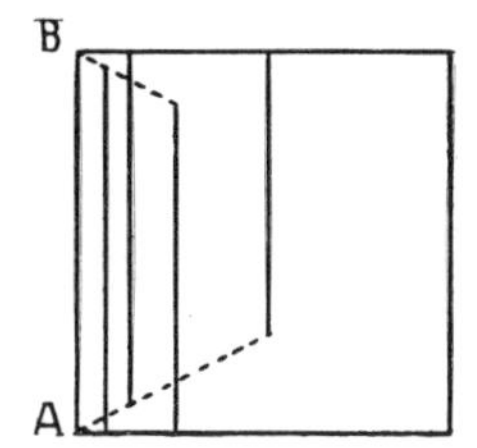

la construction; les traits verticaux sont aux distances $\frac{1}{2}, \frac{1}{2^2}, \ldots, \frac{1}{2^n}, \ldots,$ du côté AB.

6. Ensembles de points dans un espace quelconque. — Le théorème du paragraphe 1 relatif à l'existence d'un point limite pour un ensemble infini des points peut s'étendre à un espace à un nombre fini quelconque de dimensions (E_p).

Nous appellerons point de l'espace à p dimensions un système de p nombres complexes $z_1, z_2, \ldots, z_p$, finis ou infinis.

Étant donné un ensemble (E), je choisis arbitrairement, dans cet ensemble, une suite infinie des points $P_1, P_2, \ldots, P_n, \ldots$; c'est-à-dire une suite infinie de systèmes de p nombres que je range dans le tableau suivant

P_1	P_2	...	P_n	...
Z_1^1	Z_1^2	...	Z_1^n	...
Z_2^1	Z_2^2	...	Z_2^n	...
...	...	...	...	...
Z_p^1	Z_p^2	...	Z_p^n	...

d'après le théorème précédent, je peux extraire, de la première ligne, une suite partielle infinie

$$Z_1^{\alpha_1}, \quad Z_1^{\alpha_2}, \quad \ldots, \quad Z_1^{\alpha_n}, \quad \ldots$$

qui converge vers une limite Z_1. Supposons barrées dans le tableau toutes les colonnes autres que celles qui correspondent aux points P_{α_1}, P_{α_2}, ..., P_{α_n}, ... De la seconde ligne du tableau ainsi modifié, je peux extraire une suite partielle infinie

$$Z_2^{\beta_1}, \quad Z_2^{\beta_2}, \quad \ldots, \quad Z_2^{\beta_n}, \quad \ldots$$

qui converge vers une limite Z_2.

Remarquons que la suite

$$Z_1^{\beta_1}, \quad Z_1^{\beta_2}, \quad \ldots, \quad Z_1^{\beta_n}, \quad \ldots$$

converge encore vers Z_1 puisqu'elle est extraite de la suite

$$Z_1^{\alpha_1}, \quad Z_1^{\alpha_2}, \quad \ldots, \quad Z_1^{\alpha_n}, \quad \ldots.$$

Supprimons du tableau toutes les colonnes autres que les colonnes

$$\beta_1, \quad \beta_2, \quad \ldots, \quad \beta_n, \quad \ldots$$

et recommençons la même opération sur la troisième ligne du tableau, etc.; en continuant ainsi, nous arriverons à trouver une suite infinie d'indices λ_1, λ_2, ..., λ_n, ..., telle que la suite

$$Z_1^{\lambda_1}, \quad Z_1^{\lambda_2}, \quad \ldots, \quad Z_1^{\lambda_n}, \quad \ldots$$

converge vers la limite Z_1; que la suite

$$Z_2^{\lambda_1}, \quad Z_2^{\lambda_2}, \quad \ldots, \quad Z_2^{\lambda_n}, \quad \ldots$$

converge vers la limite Z_2, etc.; que la suite

$$Z_p^{\lambda_1}, \quad Z_p^{\lambda_2}, \quad \ldots, \quad Z_p^{\lambda_n}, \quad \ldots$$

converge vers la limite Z_p.

Dans ces conditions, la suite des points P_{λ_1}, P_{λ_2}, ..., P_{λ_n}, ... converge vers un point limite P, dont les coordonnées sont Z_1, Z_2, ..., Z_p, car, étant donné un nombre ε, on pourra trouver un nombre N tel que, pour $\lambda_n > N$, on ait à la fois

$$|Z_1 - Z_1^{\lambda_n}| < \varepsilon, \qquad |Z_2 - Z_2^{\lambda_n}| < \varepsilon, \qquad \ldots, \qquad |Z_p - Z_p^{\lambda_n}| < \varepsilon;$$

il suffit de prendre pour N le plus grand de p nombres qui assurent chacune des inégalités respectivement dans les suites

$$Z_1^{\lambda_n}, \quad Z_2^{\lambda_n}, \quad \ldots, \quad Z_p^{\lambda_n}.$$

Le point P a dans son voisinage une infinité de points de la suite et, par conséquent, une infinité de points de l'ensemble.

7. Ensembles de points dans un espace fonctionnel. — La démonstration précédente peut être modifiée de manière à établir la même proposition pour un espace à une infinité dénombrable de dimensions, espace que nous désignerons par la notation (E_∞). Un point de cet espace est défini par une suite infinie de nombres complexes $Z_1, Z_2, \ldots, Z_n, \ldots$, qui représentent ses coordonnées. Une suite infinie de points est donc représentée par une suite infinie de suites infinies de nombres, c'est-à-dire par le tableau à double entrée suivant (T) :

$$(\mathrm{T}) \qquad \begin{array}{c|ccccc} & P_1 & P_2 & \ldots & P_n & \ldots \\ \hline & Z_1^1 & Z_1^2 & \ldots & Z_1^n & \ldots \\ & Z_2^1 & Z_2^2 & \ldots & Z_2^n & \ldots \\ & \ldots & \ldots & \ldots & \ldots & \ldots \\ & Z_p^1 & Z_p^2 & \ldots & Z_p^n & \ldots \\ & \ldots & \ldots & \ldots & \ldots & \ldots \end{array}$$

Je dis que je peux extraire de cette suite une suite partielle qui converge vers un point limite, c'est-à-dire que, du tableau précédent, en supprimant des colonnes, je peux déduire un tableau partiel ayant encore une infinité de colonnes, et tel que, dans chaque ligne, les éléments convergent vers une limite.

Je puis en effet former d'abord une suite infinie d'indices

$$(S_1) \qquad n_1, \quad n_1', \quad \ldots,$$

telle que la suite

$$Z_1^{n_1}, \quad Z_1^{n_1'} \quad Z_1^{n_1''}, \quad \ldots$$

converge vers une limite Z_1; car, cela revient à extraire de la suite

$$Z_1^1, \quad Z_1^2, \quad \ldots, \quad Z_1^n, \quad \ldots$$

une suite partielle qui converge vers une limite Z_1.

De cette suite, je peux extraire une autre suite infinie

$$(S_2) \qquad n_1, \quad n_2, \quad n'_2, \quad n''_2, \quad \ldots,$$

telle que

$$Z_2^{n_1}, \quad Z_2^{n_2}, \quad Z_2^{n'_2}, \quad \ldots$$

converge vers une limite Z_2. Je peux, en effet, toujours supposer que cette suite commence par n_1. De la suite (S_2), j'extrais de même une troisième suite (S_3), commençant par n_1 et n_2,

$$(S_3) \qquad n_1, \quad n_2, \quad n_3, \quad n'_3, \quad n''_3, \quad \ldots,$$

telle que la suite

$$Z_3^{n_1}, \quad Z_3^{n_2}, \quad Z_3^{n_3}, \quad Z_3^{n'_3}, \quad Z_3^{n''_3}, \quad \ldots$$

converge vers une limite Z_3, etc.

Je peux continuer indéfiniment et former ainsi une suite infinie de suites infinies

$$\begin{array}{llllllllll}
(S_1) & n_1, & n'_1, & n''_1, & \ldots, \\
(S_2) & n_1, & n_2, & n'_2, & n''_2, & \ldots, \\
(S_3) & n_1, & n_2, & n_3, & n'_3, & n''_3, & \ldots, \\
\ldots & \ldots, & \ldots, & \ldots, & \ldots, & \ldots, & \ldots, \\
(S_p) & n_1, & n_2, & n_3, & \ldots, & n_p, & n'_p, & n''_p, & \ldots, \\
\ldots & \ldots, & \ldots, & \ldots, & \ldots, & \ldots, & \ldots, & \ldots, & \ldots, & \ldots,
\end{array}$$

telles que chaque suite (S_p) soit extraite de la précédente (S_{p-1}), et que ses $p-1$ premiers termes soient identiques aux $p-1$ premiers termes de la précédente (S_{p-1}).

Il existe alors une suite infinie d'indices appartenant à toutes les suites (S_p), c'est la suite (S) des indices placés sur la diagonale :

$$(S) \qquad n_1, \quad n_2, \quad \ldots, \quad n_p, \quad \ldots.$$

En effet, n_p est le $p^{\text{ième}}$ terme de la suite (S_p), donc il sera répété dans toutes les suites d'ordre supérieur à p; d'autre part, n_p appartenant à la suite (S_p) appartient à toutes les suites de rang inférieur à p.

Considérons maintenant la suite des points

$$P_{n_1}, \quad P_{n_2}, \quad \ldots, \quad P_{n_p}, \quad \ldots;$$

la suite des premières coordonnées de ces points

$$Z_1^{n_1},\quad Z_1^{n_2},\quad \ldots,\quad Z_1^{n_p},\quad \ldots$$

converge vers Z_1, puisqu'elle est extraite de la suite

$$Z_1^{n_1},\quad Z_1^{n'_1},\quad Z_1^{n''_1},\quad \ldots$$

qui converge vers Z_1 ; de même, la suite des $p^{\text{ièmes}}$ coordonnées

$$Z_p^{n_1},\quad Z_p^{n_2},\quad \ldots,\quad Z_p^{n_p},\quad Z_p^{n_{p+1}},\quad \ldots$$

converge vers Z_p puisqu'elle est extraite de la suite

$$Z_p^{n_1},\quad \ldots,\quad Z_p^{n_p},\quad Z_p^{n'_p},\quad Z_p^{n''_p},\quad \ldots$$

qui converge vers Z_p.

Le mode de construction employé que nous appellerons le *procédé diagonal* nous a donc permis, étant donné un tableau à double entrée (T), de choisir dans ce tableau une suite infinie de colonnes de rangs $n_1, n_2, \ldots, n_p, \ldots$, telles que, dans le nouveau tableau formé par ces colonnes, les termes de chaque ligne convergent vers une limite.

Étant donné un nombre ε, on peut, pour la ligne de rang p, déterminer un nombre N_p telle que, pour $n_q > N_p$, on ait

$$|Z_p^{n_q} - Z_p| < \varepsilon;$$

mais les nombres N_p ne sont pas nécessairement bornés, de sorte qu'on ne pourra pas toujours déterminer un nombre N valable pour toutes les lignes.

On peut faire correspondre à chaque fonction analytique un point P de l'espace (E_∞) : par exemple celui dont la coordonnée de rang $p+1$ est le coefficient a_p du $p^{\text{ième}}$ terme de son développement en série de Taylor autour du point zéro.

On peut établir une correspondance analogue pour toute fonction continue d'une variable réelle x dans l'intervalle $(0, 2\pi)$ par exemple ; on pourra prendre, pour la coordonnée de rang $p+1$ du point P, la valeur $a_p + ib_p$, formée avec les coefficients des termes en $\cos px$ et $\sin px$ dans son développement en série de Fourier, développement dont la somme, obtenue par la moyenne arithmétique, est égale à la fonction, d'après le théorème de M. Féjer.

On peut aussi ranger les valeurs décimales de x en une suite dénombrable et prendre, pour les coordonnées de P, les valeurs de la fonction correspondant à ces valeurs décimales de la variable.

Dans chacun des cas considérés, une suite infinie de fonctions correspond à une suite infinie de points P_n. On peut en extraire une suite partielle dont les points images admettent un point limite P. Mais en général, la convergence n'étant pas uniforme, nous ne savons pas si le point P obtenu correspond à une fonction de l'espèce considérée.

Dans la suite, nous étudierons spécialement les cas où la convergence de P_n vers P est *uniforme* par rapport aux coordonnées de ces points; c'est-à-dire les cas où les nombres N_p sont bornés quel que soit p.

Les remarques précédentes expliquent pourquoi l'espace (E_∞) porte quelquefois le nom d'espace fonctionnel.

FAMILLES DE FONCTIONS.

8. **Théorème de Weierstrass.** — Nous nous occuperons en général de fonctions analytiques. Rappelons d'abord quelques propriétés des suites uniformément convergentes de ces fonctions. On sait qu'une suite infinie

$$f_1(z), \quad f_2(z), \quad \ldots, \quad f_n(z), \quad \ldots$$

est dite convergente en un point z lorsque la série de terme général

$$f_{n+1}(z) - f_n(z)$$

est convergente. La limite de $f_n(z)$ est alors la somme de la série

$$f_1(z) + [f_2(z) - f_1(z)] \quad \ldots + [f_{n+1}(z) - f_n(z)] + \ldots.$$

On dit que la suite converge uniformément dans une région lorsque la série converge uniformément dans cette région. Les deux notions de suite et de série se ramènent donc immédiatement l'une à l'autre. Voici un premier théorème classique sur les suites uniformément convergentes.

Théorème de Weierstrass. — *Une suite de fonctions holo-*

morphes convergeant uniformément dans un domaine (D) *a pour limite une fonction holomorphe dans ce domaine. La suite des dérivées d'ordre* α *converge uniformément vers la dérivée d'ordre* α *de la fonction limite.*

Nous démontrerons que la limite $f(z)$ est holomorphe dans chaque domaine complètement intérieur à (D). Soient (D′) un tel domaine, (D″) un domaine limité par une ou plusieurs courbes rectifiables (C″) de longueur totale $\mathcal{L}$ tel que (D′) soit complètement intérieur à (D″), et (D″) à (D), et δ la distance minimum non nulle d'un point de (C″) à un point de (D′).

Si z est un point de (D′), et ζ un point de (C″), on a

$$f_n(z) = \frac{1}{2\pi i}\int_{(C'')} \frac{f_n(\zeta)\,d\zeta}{\zeta - z}$$

et

$$f_n^{(\alpha)}(z) = \frac{\alpha!}{2\pi i}\int_{(C'')} \frac{f_n(\zeta)\,d\zeta}{(\zeta - z)^{\alpha+1}};$$

soit $f_0(z)$ la fonction, holomorphe dans (D″),

$$f_0(z) = \frac{1}{2\pi i}\int_{(C'')} \frac{f(\zeta)\,d\zeta}{\zeta - z};$$

on a

$$f_0^{(\alpha)}(z) = \frac{\alpha!}{2\pi i}\int_{(C'')} \frac{f(\zeta)\,d\zeta}{(\zeta - z)^{\alpha+1}},$$

d'où

$$f_n(z) - f_0(z) = \frac{1}{2\pi i}\int_{(C'')} \frac{[f_n(\zeta) - f(\zeta)]\,d\zeta}{\zeta - z},$$

$$f_n^{(\alpha)}(z) - f_0^{(\alpha)}(z) = \frac{\alpha!}{2\pi i}\int_{(C'')} \frac{[f_n(\zeta) - f(\zeta)]\,d\zeta}{(\zeta - z)^{\alpha+1}}.$$

Si n est assez grand pour que, sur le contour (C″),

$$|f_n(\zeta) - f(\zeta)| < \varepsilon,$$

il en résulte, à l'intérieur de (D′), puisque $|\zeta - z|$ est supérieur ou égal à δ,

$$|f_n(z) - f_0(z)| < \frac{1}{2\pi}\,\frac{\varepsilon\mathcal{L}}{\delta}$$

et

$$|f_n^{(\alpha)}(z) - f_0^{(\alpha)}(z)| < \frac{\alpha!}{2\pi}\,\frac{\varepsilon\mathcal{L}}{\delta^{\alpha+1}},$$

donc la limite $f(z)$ de $f_n(z)$ coïncide avec la fonction holomorphe $f_0(z)$, et $f_n^{(\alpha)}(z)$ a pour limite $f_0^{(\alpha)}(z)$, c'est-à-dire $f^{(\alpha)}(z)$.

Il en résulte, en particulier, que si $f_n(z)$ tend uniformément vers $f(z)$, le $\alpha^{\text{ième}}$ coefficient de la série de Taylor de f_n tend vers le coefficient correspondant de f.

La démonstration nous a appris quelque chose de plus : *Si l'on considère une suite de fonctions holomorphes dans un domaine fermé limité par une ou plusieurs courbes rectifiables, il suffit de savoir que la suite converge uniformément sur la frontière pour être assuré qu'elle converge uniformément dans le domaine* ([1]).

9. **Accumulation des valeurs.** — Soit une suite de fonctions holomorphes $f_n(z)$ convergeant uniformément à l'intérieur d'un domaine (D) vers une fonction holomorphe $f(z)$. *Supposons que $f(z)$ ne soit pas identique à la constante a. Pour n assez grand, la fonction $f_n(z) - a$, dans tout domaine intérieur* (D'), *a autant de zéros que la fonction $f(z) - a$.*

En particulier, si z_0 est pour $f(z) - a$ un zéro d'ordre p, $f_n(z) - a$ admet p zéros à l'intérieur d'un petit cercle de centre z_0 pour n assez grand.

Soit z_0 un zéro de $f(z) - a$, traçons un cercle (γ) de centre z_0 intérieur à (D) et tel que $f(z) - a$ n'ait aucun autre zéro à l'intérieur ni sur la circonférence. Alors $|f(z) - a|$ admet un minimum positif μ sur cette circonférence; comme la suite $f_n(z)$ converge uniformément sur cette circonférence, on aura, pour n assez grand,

$$|f_n(z) - a| > \frac{\mu}{2}$$

sur la circonférence.

L'intégrale

$$\frac{1}{2\pi i}\int \frac{f'(\zeta)\,d\zeta}{f(\zeta) - a}$$

prise le long de la circonférence représente le nombre des zéros

---

([1]) Pour les généralisations de cette proposition, *voir* P. Montel, *Leçons sur les séries de polynomes à une variable complexe* (Paris, Gauthier-Villars, 1910), p. 18.

de $f(z) - a$ intérieurs à (γ), c'est-à-dire p; de même

$$\frac{1}{2\pi i}\int \frac{f'_n(\zeta)\,d\zeta}{f_n(\zeta)-a}$$

représente le nombre des zéros de $f_n(z) - a$ intérieurs à (γ); c'est-à-dire un nombre entier. Or, la suite $f'_n(z)$ étant, comme la suite $f_n(z)$, uniformément convergente sur la circonférence, et le dénominateur restant en module supérieur à $\frac{\mu}{2}$, la seconde intégrale a pour limite la première, quand n augmente indéfiniment. Comme elle est toujours égale à un entier, cela ne peut arriver que si, à partir d'une certaine valeur de n, elle reste égale à p. L'équation $f_n(z) - a = 0$ a alors exactement p racines à l'intérieur du cercle.

Supposons que $f(z) - a$ n'ait aucun zéro sur le contour de (D'). Nous pouvons répéter le raisonnement précédent en remplaçant (γ) par le contour de (D'). On voit ainsi que, pour n assez grand, $f_n(z) - a$, a à l'intérieur de (D'), exactement autant de zéros que $f(z) - a$, chaque zéro étant compté autant de fois qu'il y a d'unités dans son ordre de multiplicité.

S'il y a des zéros sur le contour de (D'), on peut remplacer ce contour par un contour intérieur voisin ne passant par aucun zéro.

10 Fonctions bornées dans leur ensemble. — Il existe pour les familles de fonctions holomorphes *bornées* un théorème correspondant à celui que nous avons démontré pour les ensembles de points. Nous dirons que les fonctions $f(z)$, holomorphes dans un domaine (D), sont *bornées dans leur ensemble* dans ce domaine si l'on a

$$|f(z)| < M,$$

M étant un nombre fixe quelle que soit la fonction $f(z)$ et quel que soit z intérieur à (D).

Soit une famille de fonctions holomorphes et bornées dans leur ensemble dans un domaine; de toute suite infinie de cette famille, on peut extraire une suite partielle qui converge uniformément, dans chaque domaine intérieur à (D), *vers une fonction limite.*

D'après le théorème de Weierstrass la fonction limite est holomorphe dans (D).

Nous allons démontrer d'abord, ce qui n'est pas équivalent à l'énoncé du théorème, que, dans chaque domaine intérieur à (D), nous pouvons définir une suite répondant à la question. Il nous sera utile, pour cela, d'établir la proposition préliminaire suivante.

11. Égale continuité. — *Dans chaque domaine intérieur à* (D), *les fonctions de la famille satisfont à une condition d'égale continuité.*

Considérons donc (*fig.* 6) un domaine fermé (D′) complètement intérieur à (D), c'est-à-dire tel que ce domaine fermé (D′) n'ait aucun point commun avec la frontière (C) de (D).

Fig. 6.

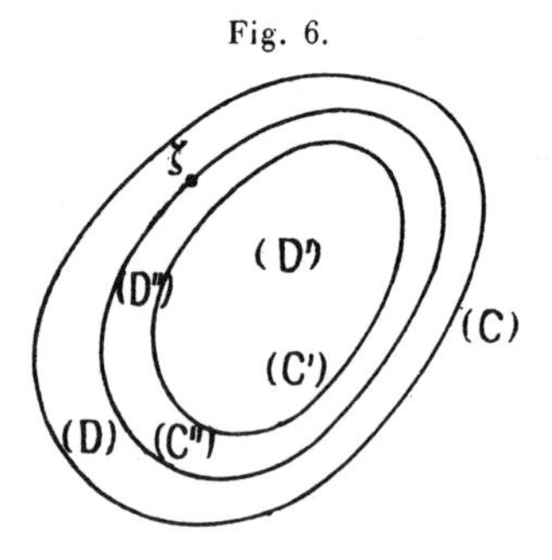

Je peux trouver un domaine fermé (D″) limité par une ou plusieurs courbes rectifiables (C″) tel que (D″) soit complètement intérieur à (D) et (D′) complètement intérieur à (D″). Soit δ la distance positive de l'ensemble fermé (D′) à la frontière (C″).

Les fonctions étant holomorphes dans le domaine (D″), nous aurons, si z est un point de (D′),

$$f(z) = \frac{1}{2\pi i}\int_{(C'')} \frac{f(\zeta)\,d\zeta}{\zeta - z},$$

ζ désignant l'affixe d'un point de (C″); si z' est un autre point de (D′), on en déduit

$$f(z) - f(z') = \frac{1}{2\pi i}\int_{(C'')} \frac{(z-z')f(\zeta)\,d\zeta}{(\zeta - z)(\zeta - z')}.$$

Or, sur tout le contour (C″), on a

$$|\zeta - z| > \delta, \qquad |\zeta - z'| > \delta;$$

d'autre part,

$$|f(\zeta)| < M;$$

soit $\mathcal{L}$ la longueur du contour (C''), on peut écrire

$$|f(z)-f(z')| \leqq \frac{1}{2\pi}\frac{M\mathcal{L}}{\delta^2}|z-z'|,$$

il existe donc un nombre k tel que l'inégalité

$$|f(z)-f(z')| \leqq k|z-z'|$$

soit vérifiée, pour toutes les fonctions $f(z)$ de la famille, et quels que soient les points z et z' de (D').

Par conséquent, étant donné un nombre positif ε arbitrairement petit, si la distance de deux points z et z' de (D') est inférieure à $\frac{\varepsilon}{k}$, on aura pour toute fonction $f(z)$

$$|f(z)-f(z')| < \varepsilon,$$

c'est ce qu'on exprime en disant que les fonctions $f(z)$ de la famille sont *également continues* dans l'intérieur de (D).

12. Existence des fonctions limites. — Déterminons maintenant un ensemble dénombrable de points du domaine (D') qui soit partout dense dans ce domaine. Je trace dans le plan un quadrillage formé de carrés dont le côté est égal à 1. Ce quadrillage a un nombre fini p_1 de sommets situés dans (D'), soient

$$z_1, \quad z_2, \quad \ldots, \quad z_{p_1}$$

ces sommets. Je considère ensuite un quadrillage parallèle au premier de côté égal à $\frac{1}{2}$; il a, dans (D'), p_2 sommets n'appartenant pas au premier, soient

$$z_{p_1+1}, \quad z_{p_1+2}, \quad \ldots, \quad z_{p_1+p_2}$$

ces sommets. Traçons un quadrillage parallèle aux premiers, de côté égal à $\frac{1}{3}$, et ainsi de suite. J'obtiendrai par ce procédé un ensemble dénombrable de points, dense dans le domaine (D'),

$$z_1, \quad z_2, \quad z_3, \quad \ldots, \quad z_p, \quad \ldots.$$

Prenons une suite infinie de fonctions appartenant à la famille : $f_1(z)$, $f_2(z)$, ..., $f_n(z)$, ...; les valeurs de ces fonctions aux sommets choisis sur les quadrillages forment le tableau à double entrée

$$\begin{array}{|lllll}
\hline
f_1(z_1) & f_2(z_1) & \ldots & f_n(z_1) & \ldots \\
f_1(z_2) & f_2(z_2) & \ldots & f_n(z_2) & \ldots \\
\ldots\ldots & \ldots\ldots & \ldots & \ldots\ldots & \ldots \\
f_1(z_p) & f_2(z_p) & \ldots & f_n(z_p) & \ldots \\
\ldots\ldots & \ldots\ldots & \ldots & \ldots\ldots & \ldots
\end{array}$$

Par le procédé diagonal déjà décrit au paragraphe **7**, nous pouvons extraire de la suite $f_1, f_2, \ldots, f_n, \ldots$ une suite partielle

$$f_{n_1}, \quad f_{n_2}, \quad \ldots, \quad f_{n_p}, \quad \ldots$$

qui soit convergente en tous les sommets choisis. Posons, pour abréger, $F_i = f_{n_i}$.

La suite

$$F_1(z_1), \quad F_2(z_1), \quad \ldots, \quad F_n(z_1), \quad \ldots$$

converge vers α_1 ; la suite

$$F_1(z_2), \quad F_2(z_2), \quad \ldots, \quad F_n(z_2), \quad \ldots$$

converge vers α_2, etc.; la suite

$$F_1(z_p), \quad F_2(z_p), \quad \ldots, \quad F_n(z_p), \quad \ldots$$

converge vers α_p. Les fonctions étant bornées dans (D'), les nombres $\alpha_1, \alpha_2, \ldots, \alpha_p, \ldots$ sont bornés.

Je vais établir que la suite précédente converge uniformément en tous les points de (D'). Il suffira, d'après un théorème classique de Cauchy, de montrer que, étant donné ε, on peut déterminer un entier N tel que, pour $n > N$, l'inégalité

$$|F_{n+p}(z) - F_n(z)| < \varepsilon$$

soit vérifiée quels que soient l'entier p et le point z dans (D').

Considérons un quadrillage Q de côté inférieur à $\frac{\varepsilon}{3k\sqrt{2}}$, le nombre k ayant la valeur définie au paragraphe précédent. Si les points z et z' appartiennent à un même carré, on a

$$|F_n(z) - F_n(z')| < \frac{\varepsilon}{3},$$

quel que soit n, comme nous venons de le voir.

Or, tout point z appartient à un carré au moins du quadrillage Q; soit z_i un sommet de ce carré, on aura, par conséquent,

$$|F_{n+p}(z_i) - F_{n+p}(z)| < \frac{\varepsilon}{3}, \qquad |F_n(z_i) - F_n(z)| < \frac{\varepsilon}{3};$$

d'autre part, la suite F_n étant convergente en tous les sommets du quadrillage Q, *sommets qui sont en nombre fini*, on pourra déterminer un entier N tel que, pour $n > N$, on ait, en tous les sommets de Q,

$$|F_{n+p}(z_i) - F_n(z_i)| < \frac{\varepsilon}{3};$$

il résulte de là que, en tous les points de (D'),

$$|F_{n+p}(z) - F_n(z)| < \varepsilon.$$

La suite de fonctions $F_n(z)$ est donc uniformément convergente dans (D').

13. **Cas d'un domaine ouvert.** — De toute suite de fonctions appartenant à la famille, nous avons déduit, pour chaque domaine complètement intérieur (D'), une suite qui converge uniformément dans (D'). Il reste à voir qu'on peut trouver une même suite qui converge uniformément dans tous les domaines (D'). Nous utiliserons ici encore le procédé diagonal.

Considérons une suite infinie de contours $(C_1), (C_2), \ldots, (C_n), \ldots$, tels que (C_{n-1}) soit complètement intérieur à (C_n), que tous les contours soient complètement intérieurs à (D), et, enfin, qu'ils tendent vers le contour (C) de (D). D'une manière plus précise, nous supposons que chaque point intérieur à (D) soit intérieur au domaine défini par un contour (C_n) et, par suite, à tous les domaines définis par les contours d'indices supérieurs à n. On vérifie que cette condition suffit pour que, étant donné un domaine (D') complètement intérieur à (D), (D') soit complètement intérieur à l'un des contours (C_n). Il nous suffira donc de démontrer qu'on peut trouver une suite de fonctions uniformément convergente dans chaque domaine (D_n) limité par le contour (C_n).

De la suite de fonctions de la famille $f_1(z), f_2(z), \ldots, f_n(z), \ldots$, choisie arbitrairement, j'extrais d'abord une suite

$$(S_1) \qquad f_{n_1}(z), \quad f_{n'_1}(z), \quad f_{n''_1}(z), \quad \ldots$$

qui converge uniformément dans (D_1). De celle-ci, j'extrais une seconde suite (S_2) qui converge uniformément dans (D_2), et je peux supposer qu'elle commence par f_{n_1}; cette suite sera

$$(S_2) \qquad f_{n_1}(z), \quad f_{n_2}(z), \quad f_{n'_2}(z), \quad f_{n''_2}(z), \quad \ldots.$$

En répétant le raisonnement du paragraphe 7, on obtiendra une suite

$$(S) \qquad f_{n_1}(z), \quad f_{n_2}(z), \quad f_{n_3}(z), \quad \ldots, \quad f_{n_p}(z), \quad \ldots,$$

extraite de chacune des suites (S_1), (S_2), $\ldots$, (S_p), $\ldots$ et, par suite, uniformément convergente dans chacun des domaines fermés (D_1), (D_2), $\ldots$, (D_p), $\ldots$.

Le théorème énoncé au paragraphe 10 est donc complètement établi.

Voici une remarque importante :

Pour faire la démonstration, il n'est pas nécessaire de supposer que les fonctions soient bornées dans tout le domaine (D); il suffit qu'elles soient bornées dans chaque domaine intérieur. Nous dirons dans ce cas qu'elles sont *bornées dans leur ensemble dans l'intérieur de* (D); la limite supérieure de leurs modules peut augmenter indéfiniment quand on approche de la frontière de (D). Quand une suite de fonctions converge uniformément dans tout domaine (D') intérieur à (D), nous dirons qu'elle *converge uniformément dans l'intérieur de* (D).

14. Cas des fonctions non analytiques. — Les hypothèses faites dans l'énoncé du théorème précédent ne sont pas toutes nécessaires. Nous avons déjà remarqué qu'il suffisait que les fonctions fussent bornées dans chaque domaine intérieur, et cette hypothèse a été utilisée à deux reprises. Mais l'hypothèse que les fonctions sont holomorphes n'a servi qu'à démontrer le lemme sur l'égale continuité. Si donc nous avons une famille de fonctions possédant cette égale continuité, il ne sera pas nécessaire de supposer qu'elles sont analytiques; ce pourront être, par exemple, des fonctions des deux variables réelles x et y que nous continuerons à appeler fonctions de $z = x + iy$, pour abréger le langage.

Précisons le sens de cette notion d'*égale continuité* introduite par Ascoli [1].

Une fonction continue dans un domaine fermé (D') est uniformément continue dans ce domaine, c'est-à-dire qu'à tout nombre ε, on peut faire correspondre un nombre δ tel que, pourvu que la distance de deux points z et z' du domaine soit inférieure à δ, on ait

$$|f(z) - f(z')| < \varepsilon;$$

appelons $\delta(\varepsilon)$ la plus grande valeur de δ qui assure cette inégalité. La fonction $\delta(\varepsilon)$, ou toute fonction inférieure, constitue un module de continuité.

A chaque fonction $f(z)$ d'une famille donnée dans (D'), correspond ainsi une valeur maximum $\delta(\varepsilon)$; mais il peut arriver, si la famille est infinie, que, ε étant fixe, l'ensemble des modules de continuité de $\delta(\varepsilon)$ admette o comme seule valeur limite. Supposons au contraire que o ne soit jamais une valeur limite; alors, pour chaque valeur de ε, il existera un nombre $\delta_0(\varepsilon)$ inférieur aux $\delta(\varepsilon)$ relatifs à toutes les fonctions, c'est-à-dire que l'on pourra définir un module de continuité $\delta_0(\varepsilon)$ commun à toutes les fonctions de la famille. Si cette condition est remplie, nous dirons que les fonctions de la famille sont *également continues* dans le domaine fermé (D').

On peut définir autrement l'égale continuité. On sait que l'oscillation d'une fonction dans un domaine est la limite supérieure des nombres $|f(z) - f(z')|$ relatifs à deux points quelconques z et z' de ce domaine, et que l'oscillation en un point P est la limite inférieure des oscillations relatives à une suite de domaines se réduisant au point P; si l'oscillation en P est nulle, la fonction est continue en ce point. On peut, de la même manière, définir l'oscilla-

---

(1) *Le curve limiti di una varietà data di curve* (*Memorie della R. Accademia dei Lincei*, vol. XVIII, 1883). Arzelà a démontré le théorème du texte pour les familles de fonctions bornées et également continues. Voir *Sulle serie di funzioni* (*Memorie della R. Accademia di Bologna*, 5e série, t. VIII, 1899. p. 178).

tion d'une famille de fonctions dans un domaine (c'est la limite supérieure des nombres $|f(z)-f(z')|$ relatifs à toutes les fonctions de la famille), et l'oscillation de la famille au point P. Si cette oscillation est nulle, la famille est *également continue en* P. Si la famille est également continue en tous les points d'un domaine, elle est également continue dans ce domaine, et réciproquement.

L'hypothèse que les fonctions sont également continues dans chaque domaine entièrement intérieur à (D) suffit pour la démonstration du théorème [1].

La condition d'égale continuité est vérifiée, par exemple, lorsque le nombre $\left|\frac{f(z)-f(z')}{z-z'}\right|$ est borné pour toutes les fonctions et tous les couples de points z, z', appartenant à (D); elle peut être vérifiée dans des cas plus généraux, par exemple si toutes les fonctions satisfont à une même condition de Lipschitz, c'est-à-dire s'il existe deux nombres positifs k et α tels que

$$\left|\frac{f(z)-f(z')}{(z-z')^{\alpha}}\right|<k$$

pour toutes les fonctions et tous les couples de points du domaine (D).

Réciproquement, si une famille de fonctions possède la propriété que toute suite infinie de fonctions de la famille est génératrice d'une suite convergente, la famille est également continue.

15. **Théorème de Stieltjès.** — Voici maintenant un théorème spécial aux fonctions analytiques. Par le procédé diagonal, nous avons obtenu au paragraphe 13 une suite convergente dans le domaine ouvert (D). Pour des fonctions analytiques, cette marche n'est pas nécessaire, et la suite (S_1), qui converge uniformément dans (D_1), convergera dans tout le domaine (D).

Soit en effet une suite de fonctions $f_1, f_2, \ldots, f_n, \ldots$, holomorphes dans (D) et bornées dans leur ensemble dans le domaine fermé (D'') complètement intérieur à (D). Je suppose qu'elle converge uniformément dans (D') intérieur à (D'') et je vais montrer

[1] On peut remarquer que si les fonctions sont également continues dans (D) et bornées en un point, elles sont bornées dans leur ensemble à l'intérieur de (D).

qu'elle converge uniformément dans (D''); il me suffira de démontrer que, étant donné un nombre ε, je peux déterminer N tel que

$$|f_{n+p}(z) - f_n(z)| < \varepsilon$$

quels que soient p et z dans (D''), pourvu que $n > N$.

Dans le cas contraire, il existerait un nombre ε_0 et trois suites infinies

$$n_1, \quad n_2, \quad n_3, \quad \ldots, \quad n_k, \quad \ldots,$$
$$p_1, \quad p_2, \quad p_3, \quad \ldots, \quad p_k, \quad \ldots,$$
$$z_1, \quad z_2, \quad z_3, \quad \ldots, \quad z_k, \quad \ldots,$$

telles que l'on ait

$$|f_{n_k+p_k}(z_k) - f_{n_k}(z_k)| > \varepsilon_0,$$

les z_k appartenant tous à (D'').

Considérons la fonction, holomorphe dans (D),

$$\varphi_k(z) = f_{n_k+p_k}(z) - f_{n_k}(z);$$

les fonctions

$$\varphi_1(z), \quad \varphi_2(z), \quad \ldots, \quad \varphi_k(z), \quad \ldots,$$

holomorphes dans (D), sont bornées dans (D'') puisque les $f(z)$ le sont, et l'on a

$$|\varphi_k(z_k)| > \varepsilon_0.$$

Je peux extraire de cette suite une suite partielle

$$\varphi_{\nu_1}, \quad \varphi_{\nu_2}, \quad \ldots, \quad \varphi_{\nu_k}, \quad \ldots$$

qui converge uniformément dans (D''); la limite est, d'après le théorème de Weierstrass, une fonction holomorphe $\varphi(z)$. Elle est nulle dans (D') parce que les valeurs de $\varphi_k(z)$ tendent vers zéro en chaque point de (D'); elle est donc nulle partout dans (D''). Je pourrais donc déterminer un nombre ν_k tel que

$$|\varphi_{\nu_k}(z)| < \varepsilon_0$$

dans tout le domaine (D''), ce qui est contraire à l'hypothèse.

Nous venons de démontrer un théorème dû à Stieltjès [1].

---

(1) STIELTJÈS, *Recherches sur les fractions continues* (*Ann. de la Fac. des Sc. de Toulouse*, t. VIII, 1894), et *Correspondance d'Hermite et de Stieltjès*, t. II, lettres nos 399 et 400, p. 368.

Étant donnée une suite de fonctions holomorphes et bornées dans leur ensemble dans un domaine (D), *si cette suite converge uniformément dans un domaine intérieur, elle converge uniformément dans l'intérieur de* (D).

16. Théorème de M. Vitali. — Les hypothèses figurant dans cet énoncé peuvent être réduites sans que le résultat cesse d'être exact. Pour qu'une fonction analytique soit nulle identiquement, il suffit qu'elle soit nulle en une infinité de points ayant au moins un point limite à l'intérieur d'un domaine où elle est holomorphe. Pour assurer la nullité de la fonction $\varphi(z)$, il suffit de supposer que la suite $f_n(z)$ converge en une infinité de points ayant au moins un point limite P intérieur à (D) : nous appellerons un tel ensemble un *ensemble complètement intérieur à* (D). On pourra alors choisir (D″) contenant P; et $\varphi(z)$, holomorphe dans (D″), et nulle en tous ces points, sera nulle dans (D″). La convergence de la suite $f_n(z)$ en chaque point d'un ensemble complètement intérieur à (D) suffit donc pour assurer sa convergence uniforme à l'intérieur de (D). Nous obtenons ainsi le théorème de M. Vitali [1] :

Si une suite de fonctions holomorphes et bornées dans leur ensemble dans l'intérieur d'un domaine (D) *converge en une infinité de points complètement intérieurs à* (D), *la suite converge uniformément dans l'intérieur de ce domaine.*

Les deux démonstrations données aux paragraphes **12** et **15**, de l'existence d'une suite uniformément convergente extraite de la suite donnée offrent de l'intérêt l'une et l'autre. La première, fondée sur le procédé diagonal, est plus générale et ne suppose pas l'analyticité des fonctions; la seconde nous apprend quelque chose de plus sur les fonctions analytiques : le théorème de Stieltjès et celui de M. Vitali. Elle serait applicable dans des cas plus étendus, par exemple à des familles de fonctions quasi analytiques.

17. Fonctions admettant une région exceptionnelle. — Le

---

(1) G. Vitali, *Sopra le serie di funzioni analitiche* (*Rendiconti del R. Ist. Lombardo*, 2e série, t. XXXVI, 1903, p. 772; *Annali di Matematica pura ed applicata*, 3e série, t. X, 1904, p. 73). *Voir* aussi H. Porter, *Concerning series of Analytic Functions* (*Annals of Mathematics*, 2e série, t. VI, 1904-1905, p. 190).

théorème du paragraphe 10 démontré pour une famille de fonctions bornées peut être étendu à un cas plus général. Si, comme nous l'avons dejà fait, nous considérons la sphère de Riemann, obtenue par inversion du plan de la variable complexe $Z = f(z)$ par rapport à un point Ω, l'hypothèse que les fonctions de la famille sont bornées revient à supposer qu'il existe sur la sphère une calotte entourant le pôle Ω, telle que le point Z ne pénètre jamais dans cette calotte, quel que soit z dans le domaine (D) et quelle que soit la fonction $f(z)$ de la famille. Mais il n'est pas nécessaire que la calotte entoure le point Ω : le théorème reste vrai si, au lieu d'une calotte entourant le point Ω, c'est une autre région de la sphère qui est interdite à Z. Autrement dit, la condition $|f(z)| < M$ peut être remplacée par la condition $|f(z) - a| > m$. Toutefois, on devra toujours supposer que les fonctions sont holomorphes, c'est-à-dire que le point Z ne coïncide jamais avec Ω : cela n'implique pas l'existence d'une région entourant Ω et interdite à toutes les fonctions.

Soit en effet une famille de fonctions $f(z)$, holomorphes dans un domaine (D), et satisfaisant toutes, dans ce domaine, à l'inégalité

$$|f(z) - a| > m.$$

Je considère la famille des fonctions

$$g(z) = \frac{1}{f(z) - a};$$

ces fonctions sont holomorphes dans (D) et bornées en module par $\frac{1}{m}$; toute suite infinie donne donc naissance à une suite partielle

$$g_1(z), \quad g_2(z), \quad \ldots, \quad g_n(z), \quad \ldots$$

qui converge uniformément. Il reste à montrer que la convergence uniforme de $g_n(z)$ entraîne celle de $f_n(z)$.

Deux cas seulement sont possibles : ou bien la fonction limite $g(z)$ est identiquement nulle, ou bien elle n'a aucun zéro à l'intérieur de (D); en effet, si elle avait des zéros sans être identiquement nulle, $g_n(z)$ en aurait aussi pour n suffisamment grand; or,

$$g_n = \frac{1}{f_n - a}$$

ne peut pas s'annuler puisque f_n est toujours fini.

Supposons d'abord que $g(z)$ ne s'annule pas à l'intérieur de D; alors, dans chaque domaine (D') entièrement intérieur, on pourra définir un nombre positif μ tel que l'on ait $|g(z)| > \mu$. La suite $g_n(z)$ étant uniformément convergente dans (D'), on aura, pour n assez grand,

$$|g_n(z)| > \frac{\mu}{2}.$$

Posons

$$f(z) = a + \frac{1}{g(z)},$$

$f(z)$ sera holomorphe dans (D'), puisque $g(z)$ ne s'annule pas. Je dis que $f_n(z)$ converge uniformément vers $f(z)$ dans (D'); en effet,

$$|f - f_n| = \left|\frac{1}{g} - \frac{1}{g_n}\right| = \left|\frac{g_n - g}{g g_n}\right|.$$

Si l'on choisit n assez grand pour que l'on ait à la fois $|g_n| > \frac{\mu}{2}$ et $|g_n - g| < \varepsilon$ dans tout le domaine (D'), on aura

$$|f - f_n| < \frac{2\varepsilon}{\mu^2},$$

et le théorème est démontré.

Supposons maintenant que $g(z)$ soit identiquement nulle, alors, à cause de la convergence uniforme de la suite $g_n(z)$, on pourra prendre n assez grand pour que $|g_n(z)| < \varepsilon$ dans tout le domaine (D'); on aura alors $|f_n(z)| > \frac{1}{\varepsilon} - |a|$ et, par conséquent, la suite f_n convergera uniformément dans (D') vers la constante ∞.

Le théorème démontré peut s'énoncer ainsi :

Étant donnée une famille de fonctions $f(z)$ holomorphes dans un domaine (D) *et vérifiant, dans ce domaine, l'inégalité $|f(z) - a| > m$, toute suite infinie de fonctions de la famille est génératrice d'une suite qui converge uniformément à l'intérieur de* (D) *vers une fonction limite qui peut être la constante infinie.*

18. **Définition d'une famille normale.** — Nous pouvons maintenant introduire la notion de *famille normale* de fonctions holomorphes.

On dit qu'une famille de fonctions holomorphes à l'intérieur d'un domaine (D) est *normale* dans ce domaine si, de toute suite infinie de fonctions de la famille, on peut extraire une suite partielle convergeant uniformément, dans l'intérieur de (D), vers une fonction limite qui peut être la constante infinie.

Donc, toute fonction limite ou bien est partout finie, ou bien est la constante infinie.

Il s'agit, dans la définition précédente, d'un domaine (D) ouvert : on peut dire aussi que la convergence de la suite partielle est uniforme dans tout domaine fermé (D') intérieur à (D).

D'après les démonstrations données aux paragraphes **12** et **15**, on voit que, pour qu'une famille soit normale dans un domaine ouvert, il faut et il suffit qu'elle soit normale dans chaque domaine fermé intérieur.

La propriété, pour une famille de fonctions holomorphes, d'être normale dans un domaine se conserve par une représentation conforme. Soit, en effet, une famille de fonctions holomorphes $f(z)$, normale dans un domaine (D) du plan des z. Si l'on effectue une représentation conforme de (D) sur un domaine (D') du plan des z' au moyen de la fonction analytique $z = \varphi(z')$, les fonctions $f(z)$ deviennent des fonctions holomorphes $g(z') = f[\varphi(z')]$ qui, en chaque point z' de (D'), prennent les mêmes valeurs que $f(z)$ au point correspondant z de (D) : les conditions de convergence sont donc les mêmes.

Si la famille est normale dans le domaine *fermé* (D), la famille $g(z') = f[\varphi_f(z')]$ qu'on en déduit au moyen d'une fonction $z = \varphi_f(z')$, qui peut varier avec $f(z)$, et fait la représentation conforme du domaine fermé (D) sur le domaine fermé (D') est aussi normale, car les fonctions $g(z)$ prennent dans (D') les mêmes valeurs que les fonctions $f(z)$ dans (D). Si une suite partielle convergente a une limite bornée dans (D), les fonctions de cette suite sont bornées dans (D) et dans (D'); donc elle est normale dans (D'). Si la suite a pour limite l'infini dans (D), il en est de même dans (D').

19. Famille normale en un point. — Une famille est dite *normale en un point* s'il existe un cercle ayant ce point comme centre et tel que la famille soit normale dans ce cercle.

Une famille normale dans un domaine ouvert (D) est évidemment normale en tous les points de ce domaine. La réciproque est vraie.

Si une famille est normale en tous les points d'un domaine (D), *elle est normale dans ce domaine*. Il nous suffira, comme nous l'avons remarqué, de démontrer qu'elle est normale dans chaque domaine fermé intérieur. Soit (D′) un tel domaine, la famille est normale en tous les points de (D′), frontière comprise. Je dis qu'elle est normale dans (D′). Supposons, en effet, qu'il n'en soit pas ainsi, et partageons le domaine (D′) en plusieurs domaines partiels *fermés* au moyen d'un quadrillage de largeur l. Dans l'un au moins de ces domaines partiels, soit (d_1), la famille n'est pas normale. Car, si elle était normale dans chaque domaine partiel, une suite infinie de fonctions $f(z)$ donnerait naissance à une suite partielle $f_{n_1}(z)$ convergeant dans le premier domaine partiel. Cette suite $f_{n_1}(z)$, normale dans le second domaine partiel, serait génératrice d'une seconde suite $f_{n_2}(z)$ convergeant uniformément dans les deux premiers domaines partiels. Et ainsi de suite, jusqu'à une suite finale $f_{n_k}(z)$ convergeant uniformément dans tous les domaines partiels, c'est-à-dire dans (D′), ce qui est contraire à notre hypothèse.

Ainsi, la famille n'est pas normale dans le domaine (d_1); par un quadrillage de largeur $\frac{l}{2}$, contenant le premier, nous obtiendrons un nouveau domaine (d_2) contenu dans (d_1), dans lequel la famille n'est pas normale. Puis, par un quadrillage de largeur $\frac{l}{2^2}$, un domaine (d_3) contenu dans (d_2) et dans lequel la famille n'est pas normale, etc. Les domaines emboîtés

$$(d_1),\quad (d_2),\quad (d_3),\quad \ldots,\quad (d_p),\quad \ldots,$$

contenus dans des carrés dont le côté tend vers zéro, ont pour limite un point unique P commun à tous les (d_p) et appartenant à (D′). En ce point, la famille ne peut être normale, puisque, quelque petit que soit un cercle de centre P, les domaines (d_p) sont intérieurs à ce cercle, à partir d'un certain rang. Ceci contredit notre hypothèse : il en résulte que la famille est normale dans (D′).

Cette démonstration ne suppose pas les fonctions analytiques. Elle s'applique à toute famille de fonctions possédant la propriété qui sert de définition aux familles normales.

20. Familles normales et bornées. — *Si les valeurs des fonctions d'une famille normale dans un domaine* (D) *sont bornées en un point fixe de ce domaine, les fonctions sont bornées dans leur ensemble dans chaque domaine complètement intérieur à* (D).

Soient une famille de fonctions bornées en z_0; (D′) un domaine fermé complètement intérieur à (D) et contenant z_0, on a

$$|f(z_0)| < M,$$

quelle que soit la fonction $f(z)$ de la famille.

Si les fonctions n'étaient pas bornées dans (D′), on pourrait trouver une suite de fonctions

$$f_1(z), \quad f_2(z), \quad \ldots, \quad f_n(z), \quad \ldots,$$

et une suite de points

$$z_1, \quad z_2, \quad \ldots, \quad z_n, \quad \ldots$$

de (D′) tels que

$$|f_1(z_1)| > 1, \qquad |f_2(z_2)| > 2, \quad \ldots, \quad |f_n(z_n)| > n, \quad \ldots;$$

de la suite $f_1, f_2, \ldots, f_n, \ldots$ [1], j'extrais une suite $f_{n_p}(z)$ qui converge uniformément dans (D′) vers une fonction f. Cette fonction n'est pas la constante infinie puisque les f sont bornées en z_0; elle est donc bornée dans (D′). Soit M′ sa borne supérieure : puisque la convergence est uniforme, on aura dans tout le domaine (D′), pourvu que p soit assez grand,

$$|f_{n_p}| < 2\,M',$$

ce qui contredit l'hypothèse que

$$|f_{n_p}(z_{n_p})| > n_p;$$

la proposition est donc établie.

Le théorème de Stieltjès et celui de M. Vitali, démontrés pour une suite de fonctions bornées dans (D), resteront vrais pour une suite de fonctions appartenant à une famille normale dans (D); dans cette suite, en effet, les fonctions étant bornées en un point

---

[1] La suite ne contient qu'un nombre fini de fois une même fonction, puisque chaque fonction, holomorphe dans (D), est bornée dans (D′).

de convergence sont bornées à l'intérieur de tout domaine (D') contenant ce point de convergence et contenu dans (D).

21. Nombre des zéros des fonctions d'une famille normale. — *Si une famille normale dans un domaine* (D) *n'admet aucune fonction limite égale à la constante* a, *le nombre des zéros de* $f(z) - a$ *contenus dans l'intérieur de* (D) *est borné pour toutes les fonctions de la famille.*

Quand nous parlons de zéros contenus dans l'intérieur de (D), nous entendons qu'il s'agit de zéros situés dans un domaine (D') complètement intérieur à (D).

Supposons, en effet, que ce nombre ne soit pas borné; on pourrait alors trouver une fonction f_1 de la famille telle que $f_1(z) - a$ admette un zéro au moins; une fonction f_2 telle que $f_2(z) - a$ admette deux zéros au moins, etc.

De la suite infinie

$$f_1, \quad f_2, \quad \ldots, \quad f_n, \quad \ldots.$$

j'extrais la suite

$$f_{n_1}, \quad f_{n_2}, \quad \ldots, \quad f_{n_p}, \quad \ldots$$

qui converge uniformément vers $f(z)$ dans le domaine fermé (D').

La fonction $f(z)$ n'est pas la constante infinie puisque toutes les fonctions de la suite prennent la valeur a en un point au moins du domaine; donc elle est holomorphe, et comme elle n'est pas égale à la constante a, elle prend un nombre fini de fois la valeur a; pour n assez grand, f_{n_p} devrait prendre le même nombre de fois la valeur a, ce qui est contraire à l'hypothèse.

Les théorèmes démontrés aux paragraphes 10 et 17 nous ont permis de donner un premier exemple de familles normales : les familles de fonctions dont les valeurs ne pénètrent pas dans une région de la sphère de Riemann (1). Mais nous verrons bientôt qu'une famille de fonctions holomorphes est normale lorsqu'elle admet deux valeurs exceptionnelles finies, c'est-à-dire lorsqu'il existe deux valeurs finies que ne prend aucune fonction de la famille.

---

(1) On pourrait remplacer cette région par une courbe ou un ensemble de points.

22. Points irréguliers. Suites exceptionnelles. — Nous avons vu au paragraphe 19 que, si une famille n'est pas normale dans un domaine (D), il existe un point P intérieur au domaine où elle n'est pas normale. Ce fait, mis en évidence par M. Julia, a été l'origine de conséquences très importantes que nous étudierons dans les Chapitres suivants.

Comment se comporte la famille autour de P? Puisqu'elle n'est normale dans aucun cercle de centre P, à chaque cercle (C_δ) ayant ce point pour centre et de rayon δ correspond au moins une suite particulière (S_δ) dont aucune suite partielle ne peut converger dans (C_δ). Mais cette suite peut varier avec δ. Peut-il arriver qu'il existe une suite (S) dont aucune suite partielle ne converge uniformément dans aucun cercle (C_δ), quel que soit δ? Dans ce cas, nous dirons que la famille n'est *pas normale au point* P et nous appellerons *point* O tout point possédant cette propriété. Dans le cas où la suite varie avec δ, nous dirons que la famille n'est *pas normale autour de* P et nous appellerons *point* J tout point possédant cette propriété. C'est M. Ostrowski qui a appelé l'attention sur cette distinction et montré que, dans le cas des familles de fonctions analytiques, les points J et les points O coïncident [1].

D'abord, tout point O est évidemment un point J. Nous allons montrer que tout point J est, ou un point O, ou un point limite de points O, c'est-à-dire appartient à l'ensemble des points O ou à l'ensemble dérivé de l'ensemble des points O. Considérons un domaine dans lequel la famille n'est pas normale et reprenons la démonstration du paragraphe 19; je dis qu'on peut obtenir, pour le point limite P, un point O, c'est-à-dire qu'il existe une *suite exceptionnelle* (S) dont aucune suite partielle ne converge uniformément dans un cercle (C_δ) de centre P si petit que soit δ.

En effet, il existe une suite

$$(S_1) \qquad f_1^1, \; f_2^1, \; \ldots, \; f_n^1, \; \ldots$$

dont aucune suite partielle ne converge dans (d_1), puisque la

---

[1] A. Ostrowski, *Ueber Folgen analytischer Funktionen und einige Verschärfungen des Picardschen Satzes* (*Math. Zeitschrift*, Bd 24, 1925, p. 215-258).

famille n'est pas normale dans (d_1). Considérons le second quadrillage, de largeur $\frac{l}{2}$; la suite précédente ne peut pas être normale dans tous les domaines intérieurs à (d_1), sinon elle serait normale dans (d_1); il existe un domaine (d_2) où elle n'est pas normale; on l'on peut donc en extraire une suite partielle

$$(S_2) \qquad f_1^1, \; f_2^2, \; f_3^2, \; \ldots, \; f_n^2, \; \ldots$$

dont aucune suite partielle ne converge dans (d_2). Et ainsi de suite; on formera une suite

$$(S_p) \qquad f_1^1, \; f_2^2, \; \ldots, \; f_{p-1}^{p-1}, \; f_p^p, \; f_{p+1}^p, \; \ldots, \; f_n^p, \; \ldots$$

dont les termes appartiennent à toutes les suites précédentes et dont aucune suite partielle ne converge dans un domaine (d_p); et pourra continuer indéfiniment. La suite diagonale

$$(S) \qquad f_1^1, \; f_2^2, \; \ldots, \; f_n^n, \; \ldots$$

ne peut converger uniformément dans aucun cercle (C_δ) ayant pour centre un point P commun à tous les domaines (d_p). En effet, lorsque p est assez grand, le carré (d_p) est tout entier à l'intérieur de (C_δ); or, la suite (S) est formée de termes appartenant à (S_p), donc aucune suite partielle ne peut converger dans (d_p). Le point P est donc un point O. Donc, dans tout domaine où la famille n'est pas normale, il y a au moins un point O; en particulier, dans tout cercle ayant pour centre un point J, la famille n'est pas normale, donc ce cercle contient un point O qui peut d'ailleurs coïncider avec le point J. Ainsi, tout point J est un point O, ou un point limite de points O.

Tout ce qui précède ne suppose pas les fonctions analytiques. Introduisons l'hypothèse que les fonctions de la famille sont holomorphes dans le domaine (D). Je dis que, dans ce cas, l'ensemble des points J, qui est manifestement toujours fermé, coïncide avec l'ensemble des points O.

Il suffit évidemment de montrer que l'ensemble des points O est fermé. Soit P un point limite d'une suite infinie

$$P_1, \; P_2, \; \ldots, \; P_n, \; \ldots$$

de points de cet ensemble. Dans le cercle de centre P_n et de rayon $\frac{1}{n}$, la famille n'est pas normale : il existe donc une fonction $f_n(z)$ de cette famille qui prend dans ce cercle une valeur de module inférieur à $\frac{1}{n}$ et une valeur qui diffère de *un* de moins de $\frac{1}{n}$, en module; en effet, dans le cas contraire, on aurait pour toutes les fonctions, ou bien $|f| > \frac{1}{n}$, ou bien $|1-f| > \frac{1}{n}$, et la famille serait normale en P. Considérons la suite

$$(S) \qquad f_1(z), \quad f_2(z), \quad \ldots, \quad f_n(z), \quad \ldots;$$

elle prend dans le voisinage de P des valeurs aussi voisines qu'on le veut de zéro et de *un*, et il en est de même de toute suite partielle extraite de la suite (S). Donc, la suite (S) est exceptionnelle, et le point limite P est un point O.

Ainsi, les ensembles des points J et des points O sont identiques. Nous appellerons désormais *point irrégulier* d'une famille tout point P où cette famille n'est pas normale.

Pour une famille de fonctions holomorphes bornées en chaque point, les points irréguliers forment un *ensemble parfait non dense*, *continu*, *et d'un seul tenant avec la frontière du domaine* [1].

23. Familles de fonctions harmoniques. Théorème de Harnack. — Les théorèmes précédemment établis sur les familles de fonctions holomorphes dans un domaine conduisent à des propositions analogues sur les familles de fonctions harmoniques.

Considérons par exemple une famille de fonctions $u(x, y)$, harmoniques à l'intérieur d'un domaine (D) et ne prenant pas de valeurs comprises à l'intérieur d'un certain intervalle. En particulier, on pourra supposer les valeurs de u bornées supérieurement ou inférieurement. Soit v une fonction harmonique associée à u, fonction définie à une constante additive près; posons

$$f(z) = u + iv.$$

[1] J'ai introduit cette dénomination et établi ces propriétés lorsque les fonctions de la famille forment une suite dénombrable convergente. Les résultats s'étendent immédiatement au cas d'une famille quelconque bornée en chaque point. *Voir* P. MONTEL, *Sur les suites infinies de fonctions* (*Annales sc. de l'École Normale*, 3e série, t. XXIV, 1907, p. 320), ou *Leçons sur les séries de polynomes*, p. 118.

Les fonctions $f(z)$ ne prennent pas les valeurs comprises dans une certaine région du plan des (u, v) : elles forment donc une famille normale. Toute suite infinie de fonctions $f(z)$ est génératrice d'une suite convergeant uniformément vers une fonction holomorphe dans (D) ou la constante infinie. La suite correspondante des u converge uniformément vers une fonction harmonique dans (D), ou bien $|u|$ augmente indéfiniment d'une manière uniforme. Dans ce dernier cas, on pourra extraire de cette suite, une suite partielle convergeant vers $+\infty$, ou vers $-\infty$. Dans tous les cas, une suite infinie de fonctions u est génératrice d'une suite partielle convergeant uniformément.

On déduit aisément de ce résultat le théorème de Harnack sur les suites monotones de fonctions harmoniques [1]. Considérons en effet, une suite infinie de fonctions

$$u_1, \quad u_2, \quad \ldots \quad u_n, \quad \ldots$$

harmoniques dans un domaine (D) et supposons que, en chaque point intérieur à (D), on ait

$$u_1 \leqq u_2 \leqq \ldots \leqq u_n \leqq \ldots.$$

Soient (D′) un domaine complètement intérieur à (D) et m le minimum de u_1 dans (D′), on a

$$u_n \geqq m.$$

Les fonctions u_n forment une famille normale. On en déduit aussitôt que la suite u_n converge uniformément vers une fonction harmonique u ou vers l infini. Si, en un point intérieur à (D), la suite est bornée, elle converge uniformément à l'intérieur de (D) vers une fonction harmonique : c'est le théorème de Harnack.

24. Quotients de fonctions bornées. — Voici une application importante de ce théorème. Soient

$$(D_1), \quad (D_2), \quad \ldots, \quad (D_n), \quad \ldots$$

une suite infinie de domaines emboîtés ayant pour limite le

---

[1] On dit qu'une suite est monotone dans un domaine, si elle est formée de valeurs non décroissantes (ou non croissantes) en tous les points de ce dernier.

domaine (D) qui les contient et $f(z)$ une fonction holomorphe à l'intérieur de (D). La fonction $\log|f(z)|$ est harmonique dans (D) et régulière, sauf aux points où $f(z)$ s'annule : en ces points, cette fonction prend la valeur $-\infty$. Désignons par $v_n(x, y)$ la fonction harmonique et régulière dans (D_n) qui prend, sur la frontière (C_n) de ce domaine, les mêmes valeurs que $\log|f(z)|$. En tout point intérieur à (D_n), $\log|f(z)|$ est inférieur ou égal à v_n. En effet, il suffit de le montrer pour un point z_0 qui n'est pas un zéro de $f(z)$. Décrivons autour de chaque zéro de $f(z)$ comme centres, des cercles (γ) assez petits pour être contenus dans (D_n), laisser z_0 à l'extérieur, et pour que $\log|f(z)| - v_n$ soit négatif sur les circonférences. Dans le domaine obtenu en retranchant de (D_n) les points intérieurs aux cercles (γ), la fonction $\log|f(z)| - v_n$ est harmonique et régulière. Elle est négative ou nulle sur la frontière, donc aussi à l'intérieur, et

$$\log|f(z_0)| \leqq v_n(x_0, y_0).$$

Il résulte de cette inégalité que la suite v_n est non décroissante; en effet, si l'on prend le point z_0 sur (C_n), on a

$$v_n(x_0, y_0) = \log|f(z_0)| \leqq v_{n+p}(x_0, y_0) \qquad (p > 0).$$

Cette inégalité a lieu sur (C_n), donc aussi dans (D_n).

On obtiendrait le même résultat pour les fonctions $w_n(x, y)$, harmoniques et régulières dans (D_n) et prenant sur (C_n) les valeurs $\big|\log|f(z)|\big|$, car, au point z_0, on a

$$\log|f(z_0)| \leqq w_n(x_0, y_0),$$

$$\log\frac{1}{|f(z_0)|} \leqq w_n(x_0, y_0),$$

pour les mêmes raisons que précédemment. Donc

$$\big|\log|f(z_0)|\big| \leqq w_n(x_0, y_0);$$

on en conclut encore que

$$w_n \leqq w_{n+p} \qquad (p > 0).$$

Introduisons maintenant la fonction

$$u_n = \frac{v_n + w_n}{2},$$

la suite u_n est encore non décroissante. Cette suite a été considérée par MM. F. et R. Nevanlinna ([1]). Servons-nous de la notation

$$\overset{+}{\varphi}(t) = \frac{1}{2}[\varphi(t) + |\varphi(t)|]$$

introduite par ces auteurs, $\varphi(t)$ désignant une fonction réelle de la variable t. On voit que la fonction u_n prend sur (C_n) la suite des valeurs

$$\frac{\log|f(z)| + |\log|f(z)||}{2} = \overset{+}{\log} f(z).$$

D'après le théorème de Harnack, si la suite u_n est bornée en un point z_0 intérieur à (D), elle a pour limite une fonction $u(x, y)$ harmonique dans (D), et comme

$$\log|f(z)| \leqq u_n(x, y),$$

puisque cette inégalité a lieu sur (C_n), on a

$$\log|f(z)| \leqq u(x, y)$$

ou

$$|f(z)| \leqq e^u.$$

Désignons par $h(z)$ la fonction e^{-u-iv}, dans laquelle v est une fonction conjuguée de u. On a

$$|h(z)| \leqq 1 \quad \text{et} \quad |f(z)h(z)| \leqq 1.$$

Si l'on appelle $g(z)$ le produit $f(z)h(z)$, on voit que

$$f(z) = \frac{g(z)}{h(z)}.$$

La fonction $f(z)$ est, à l'intérieur de (D), le quotient de deux fonctions bornées dont la seconde $h(z)$ ne s'annule pas dans (D).

Réciproquement, soit $f(z)$ une fonction holomorphe dans (D) et égale au quotient de deux fonctions bornées dans (D), $g_0(z)$ et $h_0(z)$; on peut évidemment supposer

$$|g_0(z)| < 1, \qquad |h_0(z)| < 1,$$

([1]) *Ueber die Eigenschaften analytischer Funktionen in der Umgebung einer singulären Stelle oder Linie* (*Acta Societatis Scientiarum Fennicæ*, t. L, 1922, p. 1-46).

en divisant au besoin le numérateur et le dénominateur de la fraction par un nombre supérieur à leurs limites supérieures. On a

$$|f(z)| < \frac{1}{|h_0(z)|},$$

$$\log|f| < \log\frac{1}{|h_0|},$$

et, comme le second membre n'est pas négatif,

$$\overset{+}{\log}|f| < \log\frac{1}{|h_0|},$$

donc, sur (C_n), on a

$$u_n < \log\frac{1}{|h_0|},$$

cette inégalité subsiste dans (D_n), donc les u_n sont bornées. La réciproque est établie.

En faisant croître n indéfiniment, on obtient

$$u \leqq \log\frac{1}{|h_0|}, \qquad e^{-u} \geqq |h_0|,$$

c'est-à-dire, en désignant par $g(z)$ et $h(z)$ les fonctions précédemment introduites,

$$|h| \geqq h_0,$$

et comme

$$f(z) = \frac{g_0(z)}{h_0(z)} = \frac{g(z)}{h(z)},$$

on a aussi

$$|g| \geqq g_0.$$

En d'autres termes, les fonctions g et h sont les fonctions qui ont le plus grand module parmi tous les couples de fonctions, de modules non supérieurs à *un*, dont le quotient est égal à $f(z)$.

Nous avons ainsi démontré un théorème de MM. F. et R. Nevanlinna ([1]).

La condition nécessaire et suffisante pour qu'une fonction holomorphe dans un domaine (D) *soit le quotient de deux fonctions bornées dans ce domaine est que la suite des fonctions harmoniques* u_n, *qui prennent les valeurs* $\overset{+}{\log}|f(z)|$ *sur*

([1]) *Loc. cit.*, p. 23.

une suite de contours (C_n) *limitant des domaines intérieurs emboîtés dont la limite est* (D), *soit bornée en un point de ce domaine.*

Nous appellerons *fonction* N toute fonction quotient de deux fonctions bornées.

Si (D) est un cercle de rayon *un*; il suffit d'exprimer que les valeurs de u_n sont bornées au centre $z = 0$. Or, si l'on prend pour (D_n) des cercles concentriques, comme la valeur de u_n au centre est la moyenne des valeurs sur la circonférence (C_n) de rayon r, on a

$$u_n(0, 0) = \frac{1}{2\pi}\int_0^{2\pi} \overset{+}{\log} |f(re^{i\varphi})|\, d\varphi,$$

et la condition devient

$$\frac{1}{2\pi}\int_0^{2\pi} \overset{+}{\log} |f(re^{i\varphi})|\, d\varphi < M,$$

quel que soit $r < 1$, M désignant un nombre fixe.

Remarquons encore que l'inégalité $u_n(0, 0) < M$ entraîne $u(0, 0) \leqq M$, donc

$$h(0) = e^{-u(0,0)} \geqq e^{-M}.$$

25. Famille normale de fonctions N. — Considérons les fonctions $f(z)$, holomorphes dans le cercle $|z| < 1$, et dont chacune est le quotient de deux fonctions bornées que nous supposerons toujours de modules non supérieurs à *un*. La somme et le produit de deux fonctions de cette famille appartiennent encore à la famille.

Parmi ces fonctions, considérons la famille de celles pour lesquelles on a l'inégalité

$$\frac{1}{2\pi}\int_0^{2\pi} \overset{+}{\log} |f(re^{i\varphi})|\, d\varphi < M,$$

quel que soit $r < 1$, et quelle que soit la fonction $f(z)$ de la famille. Cette famille est normale. En effet, soit

$$f_n = \frac{g_n}{h_n}$$

une suite infinie de fonctions f_n de la famille; on peut en extraire une suite partielle f_{n_k} telle que les suites g_{n_k} et h_{n_k} convergent uniformément vers des limites holomorphes $g(z)$ et $h(z)$. D'autre part, si l'on a pris, pour chaque fonction $f(z)$, la fonction

$$h(z) = e^{-u},$$

on voit que

$$h_{n_k}(0) \geqq e^{-M},$$

donc $h(0) \neq 0$, et, comme aucun $h_n(z)$ ne s'annule, la fonction $h(z)$ ne s'annule pas dans (D), donc la suite $f_{n_k}(z)$ converge uniformément vers la fonction holomorphe

$$f(z) = \frac{g(z)}{h(z)}.$$

La famille considérée est donc une famille normale.

CHAPITRE II.

FONCTIONS HOLOMORPHES A VALEURS EXCEPTIONNELLES. FAMILLES QUASI-NORMALES.

FONCTIONS DE SCHWARZ.

26. Théorème de M. Painlevé. — M. Painlevé a établi le théorème suivant qui nous permettra d'effectuer certains prolongements analytiques. Considérons (*fig.* 7) un domaine (D) limité

Fig. 7.

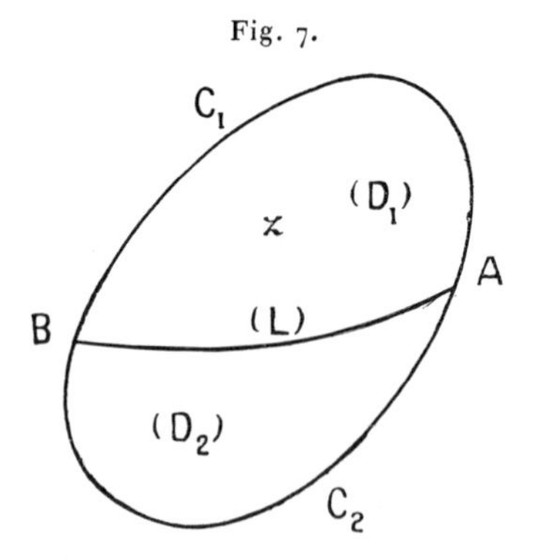

par une courbe rectifiable (C), et partagé en deux domaines partiels (D_1) et (D_2) par un arc de courbe rectifiable (L) dont A, B sont les extrémités ; soient $f_1(z)$ et $f_2(z)$ deux fonctions respectivement holomorphes dans les domaines fermés (D_1) et (D_2) :

Si les fonctions $f_1(z)$ et $f_2(z)$ prennent les mêmes valeurs en tout point de la courbe séparatrice (L), *chacune de ces fonctions est le prolongement analytique de l'autre au delà de* (L).

Soit, en effet, z un point intérieur à (D_1), on peut écrire

$$f_1(z) = \frac{1}{2i\pi}\int_{AC_1B} \frac{f_1(\zeta)\,d\zeta}{\zeta - z} + \frac{1}{2i\pi}\int_{BLA} \frac{f_1(\zeta)\,d\zeta}{\zeta - z},$$

$$0 = \frac{1}{2i\pi}\int_{BC_2A} \frac{f_2(\zeta)\,d\zeta}{\zeta - z} + \frac{1}{2i\pi}\int_{ALB} \frac{f_2(\zeta)\,d\zeta}{\zeta - z},$$

ajoutons membre à membre, en remarquant que, sur (L),

$$f_1(\zeta) = f_2(\zeta),$$

il vient

$$f_1(z) = \frac{1}{2i\pi}\int_{AC_1B} \frac{f_1(\zeta)\,d\zeta}{\zeta - z} + \frac{1}{2i\pi}\int_{BC_2A} \frac{f_2(\zeta)\,d\zeta}{\zeta - z}.$$

Si z était situé dans (D_2), on verrait de même que l'expression analytique du second membre représente $f_2(z)$. Cette expression est l'intégrale de Cauchy d'une fonction continue sur le contour (C), elle représente une fonction $f(z)$ holomorphe dans (D) qui coïncide avec $f_1(z)$ dans le domaine fermé (D_1), et avec $f_2(z)$ dans le domaine fermé (D_2). La proposition est donc démontrée.

Le théorème de M. Painlevé demeure exact lorsque chaque fonction $f_1(z)$ ou $f_2(z)$, sans être supposée analytique sur la ligne (L), prend sur cette ligne une suite continue de valeurs. Il faut, dans ce cas, faire quelques restrictions sur la ligne (L) pour que le théorème de Cauchy puisse encore être appliqué aux contours (C_1) et (C_2) [1]. Comme, dans la suite, nous appliquerons le théorème au cas où (L) est un segment rectiligne ou un arc de cercle, ces restrictions sont sans importance pour nos applications.

Précisons, toutefois, le sens des mots : prendre sur une courbe (L) une suite continue de valeurs. Nous dirons qu'une fonction $f(z)$ définie dans un domaine contenant (L) prend sur cette ligne une suite continue de valeurs, lorsque :

1° $$z_1, \quad z_2, \quad \ldots, \quad z_n, \quad \ldots$$

étant une suite de points du domaine ayant pour unique point limite un point z' de (L), la suite des valeurs

$$f(z_1), \quad f(z_2), \quad \ldots, \quad f(z_n), \quad \ldots$$

(1) *Voir* Ed. GOURSAT, *Analyse mathématique*, t. II, 3e édition, § 288.

a une limite unique $f(z')$ indépendante de la suite considérée et dépendant seulement de z';

2° la fonction $f(z')$ est une fonction continue de z' sur la ligne (L).

Dans ce cas, $f(z)$ tend uniformément vers sa limite, quel que soit z' sur (L). En d'autres termes, étant donné un nombre ε, on peut lui associer un nombre δ tel que, z étant un point du domaine, l'inégalité

$$|z - z'| < \delta$$

entraîne l'inégalité

$$|f(z) - f(z')| < \varepsilon,$$

quel que soit z'.

Dans le cas contraire, en effet, on pourrait trouver une valeur de ε, et une infinité de couples z_n, z'_n tels que l'on ait

$$|z_n - z'_n| < \frac{1}{n}, \qquad |f(z_n) - f(z'_n)| > 2\varepsilon.$$

Soit z'_0 un point limite de la suite z'_n; c'est un point limite d'une suite partielle z'_{n_k}; la suite z_{n_k} a aussi pour limite z'_0. Prenons k assez grand pour que

$$|f(z'_{n_k}) - f(z'_0)| < \varepsilon,$$

ce qui est possible puisque $f(z')$ est continue sur (L), on aura alors $|f(z_{n_k}) - f(z'_0)| > \varepsilon$ et $f(z_n)$ n'aurait pas pour limite $f(z'_0)$.

27. Méthode des images. — On peut fonder sur le théorème de M. Painlevé une méthode de prolongement analytique, appelée *méthode des images*, qui s'applique à des fonctions définies initialement dans des régions dont la frontière comprend des arcs de cercle.

Considérons d'abord une fonction $f_1(z)$ définie dans un domaine (D_1) (*fig.* 8) dont la frontière comprend un segment AB de l'axe réel, holomorphe dans ce domaine, et prenant, sur ce segment, des valeurs réelles. Soit

$$f_2(z) = \bar{f}_1(\bar{z}),$$

la fonction, définie dans le domaine (D_2) symétrique de (D_1) par rapport à l'axe réel, et qui prend, au point z de ce domaine (D_2), la valeur conjuguée de celle prise par $f_1(z)$ au point $\bar{z}$ de (D_1), conjugué de z. La fonction $f_2(z)$ est analytique dans le domaine (D_2); en effet, désignons par h un accroissement, le nombre

$$\frac{f_2(z+h)-f_2(z)}{h}$$

est conjugué du nombre

$$\frac{f_1(\overline{z+h})-f_1(\bar{z})}{\bar{h}};$$

ce dernier a pour limite $f'_1(\bar{z})$ lorsque h tend vers zéro, donc le premier a pour limite le nombre $\bar{f}'_1(\bar{z})$, conjugué de $f'_1(\bar{z})$.

Fig. 8.

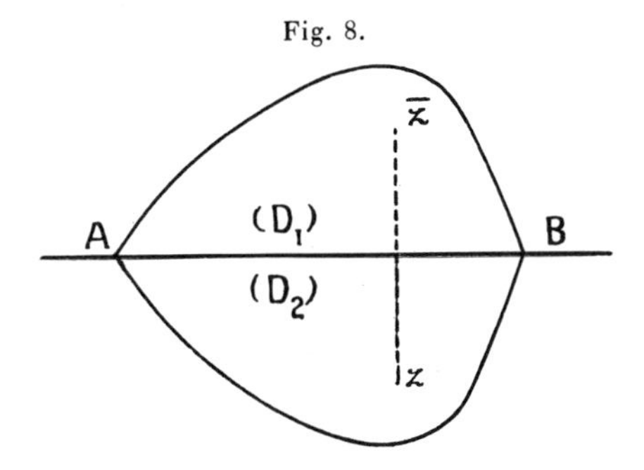

La fonction $f_2(z)$ est holomorphe dans (D_2); elle prend sur AB les mêmes valeurs que $f_1(z)$, puisque ces valeurs sont réelles, donc $f_2(z)$ est le prolongement analytique de $f_1(z)$ dans le domaine (D_2). On voit que, pour obtenir ce prolongement, il suffit de donner à la fonction des valeurs conjuguées en deux points conjugués.

Ce résultat peut s'étendre à des domaines (D_1) dont la frontière comprend un arc de cercle, au moyen d'une généralisation de la notion de symétrie. Deux points symétriques par rapport à une droite sont les images l'un de l'autre par réflexion sur cette droite; plus généralement, deux points inverses par rapport à un cercle seront dits *images* l'un de l'autre par rapport à ce cercle. On devra, dans la suite, considérer la droite comme un cas particulier du cercle, et la symétrie par rapport à une droite comme un cas particulier de l'inversion.

Si deux points A et B sont images l'un de l'autre par rapport à un cercle (C), les images A′ et B′ de ces points par rapport à un cercle (Γ) sont images l'une de l'autre par rapport au cercle (C'), image de (C) par rapport à (Γ). En effet, l'inversion par rapport à (Γ) transforme le faisceau des cercles passant par A et B, qui sont orthogonaux à (C), dans le faisceau des cercles passant par A' et B' : ces derniers cercles sont orthogonaux à (C'), donc A' et B' sont inverses par rapport à (C').

Le produit de deux inversions est une transformation homographique sur la variable z : en effet, soit z' l'affixe du point qui correspond à z après les deux inversions; la transformation ponctuelle qui fait passer de z à z' est une représentation conforme; comme la correspondance est biunivoque dans tout le plan des z, c'est une relation homographique entre z et z'. On obtient le même résultat pour le produit d'un nombre pair d'inversions. Réciproquement, toute transformation homographique peut, comme on sait, être remplacée par le produit d'un nombre pair d'inversions.

Soit maintenant $Z=f(z)$ une fonction holomorphe dans un domaine (D_1) limité par un contour qui comprend un arc d'un cercle (γ) du plan des z, et prenant sur cet arc des valeurs réelles. Il existe une transformation homographique qui transforme le domaine (D_1) en un domaine (D'_1) du plan des z', et l'arc de cercle, en un segment de l'axe réel. La fonction $g(z')$ qui prend au point z' la même valeur que $f(z)$ au point correspondant z, pourra être prolongée par valeurs conjuguées. En revenant au plan des z, on voit que le prolongement de $f(z)$ dans le domaine obtenu en prenant l'image de (D_1) par rapport au cercle (γ) dont un arc forme la frontière de (D_1), pourra être effectué en donnant à $f(z)$ deux valeurs conjuguées en deux points images l'un de l'autre.

Soit maintenant $Z=f(z)$ une fonction définie dans le domaine (D_1) précédent et qui, à l'arc d'un cercle (γ) du plan des z qui appartient à sa frontière, fait correspondre un arc d'un cercle (Γ) du plan des Z. Une transformation homographique effectuée sur Z remplacera ce dernier arc par un segment de l'axe réel du plan des Z', et l'on sera ramené au cas précédent. Deux valeurs conjuguées de Z' correspondront à deux valeurs de Z, images par rapport à (Γ). On effectuera donc le prolongement de $f(z)$, en prenant, en deux points z, images par rapport à (γ), deux valeurs de Z relatives à deux points images par rapport à (Γ).

28. Fonctions de Schwarz. — Nous allons utiliser la méthode des images pour définir et étudier les *fonctions de Schwarz*. Ces fonctions seront définies à l'intérieur d'un cercle (Γ) dont nous supposerons le rayon égal à l'unité. Elles sont méromorphes à l'intérieur du cercle et admettent la circonférence comme coupure. Elles vérifient en outre deux relations fonctionnelles fort importantes, mais que nous n'aurons pas à utiliser. Le cercle (Γ) étant entièrement recouvert au moyen d'une infinité de quadrilatères curvilignes dont les côtés sont des arcs de cercles orthogonaux à (Γ), ces relations expriment que la fonction prend la même valeur aux points correspondants de ces quadrilatères.

Il importe d'examiner d'abord la possibilité de couvrir tout le cercle (Γ) au moyen de triangles formés d'arcs de cercles orthogonaux à (Γ) et d'étudier les propriétés de ce pavage du cercle.

Supposons que ABC soit un triangle (T) intérieur à (Γ) dont les côtés sont des arcs de cercles orthogonaux à (Γ), et soient α, β, γ les angles de ce triangle, je dis que

$$\alpha + \beta + \gamma < \pi.$$

Les arcs CA et CB appartiennent à deux cercles qui se coupent en C et au point C′, image de C par rapport à (Γ). Une inversion de pôle C′, dont la puissance est celle de C′ par rapport à (Γ),

Fig. 9.

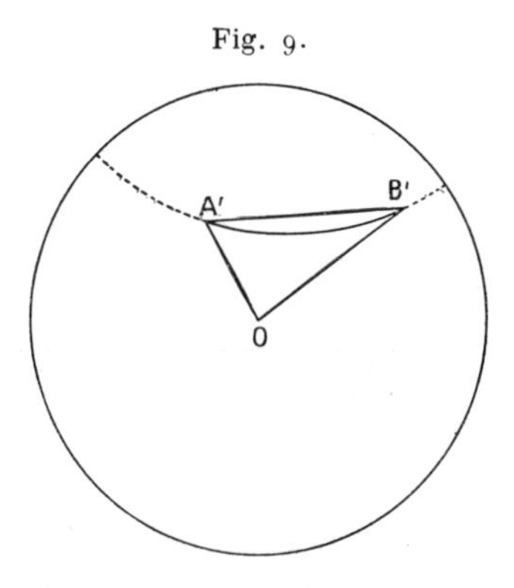

transforme les côtés CA et CB en deux segments OA′, OB′ passant par le centre O de (Γ) et l'arc AB en l'arc A′B′ d'un cercle orthogonal à (Γ) (*fig.* 9). Comme l'inversion transforme en lui-même l'intérieur de (Γ), l'arc A'B' est intérieur à (Γ) et, par conséquent, tourne sa convexité vers le point O. Le triangle mixtiligne (T') ou OA'B' a les mêmes angles α, β, γ que le triangle (T) ou CAB et, comme la somme de ses angles est inférieure à la somme des angles du triangle rectiligne OA'B', on a bien

$$\alpha + \beta + \gamma < \pi.$$

Le raisonnement suppose que le triangle ABC ait au moins un sommet C à l'intérieur de (Γ). Si les trois sommets A, B, C sont sur la circonférence, les trois angles du triangle sont nuls.

Réciproquement, étant donnés trois angles α, β, γ, dont la somme est inférieure à π et un point C intérieur au cercle (Γ), il existe un seul triangle orienté CAB dont les côtés sont orthogonaux à (Γ), dont les angles sont α, β, γ, et dont un côté, CA par exemple, a une direction donnée. Pour le démontrer, effectuons d'abord l'inversion qui a pour pôle C', l'image de C par rapport à (Γ); cette inversion amène C en O. L'arc CA deviendra un segment OA' d'une demi-droite Ox dont la direction est connue : elle fait avec CO le même angle que CA avec OC. Nous sommes

Fig. 10.

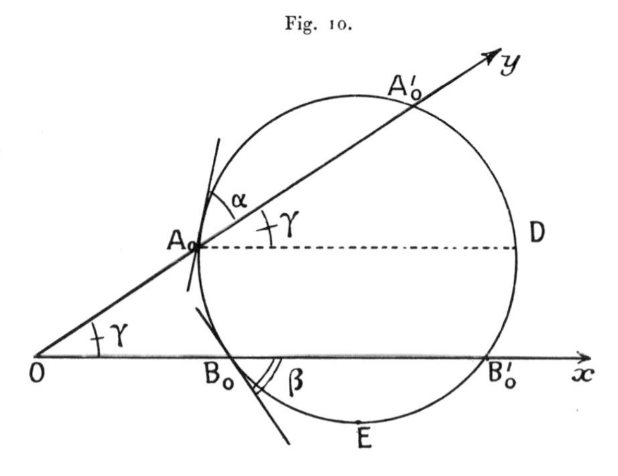

ramenés à construire le triangle (T') qui a deux côtés rectilignes portés par Ox et Oy. Tous les triangles tels que OA'B' ayant les angles α, β, γ se déduisent l'un de l'autre par une homothétie de centre O : il suffit de construire l'un d'eux OA_0B_0 et de tracer le cercle (Γ_0) orthogonal à ses côtés; l'homothétie qui transforme (Γ_0) en (Γ) fera correspondre A', B' aux points A_0, B_0. Pour construire le triangle OA_0B_0, traçons (*fig.* 10) un cercle quelconque de rayon r qui portera le côté A_0B_0. Prenons sur ce cercle un arc mesuré par $2\alpha r$ et menons la corde $A_0A'_0$; par le point A_0, menons une droite A_0D qui fait avec la direction $A_0A'_0$ l'angle γ; l'arc A'_0D est égal à $2\gamma r$; l'arc A_0ED, dont le milieu est en E, a pour longueur

$$(2\pi - 2\alpha - 2\gamma)r > 2\beta r.$$

Si donc nous portons arc $EB_0 =$ arc $EB'_0 = \beta r$, la droite $B_0B'_0$ sera parallèle à A_0D et le triangle OA_0B_0 sera le triangle cherché. Il suffit alors de porter les côtés $OA_0A'_0$ et $OB_0B'_0$ sur Ox et Oy, et de faire l'homothétie indiquée précédemment.

Si l'un des angles est nul, le sommet correspondant est sur (Γ); si deux angles α et β sont nuls, les sommets A et B sont sur (Γ); si les trois angles sont nuls, A, B, C sont trois points arbitraires de la circonférence (Γ). Quand un sommet est sur la circonférence (Γ), les trois sommets coïncident, à moins que l'un au moins des angles ne soit nul.

29. Pavage du cercle fondamental. — Proposons-nous de déduire, d'un triangle ABC ou (T), un pavage de l'intérieur du *cercle fondamental* (Γ). Prenons les images de (T) successivement par rapport aux côtés AB, BC, CA; nous obtiendrons de nouveaux triangles, (T_1), (T'_1), (T''_1). Recommençons cette opération par rapport aux côtés libres de ces nouveaux triangles, c'est-à-dire par rapport aux côtés qui ne sont pas communs avec ceux de (T) : par exemple, prenons les images de (T_1) par rapport aux côtés AC_1 ou BC_1 de ce triangle; et ainsi de suite.

Chaque côté obtenu appartient à un cercle orthogonal au cercle fondamental (Γ), car il se déduit, d'un cercle orthogonal à (Γ), par une inversion par rapport à un cercle orthogonal à (Γ). Tous les triangles obtenus sont intérieurs à (Γ), parce que (T) est intérieur à (Γ) et que chaque inversion transforme en lui-même l'intérieur de (Γ); tous ces triangles ont les mêmes angles α, β, γ que le triangle (T). On peut continuer indéfiniment la construction de ces triangles, car aucun des côtés obtenus n'est formé par un arc de (Γ).

Examinons en détail le cas où les angles α, β, γ sont de la forme

$$\alpha = \frac{\pi}{m}, \qquad \beta = \frac{\pi}{n}, \qquad \gamma = \frac{\pi}{p},$$

m, n, p étant des entiers positifs vérifiant l'inégalité

$$\frac{1}{m} + \frac{1}{n} + \frac{1}{p} < 1$$

afin que l'inégalité $\alpha + \beta + \gamma < \pi$ soit satisfaite.

Je dis que, en suivant la marche indiquée ci-dessus, on obtiendra un pavage de l'intérieur de (Γ) au moyen d'une infinité de triangles. Chaque point intérieur à (Γ), ou bien sera intérieur à un triangle unique, ou bien sera un point commun à la périphérie de plusieurs triangles. Deux quelconques des triangles construits ne pourront empiéter l'un sur l'autre.

Partons de (T) et construisons l'image (T_1) de (T) par rapport à AB : nous obtenons le triangle ABC_1 dont le côté AB est commun avec (T); prenons maintenant l'image de (T_1) par rapport au côté AC_1, nous obtiendrons le triangle AC_1B_1 ou (T_2) dont le côté AC_1 sera commun avec (T_1); ce triangle sera situé, par rapport à l'arc AC_1, du côté opposé à celui où se trouve (T_1). En continuant à prendre l'image de chaque triangle par rapport au côté libre passant par A, on obtiendra une suite de triangles (T), (T_1), (T_2), ..., (T_{2m}). Je dis que le dernier (T_{2m}) coïncide avec (T). Pour le voir aisément, il suffit de supposer que les côtés AB et AC sont rectilignes, ce qu'on peut toujours obtenir par une inversion. Alors, tous les côtés AC_1, AB_1, ... sont aussi rectilignes et les images sont obtenues par symétrie; deux symétries consécutives équivalent à une rotation de $\frac{2\pi}{m}$ autour de A; le triangle (T_{2m}) se déduit donc de (T) par une rotation de 2π autour de A : il coïncide avec (T).

Nous appellerons étoile relative à un sommet quelconque, A par exemple, le polygone formé par la réunion des triangles (T), (T_1), ..., (T_{2m-1}) définis précédemment.

Ainsi, les triangles que nous venons de construire n'empiètent pas l'un sur l'autre, et il en serait de même si l'on opérait autour des sommets B ou C, comme on l'a fait autour de A; cependant il n'est pas évident que la construction indéfinie des triangles, que nous avons indiquée plus haut, ne conduira jamais à un triangle empiétant sur un triangle précédent. Mais nous verrons bientôt que la réunion de ces triangles forme l'ensemble des points représentatifs des valeurs d'une fonction analytique dont l'inverse est uniforme : un tel domaine ne peut se recouvrir.

Montrons maintenant que *tout point limite des sommets des triangles est sur la circonférence* (Γ). Supposons en effet qu'il existe un point P, intérieur à (Γ), limite d'une suite infinie de sommets homologues à A par exemple; on peut extraire, de cette suite, une suite partielle, telle que l'étoile (E_k) relative au point A_k de la nouvelle suite ait une position limite (E) lorsque A_k tend vers P. Il suffit pour cela que chaque sommet de (E_k) ait une position limite. Tous ces points limites sont d'ailleurs distincts, car tout triangle fondamental de sommet P a ses côtés non nuls. Lorsque k est assez grand, (E_k) est très voisin de (E), P est alors à l'intérieur de (E_k); donc, dans le voisinage de P, il n'y aurait pas d'autre point homologue à A que le point A_k, car deux étoiles n'empiètent pas l'une sur l'autre.

Ainsi, tout point limite de sommets est sur la circonférence (Γ); chaque sommet appartient à un nombre fini de triangles; on peut choisir une suite infinie de triangles convergeant vers un triangle limite, c'est-à-dire telle que les sommets homologues des triangles de cette suite aient chacun une position limite. Ces points limites coïncident d'ailleurs avec un point P de la circonférence (Γ), car le triangle limite a pour angles α, β, γ, nombres dont aucun n'est nul. En résumé, *toute suite infinie de triangles n'admet, comme éléments limites, que des points de la circonférence* (Γ).

Soit (Γ′) un cercle concentrique et intérieur à (Γ). Le cercle (Γ′) sera entièrement couvert par un nombre fini de triangles du réseau. En effet, il ne peut y avoir une infinité de triangles traversant (Γ′) puisque tout élément limite de cette infinité de triangles doit se réduire à un point de la circonférence (Γ). Tout point de (Γ′) appartient d'ailleurs à un triangle au moins, car chaque côté des triangles en nombre fini qui traversent (Γ′) appartient à deux triangles contigus; il ne peut donc y avoir de trou dans le polygone formé par leur réunion.

Je dis que *tout point* P *de la circonférence* (Γ) *est un point limite pour une infinité de sommets* et, par conséquent, pour une infinité de triangles; en d'autres termes, au voisinage de chaque point P, il y a une infinité de sommets homologues à A, de sommets homologues à B, ou à C. Soit $P_1, P_2, \ldots, P_k, \ldots$ une infinité de points intérieurs à (Γ) ayant pour limite P. Chaque point P_k est situé dans un triangle (T_k); il y a une infinité de triangles (T_k) distincts, car chacun d'eux, étant tout entier intérieur à (Γ), ne peut contenir qu'un nombre fini de points P_k. Choisissons une infinité de triangles (T_k) ayant un point limite unique : ce point ne peut être que P puisque chaque triangle contient un point P_k. Les sommets des triangles choisis ont tous pour limite le point P.

Les raisonnements qui précèdent supposent qu'aucun des angles α, β, γ n'est nul, c'est-à-dire que les entiers m, n, p sont finis. Mais les résultats demeurent exacts même si certains des angles α, β, γ sont nuls : les raisonnements doivent seulement être modifiés. Par exemple, si les trois angles sont nuls, il est d'abord évident que deux triangles ne peuvent empiéter l'un sur l'autre car chaque nouveau triangle obtenu par le procédé de construction indiqué au début de ce paragraphe est situé dans une région où ne se trouve aucun des précédents. Tous les sommets des triangles sont ici sur la circonférence (Γ); on démontre aisément que l'ensemble de leurs points limites est formé par tous les points de cette circonférence, et les autres propriétés s'en déduisent.

30. **Substitutions fondamentales.** — Le triangle (T) et son image (T_1) par rapport au côté AB forment un quadrilatère (Q_1) que nous appellerons le *quadrilatère fondamental*. Prenons l'image (T_2) de (T_1) par rapport au côté AC_1, puis l'image (T_3) du nouveau triangle (T_2) par rapport au côté AB_2 image de AB. Les triangles (T_2) et (T_3) forment un quadrilatère (Q_2) que l'on peut déduire de (Q_1) par la transformation homographique équivalente au produit des deux premières inversions. Cette transformation S_1 amène AC sur AC_1 On obtient de même une transformation homographique S_2 qui amène BC sur BC_1 et (Q_1) sur un quadrilatère (Q'_2) contigu à (Q_1) suivant BC_1. Un nombre pair d'inversions, effectuées en suivant la marche indiquée au paragraphe précédent, conduit à un quadrilatère (Q_p) formé par les deux derniers triangles supposés contigus le long d'un côté homo-

logue à AB. Il existe une transformation homographique S_p qui transforme (Q_1) en (Q_p). Les transformations S_p forment un groupe : soient, en effet, S_p et S_q deux transformations faisant correspondre (Q_p) et (Q_q) au quadrilatère (Q_1); la transformation S_q, appliquée à (Q_p), donne un quadrilatère (Q'); ce quadrilatère (Q') se déduit de (Q_1) par un nombre pair d'inversions, il appartient donc à l'ensemble des quadrilatères considérés, et l'on a

$$S_p S_q = S',$$

S' désignant la transformation homographique qui amène (Q_1) sur (Q'). Je dis que ce groupe peut être construit au moyen de deux *substitutions fondamentales* S_1 et S_2, c'est-à-dire que toute substitution du groupe s'obtient en faisant le produit d'un certain nombre de substitutions S_1 ou S_2. En effet, le théorème est exact pour les quadrilatères (Q_2) et (Q'_2) déduits de (Q_1) par une seule substitution S_1 ou S_2; supposons-le démontré pour un quadrilatère (Q_p) déduit de (Q_1) au moyen de $2(p-1)$ inversions du type considéré, et démontrons-le pour le quadrilatère contigu (Q_{p+1}). Soit S une substitution faisant passer de (Q_1) à (Q_p); par hypothèse, S est un produit de substitutions S_1 et S_2; et Σ, la substitution amenant (Q_p) sur (Q_{p+1}). La transformation $S\Sigma S^{-1}$ fait passer de (Q_1) à un quadrilatère contigu à (Q_1), (Q_2) ou (Q'_2), car, la substitution Σ amenant l'un sur l'autre les côtés homologues à AC, par exemple, dans (Q_p), la substitution $S\Sigma S^{-1}$ amènera l'un sur l'autre les côtés AC et AC_1 de (Q_1), ce sera donc S_1 et

$$S\Sigma S^{-1} = S_1$$

ou

$$S\Sigma = S_1 S,$$

ce qui démontre la proposition, car $S\Sigma$ amène (Q_1) sur (Q_{p+1}).

31. Construction d'une fonction de Schwarz. — Supposons que le cercle (Γ) soit situé dans le plan de la variable complexe Z'; nous allons établir l'existence d'une fonction de Z', définie dans l'intérieur de (Γ) où elle est méromorphe, et admettant la circonférence (Γ) comme coupure. En effet, d'après les théorèmes classiques sur la représentation conforme ([1]), il existe une fonction $Z = \mu(Z')$, définie dans le triangle (T), faisant la représentation conforme de ce triangle (T) sur le demi-plan supérieur (Π) du plan de la variable Z, de façon que le périmètre du triangle corresponde à l'axe réel, et que les sommets A, B, C correspondent respectivement aux points o, 1, ∞ du plan des Z. Les segments I, II, III, du plan des Z, correspondent respectivement aux côtés I′, II′, III′ du triangle (T) (*fig.* 11).

Fig. 11.

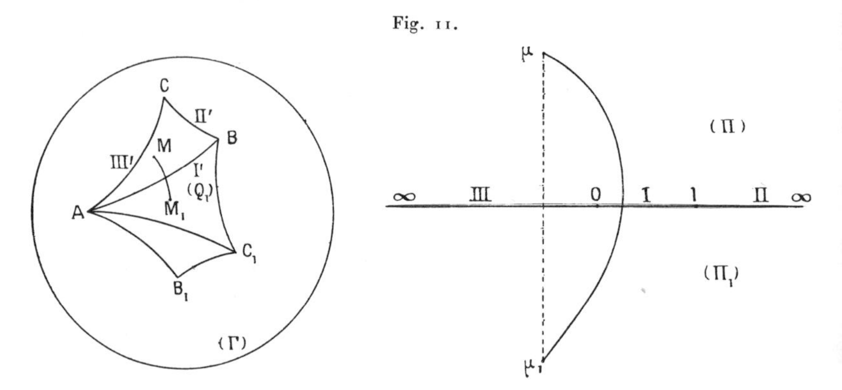

La fonction $Z = \mu(Z')$ définie dans le triangle ABC est réelle sur le côté AB. On peut donc la prolonger au moyen des valeurs conjuguées et la définir dans le triangle (T_1) ou ABC_1, image de (T) par rapport à AB. On obtiendra ainsi une fonction définie dans le quadrilatère fondamental (Q_1) et faisant la représentation conforme de ce quadrilatère sur le plan de la variablé Z. A un point M de (T) correspond un point μ du demi-plan supérieur (Π), à un point M_1 de (T_1) correspond un point μ_1 du demi-plan inférieur (Π_1). Si Z' va de M à M_1 en restant dans le quadrilatère (Q_1) et, par suite, en traversant AB, le point Z ira de μ en μ_1 en traversant le segment I, mais en ne traversant jamais l'un des segments II ou III. Le quadrilatère représente donc d'une manière conforme le plan des Z muni de coupures suivant les segments II et III : aux bords supérieurs des coupures correspondent les

([1]) *Voir*, par exemple, E. Picard, *Traité d'Analyse*, t. II, 3e édition, Paris, Gauthier-Villars, 1926, p. 320.

côtés BC et CA; aux bords inférieurs, correspondent les côtés BC_1 et C_1A.

La fonction $\mu(Z')$ est maintenant définie dans le quadrilatère (Q_1) et réelle sur les côtés; on peut donc la prolonger de nouveau. Prenons par exemple le triangle AB_1C_1 ou (T_2) image de ABC_1 par rapport à AC_1; ce triangle correspondra au demi-plan supérieur (II) et, si Z' passe de (T_1) à (T_2), Z passera de (II_1) à (II) en traversant le segment III. Nous pouvons continuer de proche en proche et étendre ainsi le domaine d'existence de la fonction $\mu(Z')$. Nous ajouterons chaque fois un nouveau triangle, image d'un triangle déjà tracé par rapport à l'un de ses côtés. Ces triangles se déduisent de (T) par une chaîne d'inversions et forment deux catégories. Ceux qui sont obtenus par un nombre pair d'inversions : ils correspondent au demi-plan (II); et ceux qui sont obtenus par un nombre impair d'inversions : ils correspondent au demi-plan (II_1). Ces deux catégories de triangles se distinguent par leur orientation. Pour avoir une idée nette du mode de prolongement de la fonction $\mu(Z')$, on peut imaginer que, à chaque triangle, on fasse correspondre un feuillet étalé sur un demi-plan (II) ou (II_1) du plan des Z. A chaque triangle d'une catégorie sont adjacents trois triangles de la catégorie différente et le feuillet correspondant à ce triangle est raccordé aux trois feuillets correspondant aux trois autres, respectivement par les lignes de passage I, II, III, La fonction $\mu(Z')$ peut ainsi être définie en tout point intérieur à (Γ) et, au pavage du cercle (Γ), correspond, dans le plan des Z, une surface de Riemann à une infinité de feuillets.

La fonction $\mu(Z')$ définie dans le cercle (Γ) est uniforme dans ce cercle. D'abord, elle est holomorphe en chaque point intérieur au cercle et distinct des sommets du réseau. Autour d'un sommet A ou B, elle est holomorphe, et elle est continue en ce sommet, donc elle est holomorphe même en A ou B, où elle prend la valeur zéro ou la valeur *un*. Autour d'un sommet C, le même raisonnement s'applique à $\frac{1}{\mu(Z')}$ qui s'annule en ce point : donc $\mu(Z')$ admet pour pôles tous les sommets homologues de C. En résumé, la fonction $\mu(Z')$ est méromorphe dans le cercle (Γ). La circonférence (Γ) est une coupure pour $\mu(Z')$ car, dans le voisinage de chaque point P de cette circonférence, il y a une infinité de sommets du réseau, et $\mu(Z')$ prend une infinité de fois les valeurs $0, 1, \infty$.

Cette fonction $\mu(Z')$ vérifie des relations fonctionnelles qui la rapprochent des fonctions elliptiques. Nous avons vu que le cercle (Γ) peut être pavé au moyen d'une infinité de quadrilatères (Q) qui se déduisent l'un de l'autre par les transformations homographiques d'un groupe défini à partir de deux substitutions fondamentales S_1 et S_2. Je dis que, en deux points correspondants de deux quadrilatères, la fonction $\mu(Z')$ prend la même valeur. On appelle quadrilatères *congruents* deux quadrilatères du pavage : soient (Q') et (Q'') deux quadrilatères congruents, on passe d'un point M' du premier au point correspondant M'' du second au moyen d'un nombre pair $2k$ d'inversions qui remplacent le point M' successivement par les points M_1, M_2, M_3, M_4, ..., M_{2k-1}, M''. Les valeurs de $\mu(Z')$ en deux points consécutifs de cette suite sont conjuguées, donc ces valeurs sont égales pour les points M', M_2, M_4, ..., M''. Si

$$Z'' = \frac{aZ' + b}{cZ' + d}$$

représente la substitution homographique S qui fait passer de (Q') à (Q''), on a l'égalité

$$\mu\left(\frac{aZ' + b}{cZ' + d}\right) = \mu(Z'),$$

valable pour tout point Z' de (Q'), et par conséquent, pour tout point de (Γ), puisque les fonctions qui figurent dans les deux membres sont méromorphes dans (Γ). En particulier, pour les substitutions

$$(S_1) \qquad Z'' = \frac{a_1 Z' + b_1}{c_1 Z'_1 + d_1}, \qquad (S_2) \quad Z'' = \frac{a_2 Z' + b_2}{c_2 Z' + d_2},$$

on a les deux identités

$$\mu\left(\frac{a_1 Z' + b_1}{c_1 Z' + d_1}\right) = \mu(Z'), \qquad \mu\left(\frac{a_2 Z' + b_2}{c_2 Z' + d_2}\right) = \mu(Z'),$$

desquelles se déduisent toutes les autres, puisque toute substitution S est un produit de substitutions S_1 et S_2.

La fonction $Z' = \lambda(Z)$, inverse de la fonction $Z = \mu(Z')$ est définie dans tout le plan de la variable Z; elle admet une infinité de déterminations qui se permutent autour des points o, 1, ∞. Ces points sont des points critiques algébriques pour chaque branche de la fonction $\lambda(Z)$: étudions, par exemple, comment se permutent les valeurs de Z' lorsque Z tourne autour du point zéro. Partons d'un point Z_0 du demi-plan supérieur (II) et choisissons pour $Z'_0 = \lambda(Z_0)$ une détermination précise, par exemple celle qui est située dans le quadrilatère fondamental (Q_1). Si nous partons de Z_0 pour aller dans le demi-plan inférieur (II_1), en restant dans le voisinage de zéro, nous traversons soit le segment I, soit le segment III; supposons par exemple que le chemin décrit traverse I, le point Z', situé dans le triangle (T), en sortira par le côté AB et viendra dans (T_1); si Z revient en Z_0 en traversant III, afin de tourner autour de zéro, Z' sortira de (T_1) par le côté AC_1 et viendra, en Z'_1, dans (Q_2). Si Z ne décrit que des lacets autour de zéro, Z' restera toujours dans un triangle appartenant à l'étoile de A et, au bout de m tours, reviendra à sa position initiale Z'_0. Donc, autour de zéro, se permutent les m déterminations $Z'_0, Z'_1, \ldots, Z'_{m-1}$. Toute fonction symétrique de ces m valeurs est uniforme autour de zéro : Z' est racine d'une équation de degré m dont les coefficients sont holomorphes autour de $Z = 0$, et qui admet une racine λ_0 multiple d'ordre m, pour $Z = 0$. Par conséquent, $\lambda(Z) - \lambda_0$ est développable en série ordonnée suivant les puissances entières de $Z^{\frac{1}{m}}$. On obtient des résultats analogues pour les points 1 et ∞, en remplaçant Z par $Z - 1$ ou $\frac{1}{Z}$.

FAMILLES DE FONCTIONS HOLOMORPHES A VALEURS EXCEPTIONNELLES.

32. Critère fondamental. — Nous allons utiliser la fonction $\lambda(Z)$ pour la recherche de nouveaux critères permettant de reconnaître si une famille est normale.

Nous établirons la proposition suivante :

Toute famille de fonctions holomorphes dans un domaine (D) *où elles ne prennent ni la valeur a ni la valeur b est normale dans ce domaine.*

Lorsqu'une fonction $f(z)$ ne prend pas une valeur a dans un domaine (D), on dit que a est une *valeur exceptionnelle* pour $f(z)$ dans le domaine (D).

On peut toujours supposer que les deux valeurs exceptionnelles a et b sont les nombres 0 et 1, car, en remplaçant $f(z)$ par $\varphi(z) = \frac{f(z) - a}{b - a}$, on est ramené à une famille de fonctions $\varphi(z)$ admettant 0 et 1 comme valeurs exceptionnelles : comme $b - a$ n'est pas nul, les familles $f(z)$ et $\varphi(z)$ sont normales en même temps.

Considérons (*fig.* 12) un domaine (D') complètement intérieur

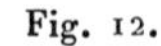

Fig. 12.

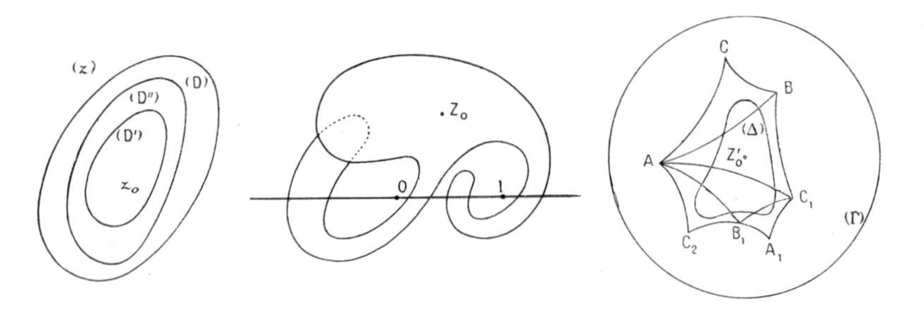

à (D) : il nous suffit de démontrer que la famille est normale dans (D'); nous pouvons d'ailleurs supposer que (D') est simplement connexe, puisqu'il suffirait même de démontrer que la famille est normale en chaque point de (D), c'est-à-dire dans des domaines circulaires. Nous désignerons encore par (D'') un domaine simplement connexe contenant (D') dans son intérieur et contenu dans l'intérieur de (D).

Soit $Z = f(z)$ une fonction de la famille : quand z se déplace dans (D''), Z décrit un domaine de forme quelconque pouvant se recouvrir lui-même, mais, si z décrit une courbe fermée dans (D''), Z décrit une courbe fermée n'entourant ni 0, ni 1 : en effet, la première courbe peut se réduire à zéro par déformation continue sans sortir de (D'') qui est simplement connexe; la seconde courbe doit alors se réduire à zéro sans rencontrer le point 0, ni le point 1.

Posons

$$Z' = g(z) = \lambda[f(z)]$$

et fixons la détermination de λ par la condition que la valeur $Z'_0 = g(z_0)$, correspondant à un point déterminé z_0 intérieur à (D'), soit située dans le quadrilatère fondamental (Q_1). La fonction $g(z)$ est uniforme dans le domaine (D''), puisque Z ne décrit aucune courbe entourant o ni 1; elle est holomorphe dans (D''), puisqu'elle l'est en chaque point. Le point Z' ne coïncide jamais avec un sommet du réseau de triangles relatif à λ; il ne vient pas non plus en un point P de la circonférence (Γ), car $f(z)$ étant holomorphe au point correspondant de (D''), il devrait en être de même de $g(z)$, tandis que $g(z)$ ne peut tourner autour de P. On a donc $|g(z)| < 1$.

Soit alors une suite infinie de fonctions $f(z)$: il leur correspond une suite infinie de fonctions $g(z)$ dont le module est inférieur à 1 dans (D''). On peut extraire de cette suite une suite infinie

$$g_1(z), \quad g_2(z), \quad \ldots, \quad g_n(z), \quad \ldots$$

convergeant uniformément dans (D') vers une fonction $G(z)$ holomorphe dans (D'). Je dis que la suite correspondante

$$f_1(z), \quad f_2(z), \quad \ldots, \quad f_n(z), \quad \ldots$$

converge aussi uniformément dans (D').

Les fonctions $g(z)$ ne prenant jamais les valeurs de Z' qui correspondent aux sommets du réseau, la fonction $G(z)$ ne peut prendre une de ces valeurs que si elle se réduit à une constante égale à cette valeur. Comme d'ailleurs les valeurs $g(z_0)$ sont dans (Q_1), cette valeur ne peut correspondre qu'aux points A, B, C ou C_1. Supposons d'abord que les valeurs $g_n(z_0)$ aient pour limite une valeur $G(z_0)$ correspondant à un point intérieur à (Q_1). Les valeurs de $G(z)$ correspondant à (D') emplissent un domaine (Δ) ne contenant aucun sommet du réseau, ni aucun point P de la circonférence (Γ) car, la convergence des $g_n(z)$ étant uniforme en tout point du domaine fermé (D'), $G(z)$ ne pourrait prendre la valeur Z' correspondant au point P que si les fonctions $g_n(z)$ prenaient cette valeur, ce qui est impossible. La distance de (Δ) à la frontière de (Γ) n'est pas nulle; soit (Δ') un domaine complètement intérieur à (Γ) et contenant (Δ) dans son intérieur; on peut prendre n assez grand pour que $g_n(z)$ soit toujours dans (Δ'). Or, lorsque Z' est situé dans (Δ'), la fonction $\mu(Z')$, inverse de $\lambda(Z)$, est uniformément continue et l'inégalité

$$|Z' - Z'_1| < \delta$$

entraîne l'inégalité

$$|\mu(Z') - \mu(Z'_1)| < \varepsilon,$$

quelque petit que soit le nombre choisi ε. Posons

$$F(z) = \mu[G(z)],$$

$F(z)$ est holomorphe dans (D'); prenons n assez grand pour que $g_n(z)$ soit dans (Δ') et que l'on ait, quel que soit z dans (D'),

$$|G(z) - g_n(z)| < \delta.$$

Comme $f_n(z) = \mu[g_n(z)]$, on aura

$$|F(z) - f_n(z)| < \varepsilon.$$

La suite $f_n(z)$ converge donc uniformément vers $F(z)$.

Supposons maintenant que les points $g_n(z_0)$ aient A, par exemple, pour point limite. On aura, pour n assez grand,

$$|g_n(z) - \mu_0| < \delta$$

si μ_0 est l'affixe de A, quelque petit que soit δ, puisque $g_n(z)$ converge uniformément vers la constante μ_0. Or, ε étant donné, on peut lui faire correspondre un nombre δ tel que, si

$$|Z' - \mu_0| < \delta,$$

on ait

$$|\mu(Z')| < \varepsilon;$$

donc, si n est assez grand, $\mu[g_n(z)] = f_n(z)$ aura un module inférieur à ε, quel que soit z dans (D'). La suite $f_n(z)$ converge uniformément vers zéro. Si $G(z)$ se réduisait au point B ou à l'un des points C ou C_1, on verrait de même que la suite $f_n(z)$ converge uniformément vers l'unité, ou vers l'infini [1]. La proposition est démontrée.

---

[1] On peut établir la même proposition en se servant de la fonction $\mu(Z')$ qui correspond à un triangle d'angles nuls, ou encore de la fonction modulaire. *Voir*, par exemple, DE LA VALLÉE POUSSIN, *Démonstration simplifiée du théorème fondamental sur les familles normales de fonctions* (*Annals of Mathematics*, 2e série, vol, 17, n° 1, 1915).

33. Généralisation. — Ce théorème comporte une généralisation immédiate : *une famille de fonctions* $f(z)$, *holomorphes dans un domaine* (D) *où tous les zéros de* $f(z)$ *ont un ordre de multiplicité divisible par* m *et les zéros de* $f(z) - 1$ *ont un ordre de multiplicité divisible par* n, *avec la condition* $\frac{1}{m} + \frac{1}{n} < 1$, *est une famille normale dans ce domaine.*

Le théorème du paragraphe précédent correspond à m et n arbitraires. Choisissons un entier p tel que $\frac{1}{m} + \frac{1}{n} + \frac{1}{p} < 1$, et construisons un triangle fondamental (T) ayant pour angles $\frac{\pi}{m}$, $\frac{\pi}{n}$, $\frac{\pi}{p}$: soit $\lambda(Z)$ la fonction définie au moyen du réseau correspondant. La fonction $g(z) = \lambda[f(z)]$ est holomorphe dans le domaine (D″); en effet, un chemin fermé situé dans (D″) se ramène à un certain nombre de lacets autour des zéros de $f(z)$ et de $f(z) - 1$. Soit z_1 un zéro de $f(z)$ par exemple; quand z décrit un lacet autour de z_1, l'argument de $Z = f(z)$ augmente d'un certain nombre de fois $2m\pi$, Z tourne autour de l'origine et le nombre des tours effectués est multiple de m, donc $Z' = \lambda(Z)$ décrit une courbe fermée. On peut aussi écrire, dans le voisinage de z_1,

$$Z = f(z) = (z - z_1)^{km} H(z),$$

k étant un entier, et $H(z)$ une fonction holomorphe différente de zéro en z_1. D'autre part, si Z'_1 est la valeur de $\lambda(Z)$ correspondant à z_1 en suivant le lacet, on sait que $Z' - Z'_1$ peut être développé en série ordonnée suivant les puissances entières de $Z^{\frac{1}{m}}$, $\mathfrak{P}\left(Z^{\frac{1}{m}}\right)$, donc

$$Z' - Z'_1 = \mathfrak{P}\left(Z^{\frac{1}{m}}\right) = \mathfrak{P}\left\{(z - z_1)^k [H(z)]^{\frac{1}{m}}\right\} = \mathfrak{P}_1(z - z_1),$$

$\mathfrak{P}_1(z - z_1)$ désignant une série entière en $z - z_1$.

Donc, la fonction $g(z)$ est uniforme, et d'ailleurs holomorphe en chaque point de (D″). On peut appliquer le raisonnement du paragraphe précédent. Le domaine (Δ) pourra contenir ici des sommets correspondant à A ou B, mais cela ne modifie en rien le résultat puisque $\mu(Z')$ est holomorphe en ces points.

FAMILLES QUASI-NORMALES.

34. Définition d'une famille quasi-normale. — Nous allons maintenant introduire une notion voisine de la notion de famille normale, celle de famille quasi-normale.

On dit qu'une famille de fonctions holomorphes dans un domaine (D) est *quasi-normale* dans ce domaine lorsque, de toute suite infinie de fonctions de cette famille, on peut extraire une suite nouvelle convergeant uniformément dans l'intérieur de (D), sauf peut-être en un nombre *fini* de points. Les points de convergence non uniforme sont appelés *irréguliers*. Si le nombre des points irréguliers, qui peut varier avec la suite, ne dépasse jamais q et peut atteindre ce nombre, on dit que la famille est *quasi-normale d'ordre* q. Il ne peut y avoir de point irrégulier que pour une suite convergeant uniformément vers l'infini en dehors des points irréguliers. En effet, soit A un point irrégulier, traçons un petit cercle (γ) de centre A et supposons que la fonction limite d'une suite admettant A comme point irrégulier soit une fonction holomorphe en dehors des points irréguliers. D'après le théorème de Weierstrass, la convergence sera uniforme à l'intérieur du cercle et la fonction limite sera holomorphe même en A. Le point A ne peut donc être irrégulier dans ce cas. Il ne peut y avoir de points irréguliers que si la suite converge vers la constante infinie en dehors des points irréguliers; en d'autres termes, si une famille quasi-normale n'admet pas comme fonction limite la constante infinie, elle sera nécessairement normale.

35. Points irréguliers. — Soit une suite (S),

$$f_1(z), \quad f_2(z), \quad \ldots, \quad f_n(z), \quad \ldots,$$

extraite d'une famille quasi-normale dans un domaine (D), et admettant effectivement le point A comme point irrégulier : nous entendons par là qu'il n'existe pas de suite extraite de (S) qui converge uniformément dans le voisinage de A.

Quel que soit a, à partir d'un certain rang, toutes les équations $f_n(z) = a$ ont une racine dans le voisinage de A.

Supposons qu'il n'en soit pas ainsi : il existerait alors, un nombre a, un cercle (c) de centre A, et une suite infinie

$$\varphi_1(z), \quad \varphi_2(z), \quad \ldots, \quad \varphi_n(z), \quad \ldots$$

telle que $\varphi_n(z) - a$ n'admette pas de zéro dans le cercle (c). De la suite $\varphi_n(z)$, je peux extraire une autre suite $\psi_n(z)$ qui converge uniformément, sauf dans le voisinage de A et d'un nombre fini d'autres points. En vertu de la remarque précédente, la fonction limite est la constante infinie, puisque le point A est effectivement un point irrégulier pour la suite $\psi_n(z)$. En particulier, la suite $\psi_n(z)$ converge uniformément vers l'infini sur la circonférence (c). Les fonctions

$$g_n(z) = \frac{1}{\psi_n(z) - a},$$

holomorphes à l'intérieur de (c), tendent uniformément vers zéro sur (c), et par conséquent, à l'intérieur de (c); il en résulte que $\psi_n(z)$ converge uniformément vers l'infini à l'intérieur de (c), donc aussi au point A, ce qui est contraire à l'hypothèse.

Considérons par exemple les fonctions $1 + \lambda z$, λ désignant un paramètre arbitraire. Prenons la suite

$$\lambda_1, \quad \lambda_2, \quad \ldots, \quad \lambda_n, \quad \ldots$$

tendant vers une limite λ_0 : les fonctions correspondantes tendent uniformément dans tout domaine fini, vers la fonction holomorphe $1 + \lambda_0 z$. Si au contraire, la suite λ_n converge vers l'infini, la suite des fonctions $f_n(z) = 1 + \lambda_n z$ converge vers la constante infinie, uniformément dans tout domaine borné ne comprenant pas l'origine. Cette famille est donc quasi-normale d'ordre 1, avec l'origine comme seul point irrégulier.

La fonction $1 + \lambda P(z)$, où $P(z)$ est un polynome, admet de même, comme points irréguliers, toutes les racines de ce polynome.

36. Critère fondamental. — Je vais maintenant établir la proposition suivante :

Une famille de fonctions $f(z)$, holomorphes dans un domaine (D) où elles ne prennent pas plus de p fois la valeur un ni plus de q fois la valeur zéro, est quasi-normale dans ce domaine et d'ordre au plus égal au plus petit des entiers p et q.

Soient

$$f_1(z),\quad f_2(z),\quad \ldots,\quad f_n(z),\quad \ldots$$

une suite de fonctions de la famille, A_1 un point d'accumulation des zéros de ces fonctions situés à l'intérieur de (D), s'il en existe.

De la suite $f_n(z)$, j'extrais une suite de fonctions $f_{\alpha_n}(z)$ ayant toutes, à partir d'un certain rang, un zéro dans un cercle (γ_1), de centre A_1 et de rayon arbitrairement petit. Supposons qu'il existe un second point d'accumulation A_2 des zéros des fonctions $f_{\alpha_n}(z)$. Je peux supposer que A_2 est extérieur au cercle (γ_1), car, en supprimant au besoin un nombre fini de termes au début de la suite $f_{\alpha_n}(z)$, je peux prendre le rayon du cercle (γ_1) aussi petit que je le veux.

Je trace un cercle(γ_2), de centre A_2, extérieur à (γ_1), et complètement intérieur au domaine (D); et de la suite $f_{\alpha_n}(z)$, j'extrais une suite $f_{\beta_n}(z)$ dont toutes les fonctions ont au moins un zéro dans (γ_2), et ainsi de suite; si l'on n'a pas été arrêté dans cette opération avant d'avoir trouvé q points A_i distincts, on obtiendra une suite de fonctions $f_{\lambda_n}(z)$ ayant toutes, à partir d'un certain rang, un zéro dans chacun des q cercles (γ_i), extérieurs les uns aux autres et dont les rayons sont arbitrairement petits; ces fonctions n'auront plus de zéros situés dans le domaine (D) et en dehors des cercles (γ_i). Si l'on est arrêté après avoir trouvé $q' < q$ points A_i, on obtient une suite $f_{\lambda_n}(z)$ dont les zéros n'ont pas d'autres points d'accumulation à l'intérieur de (D) que ces q' points A_i.

Soit (D″) un domaine intérieur à (D); retranchons de ce domaine les cercles (γ_i), nous obtenons un domaine (D′) qui ne contient qu'un nombre fini de zéros de toutes les fonctions $f_{\lambda_n}(z)$; donc, dans tous les cas, à partir d'un certain rang, les fonctions $f_{\lambda_n}(z)$ n'ont pas de zéros dans (D′).

Recommençons les mêmes opérations sur cette suite $f_{\lambda_n}(z)$, en considérant cette fois les racines des équations

$$f_{\lambda_n}(z) = 1.$$

Nous obtiendrons $p' \leqq p$ nouveaux points $B_1, B_2, \ldots, B_p$, quelques-uns d'entre eux pouvant être confondus avec des points A_i, et une suite $f_{\rho_n}(z)$, extraite de $f_{\lambda_n}(z)$, possédant la propriété suivante : dans tout domaine (D′), intérieur à (D) et extérieur à tous les cercles (γ) ayant pour centres les points A et B, à partir d'un certain rang, les fonctions $f_{\rho_n}(z)$ ne prennent jamais la valeur zéro ni la valeur *un*; la suite $f_{\rho_n}(z)$ constitue donc une famille normale dans (D'), et l'on peut en extraire une suite $f_{\sigma_n}(z)$ qui converge uniformément dans ce domaine.

Deux cas sont alors à considérer.

1° Ou bien la fonction limite est holomorphe dans (D'); dans ce cas, comme on l'a vu plus haut, elle est holomorphe aussi dans les cercles de centres A et B, et la convergence est uniforme même dans ces cercles. La suite $f_{\sigma_n}(z)$ converge donc uniformément dans (D'') vers une fonction holomorphe; la même suite converge dans tout le domaine (D);

2° Ou bien la fonction limite est la constante infinie.

Je dis que la suite converge vers l'infini en tout point distinct des A_i et des B_j. En effet, on peut réduire autant qu'on veut les rayons des cercles (γ) et, dans le domaine (D') correspondant, les fonctions $\frac{1}{f_{\sigma_n}(z)}$, holomorphes à partir d'un certain rang, convergent uniformément vers zéro.

La suite n'admet comme points irréguliers que des points communs aux A_i *et aux* B_j.

Soit en effet un point A_i par exemple, distinct de tous les B_j; à partir d'un certain rang, les équations

$$f_{\sigma_n}(z) = 1$$

n'ont pas de racines dans le voisinage de A_i et par suite A_i ne saurait être un point irrégulier; le nombre des points irréguliers est au plus égal au plus petit des deux entiers p et q. Nous dirons dans la suite que 0 et 1 sont des *valeurs quasi-exceptionnelles*.

37. Cas où une famille quasi-normale est normale. — Si $q = 0$, la famille est quasi-normale d'ordre 0, c'est-à-dire normale. Ce résultat pouvait être obtenu directement. Soit, en effet, une famille de fonctions $f(z)$ qui ne prennent pas la valeur 0 et qui prennent p fois au plus la valeur 1, et considérons les fonctions

$$g(z) = \sqrt[p+1]{f(z)}.$$

Pour chaque fonction $f(z)$, on choisira arbitrairement la détermination du radical en un point z_0.

Les fonctions $g(z)$ sont holomorphes puisque $f(z)$ ne s'annule pas ([1]). Soient

$$\omega_1, \quad \omega_2, \quad \ldots, \quad \omega_{p+1}$$

les racines $(p+1)^{\text{ièmes}}$ de l'unité; pour chaque fonction $g(z)$, il existe au moins une valeur ω_i qu'elle ne prend pas, puisque

$$[g(z)]^{p+1} = f(z)$$

prend p fois au plus la valeur 1. Considérons maintenant les fonctions $h(z) = \frac{g(z)}{\omega_i}$; elles admettent les deux valeurs exceptionnelles 0, 1, et forment une famille normale; il en est de même de la famille des fonctions $f(z) = [h(z)]^{p+1}$.

Voici d'autres cas dans lesquels on peut affirmer qu'une famille quasi-normale est normale. D'abord : *si les fonctions d'une famille quasi-normale d'ordre q au plus dans un domaine ont leurs modules bornés en $q+1$ points de ce domaine, la famille est normale dans le domaine.*

Soit, en effet,

$$f_1(z), \quad f_2(z), \quad \ldots, \quad f_n(z), \quad \ldots$$

une suite infinie de fonctions $f(z)$; je puis en extraire une suite partielle qui converge uniformément dans l'intérieur du domaine vers une fonction holomorphe, ou bien qui converge uniformément vers l'infini, sauf au voisinage de q points irréguliers au plus. Ce second cas ne peut se présenter puisque l'un au moins des $q+1$ points où les fonctions $f(z)$ ont leurs modules bornés n'est pas irrégulier. Donc, toute suite infinie est génératrice d'une suite convergeant uniformément partout, et la famille est normale.

Supposons encore qu'une famille quasi-normale soit formée de fonctions qui ne prennent pas plus de q fois la valeur zéro : *si, en un point du domaine, les valeurs de chaque fonction $f(z)$ et de ses q premières dérivées sont bornées, la famille est normale dans le domaine.*

Supposons que le point considéré soit l'origine $z = 0$ et montrons qu'il est impossible qu'une suite de fonctions $f(z)$ augmente indéfiniment sauf en q points irréguliers. Dans ce cas, en effet,

---

([1]) Si le domaine n'est pas simplement connexe, il suffit de le partager en régions qui le soient.

que l'origine soit ou non un point irrégulier, les fonctions $f_n(z)$ de la suite augmentent indéfiniment sur une circonférence (γ) de centre $z = 0$ et de rayon assez petit. Soit

$$f_n(z) = a_0^{(n)} + a_1^{(n)} z + \ldots + a_q^{(n)} z^q + a_{q+1}^{(n)} z^{q+1} + \ldots = P_n(z) + g_n(z),$$

$P_n(z)$ désignant la somme des $q+1$ premiers termes ; l'égalité

$$g_n(z) = f_n(z) - P_n(z) = f_n(z)\left[1 - \frac{P_n(z)}{f_n(z)}\right]$$

montre que, pour n assez grand, $f_n(z)$ et $g_n(z)$ ont le même nombre de zéros dans le cercle (γ); en effet, par hypothèse, les coefficients $a_0^{(n)}$, $a_1^{(n)}$, $\ldots$, $a_q^{(n)}$ sont bornés quel que soit n, donc le module de $P_n(z)$ a, sur la circonférence (γ), un module inférieur à un nombre fixe M. Prenons n assez grand pour que $|f_n| > M$; on aura alors $\left|\frac{P_n(z)}{f_n(z)}\right| < 1$ et, d'après un théorème de Rouché, $f_n(z)$ et $g_n(z)$ ont le même nombre de zéros dans (γ). Or

$$g_n(z) = a_{q+1}^{(n)} z^{q+1} + \ldots$$

a au moins $(q+1)$ zéros; alors, $f_n(z)$ aurait plus de q zéros, ce qui est contraire à l'hypothèse. Donc, aucune suite n'augmente indéfiniment, et la famille est normale.

Plus généralement :

Soit une famille quasi-normale dans un domaine (D), *les fonctions de cette famille ne prenant pas plus de q fois la valeur zéro dans ce domaine, et supposons que les fonctions de la famille soient bornées, ainsi que leurs $\alpha_1 - 1$ premières dérivées, en un point x_1 de* (D); *que les fonctions soient bornées, ainsi que leurs $\alpha_2 - 1$ premières dérivées, en un point x_2 de* (D); *etc.; que les fonctions ainsi que leurs $\alpha_h - 1$ premières dérivées soient bornées en un point x_h; avec la condition*

$$\alpha_1 + \alpha_2 + \ldots + \alpha_h \geqq q + 1;$$

cette famille est normale dans (D).

Supposons, en effet, qu'il existe une suite

$$f_1(z), \quad f_2(z), \quad \ldots, \quad f_n(z), \quad \ldots$$

de fonctions de la famille qui converge uniformément vers l'infini sauf en un nombre fini de points, et soit (C) un contour intérieur au domaine, ne passant par aucun des points irréguliers et entourant tous les points $x_1, x_2, \ldots, x_h$.

Étant donnée une fonction $f_n(z)$, il existe un polynome $P_n(z)$, de degré $\alpha_1+\alpha_2+\ldots+\alpha_h-1$ au plus, vérifiant les conditions suivantes :

$$\begin{array}{llll}
P_n(x_1)=f_n(x_1), & P'_n(x_1)=f'_n(x_1), & \ldots, & P_n^{(\alpha_1-1)}(x_1)=f_n^{(\alpha_1-1)}(x_1);\\
P_n(x_2)=f_n(x_2), & P'_n(x_2)=f'_n(x_2), & \ldots, & P_n^{(\alpha_2-1)}(x_2)=f_n^{(\alpha_2-1)}(x_2);\\
\ldots\ldots\ldots, & \ldots\ldots\ldots, & \ldots, & \ldots\ldots\ldots;\\
P_n(x_h)=f_n(x_h), & P'_n(x_h)=f'_n(x_h), & \ldots, & P_n^{(\alpha_h-1)}(x_h)=f_n^{(\alpha_h-1)}(x_h).
\end{array}$$

On obtient les coefficients de ce polynome en résolvant $q+1$ équations du premier dégré à $q+1$ inconnues dont le déterminant

$$\delta=\begin{vmatrix}
1 & x_1 & x_1^2 & \ldots & \ldots\ldots & \ldots & x_1^q\\
0 & 1 & 2x_1 & \ldots & \ldots\ldots & \ldots & qx_1^{q-1}\\
. & . & \ldots & \ldots & \ldots\ldots & \ldots & \ldots\ldots\\
0 & 0 & 0 & \ldots & (\alpha_1-1)! & \ldots & q(q-1)\ldots(q-\alpha_1+2)x_1^{q-\alpha_1+1}\\
1 & x_2 & x_2^2 & \ldots & \ldots\ldots & \ldots & x_2^q\\
0 & 1 & 2x_2 & \ldots & \ldots\ldots & \ldots & qx_2^{q-1}\\
. & . & \ldots & \ldots & \ldots\ldots & \ldots & \ldots\ldots\\
0 & 0 & 0 & \ldots & (\alpha_h-1)! & \ldots & q(q-1)\ldots(q-\alpha_h+2)x_h^{q-\alpha_h+1}
\end{vmatrix}$$

a une valeur fixe, puisque les x_i sont fixes; cette valeur est différente de zéro lorsque les points $x_1, x_2, \ldots, x_h$ sont distincts. Les coefficients de ce polynome s'expriment linéairement en fonction de

$$f_n(x_1),\quad f'_n(x_1),\quad f''_n(x_1),\quad \ldots,\quad f_n^{(\alpha_h-1)}(x_h);$$

or, les modules de ces nombres sont bornés pour toutes les fonctions de la famille; il en est de même du module du polynome $P_n(z)$ sur le contour (C). $f_n(z)$ tend uniformément vers l'infini sur ce contour (C), tandis que $|P_n(z)|$ reste borné, donc

$$g_n(z)=f_n(z)-P_n(z)$$

admet, à partir d'un certain rang, autant de zéros que $f_n(z)$ à l'intérieur de (C). Mais $g_n(z)$ admet au moins α_1 racines égales à x_1, α_2 égales à $x_2, \ldots, \alpha_h$ racines égales à x_h; au total, $q+1$ racines au moins, tandis que $f_n(z)$ n'en admet que q au plus.

Cette contradiction démontre le théorème.

38. **Extension des critères des familles quasi-normales ou normales.** — Nous pouvons enfin étendre encore un peu les critères permettant de reconnaître qu'une famille est normale ou quasi-normale.

Considérons une famille de fonctions $f(z)$ ne prenant pas deux valeurs a et b, valeurs variables avec la fonction considérée, et supposons que, pour toutes les fonctions de la famille, on ait

$$|a| < M, \qquad |b| < M, \qquad |b-a| > \delta,$$

M et δ étant des nombres fixes. Cela revient à dire que, sur la sphère de Riemann, les trois valeurs exceptionnelles a, b, ∞ restent à des distances finies les unes des autres. Je dis que la famille $f(z)$ est normale.

En effet, les fonctions

$$g(z) = \frac{f(z)-a}{b-a}$$

admettent les valeurs exceptionnelles 0 et 1. Or, si une suite de fonctions $g_n(z)$ converge uniformément soit vers une fonction holomorphe, soit vers l'infini, il en est de même de la suite des fonctions correspondantes

$$f_n = (b_n - a_n) g_n + a_n,$$

d'après les hypothèses faites sur

$$|a_n|, \quad |b_n|, \quad |a_n - b_n|,$$

ou d'une suite partielle extraite des f_n, et réciproquement.

Les deux familles $f(z)$ et $g(z)$ sont donc simultanément normales ou quasi-normales.

On peut enfin obtenir des familles quasi-normales d'ordre q en considérant des fonctions prenant autant de fois qu'on le veut les valeurs 0 et 1, mais de telle manière que les racines de $f(z) = 0$ aient un ordre de multiplicité divisible par m, sauf q exceptions, et les racines de $f(z) = 1$ aient un ordre de multiplicité divisible par n, sauf p exceptions, avec la condition

$$\frac{1}{m} + \frac{1}{n} < 1.$$

Le raisonnement du n° 36 est applicable. Cette famille devient normale si l'on fixe les valeurs des fonctions et de leurs dérivées en un nombre suffisant de points, pourvu que, si $p > q$ par exemple, l'équation $f(z) = 0$ n'ait jamais plus de q racines, multiples ou non.

CHAPITRE III.

ÉTUDE DES FONCTIONS UNIFORMES AUTOUR D'UN POINT ESSENTIEL ISOLÉ.

---

39. Principe de la méthode. — Nous allons appliquer la théorie des familles normales à l'étude des fonctions analytiques dans le voisinage d'un point essentiel isolé. Le principe général de notre methode consiste à décomposer la région voisine de la singularité (point, ligne, espace lacunaire) en une infinité de régions dont on fera la représentation conforme sur un domaine unique (D). La fonction donnée $f(z)$ est définie dans toutes les régions; au moyen de la représentation conforme, chacune d'elles fournit une fonction définie dans le domaine (D), de sorte que la fonction $f(z)$ a ainsi donné naissance à une famille de fonctions.

Les propriétés de $f(z)$ dans le voisinage de la singularité seront liées aux propriétés correspondantes de cette famille de fonctions.

40. Premier théorème de M. Picard. — Considérons d'abord les fonctions n'ayant qu'un seul point singulier, que nous supposerons être à l'infini : la fonction $f(z)$ sera une *fonction entière;* et démontrons un théorème classique, le premier théorème de M. Picard :

Si une fonction entière $f(z)$ ne se réduit pas à une constante, elle prend toutes les valeurs, sauf une au plus.

Supposons qu'il existe deux valeurs exceptionnelles a et b; on peut admettre que ces valeurs sont 0 et 1, en effectuant au besoin la transformation linéaire

$$g(z) = \frac{f(z) - a}{b - a}.$$

Décrivons une suite de cercles (C_0), (C_1), ..., (C_n), ..., de rayons $1, 2, \ldots, 2^n, \ldots$ ayant pour centre commun l'origine et posons

$$f_n(z) = f(2^n z).$$

Chacune des fonctions $f_n(z)$ est une fonction entière; donc, elle est, en particulier, holomorphe dans le cercle (C_1); d'ailleurs, la fonction $f_n(z)$ prend, dans le cercle (C_1), les mêmes valeurs que la fonction $f(z)$ dans le cercle (C_{n+1}). Nous avons réalisé ainsi la représentation conforme, par homothétie, de chaque cercle (C_n) sur le cercle (C_0). Supposons maintenant que la fonction $f(z)$ ne prenne jamais ni la valeur o ni la valeur 1, aucune fonction $f_n(z)$ ne prendra ni l'une ni l'autre de ces valeurs dans le cercle (C_1), et par suite, la famille des fonctions $f_n(z)$ sera normale dans (C_1). Je dis que cela est impossible. En effet, la famille est bornée au point O puisqu'on a $f_n(0) = f(0)$; elle est donc bornée dans chaque domaine intérieur à (C_1), par exemple dans le cercle (C_0). On en déduit que la fonction $f(z)$ est bornée dans tout le plan, car tout point du plan appartient à un cercle (C_n) et $f(z)$ prend dans (C_n) les mêmes valeurs que $f_n(z)$ dans (C_0); d'après le théorème de Liouville, la fonction $f(z)$ serait donc une constante.

41. Généralisations. — Ce théorème comporte diverses généralisations : *tout caractère permettant d'affirmer qu'une famille est normale fournira une généralisation.*

Par exemple, il est impossible de trouver deux nombres a et b et deux entiers m et n vérifiant l'inégalité $\frac{1}{m} + \frac{1}{n} < 1$ tels que l'équation $f(z) = a$ n'ait que des racines dont l'ordre de multiplicité soit multiple de m et l'équation $f(z) = b$ n'ait que des racines dont l'ordre de multiplicité soit multiple de n.

Le cas où l'un des entiers m ou n est infini revient à l'hypothèse que la valeur correspondante est exceptionnelle. Le théorème n'est pas vrai si $\frac{1}{m} + \frac{1}{n} \geqq 1$; en effet, on a alors $m = n = 2$; ou bien $m = 1$, n arbitraire. Dans le premier cas, il suffit de prendre $f(z) = \sin^2 z$; et dans le second,

$$f(z) = [\varphi(z)]^n,$$

φ étant une fonction entière, si n est fini; et $f(z) = e^z$ si n est infini.

Remarquons que le théorème s'applique en particulier aux polynomes. Il n'en sera plus de même pour les résultats obtenus en étudiant une fonction seulement dans le voisinage d'un point essentiel.

42. Second théorème de M. Picard. — Démontrons maintenant le second théorème de M. Picard.

Soit une fonction $f(z)$ ayant un point singulier essentiel isolé que nous pouvons supposer être l'origine O, la fonction étant holomorphe au voisinage de ce point. Dans ces conditions : *l'équation $f(z) = a$ admet une infinité de racines au voisinage du point essentiel, sauf peut-être pour une seule valeur a.*

Supposons, en effet, qu'il existe deux valeurs exceptionnelles que nous supposerons encore être o et 1. Traçons, de O comme centre, un cercle (C_{-1}) de rayon assez petit pour que, à l'intérieur de ce cercle, il n'y ait pas d'autre point singulier que le point O, et prenons comme unité de longueur la moitié de ce rayon (*fig.* 13). Décrivons une suite de cercles (C_0), (C_1), ..., (C_n), ..., de centre O et de rayons 1, $\frac{1}{2}$, ..., $\frac{1}{2^n}$, ... Soient (Γ) la couronne comprise entre (C_{-1}) et (C_2); (γ) la couronne comprise entre (C_0) et (C_1). Considérons maintenant la famille des fonctions

$$f_n(z) = f\left(\frac{z}{2^n}\right);$$

toutes ces fonctions sont définies et holomorphes dans la couronne (Γ). La fonction $f_n(z)$ prend, dans la couronne (γ), les mêmes valeurs que $f(z)$ dans la couronne (γ_n) comprise entre (C_n) et (C_{n+1}), et elle prend dans (Γ) les mêmes valeurs que $f(z)$ dans la couronne (Γ_n) comprise entre (C_{n-1}) et (C_{n+2}).

Les fonctions $f_n(z)$ ne prennent dans (Γ) ni la valeur o ni la valeur 1, donc la famille de ces fonctions est normale dans (Γ). Je dis que cette conclusion est impossible. En effet, soit z_0 un point de la couronne (γ) : supposons d'abord que l'ensemble des points $f_n(z_0)$ admette un point limite à distance finie; on pourra alors extraire de la suite $f_n(z_0)$ une suite infinie partielle $f_{n_i}(z_0)$ telle que les nombres $|f_{n_i}(z_0)|$ soient bornés.

Les fonctions $f_{n_i}(z)$, appartenant à une famille normale, sont bornées en module dans le domaine (γ) ; par suite, la fonction $f(z)$ a son module borné sur une infinité de circonférences tendant vers

Fig. 13.

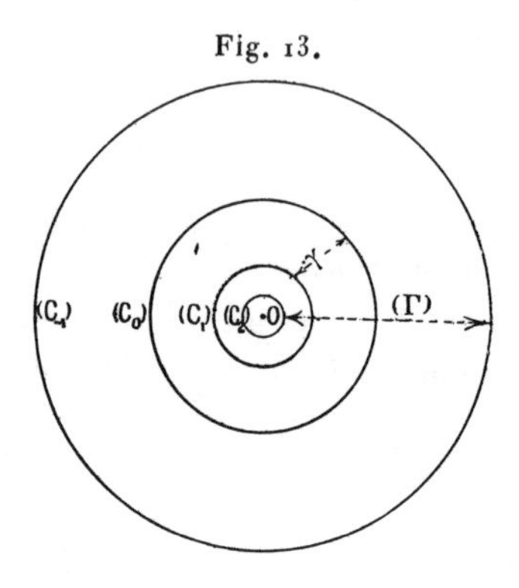

le point O. On en déduit que $f(z)$, qui est holomorphe autour de O, a son module borné entre ces circonférences et par suite, que cette fonction, bornée autour de O, serait holomorphe au point O. Supposons maintenant que le seul point limite des points $f_n(z_0)$ soit le point à l'infini; il suffit, dans le raisonnement précédent, de remplacer $f(z)$ par $\frac{1}{f(z)}$ qui est aussi holomorphe autour de O; on en déduit que ce point est un point ordinaire pour $\frac{1}{f}$ et, par conséquent, un pôle pour f. Dans aucun des deux cas, le point O n'est un point essentiel. La proposition est donc démontrée.

Supposer que $f(z)$ est holomorphe autour de O, revient à dire que la valeur infinie est exceptionnelle pour $f(z)$ dans le voisinage de O; le théorème peut donc s'énoncer ainsi : la fonction analytique uniforme $f(z)$ ne peut avoir, autour de O, les trois valeurs exceptionnelles 0, 1, ∞. On ramène immédiatement à ce cas celui où les trois valeurs exceptionnelles sont des nombres différents a, b, c, car la transformation homographique

$$g(z) = \frac{f(z) - a}{f(z) - b} : \frac{c - a}{c - b}$$

remplace la fonction uniforme $f(z)$, par une fonction $g(z)$, holomorphe et ne prenant aucune des valeurs 0 ou 1, dans le voisinage du point O. Or, si le point O n'est pas essentiel pour $g(z)$, il ne l'est pas pour $f(z)$. On peut donc énoncer le théorème général suivant :

Une fonction uniforme autour d'un point essentiel isolé peut admettre au plus deux valeurs exceptionnelles autour de ce point.

Cette limite peut d'ailleurs être atteinte : par exemple, $e^{\frac{1}{z}}$ ne peut jamais être nul, ni infini, et admet l'origine comme point essentiel; si a est différent de zéro, l'équation

$$e^{\frac{1}{z}} - a = 0$$

a toujours une infinité de racines autour de l'origine.

On peut, dans les théorèmes précédents, remplacer les valeurs exceptionnelles par des polynomes, ou des fonctions holomorphes au point O. En effet, soient φ_1, φ_2, φ_3, trois fonctions exceptionnelles, holomorphes en O et distinctes; la fonction

$$g(z) = \frac{f(z) - \varphi_1}{f(z) - \varphi_2} : \frac{\varphi_3 - \varphi_1}{\varphi_3 - \varphi_2}$$

est holomorphe, différente de 0 et de 1 autour de O, car chacune des différences $\varphi_3 - \varphi_1$, $\varphi_3 - \varphi_2$ n'a qu'un nombre fini de zéros voisins de O.

43. **Généralisations.** — Revenons au cas où $f(z)$ est holomorphe autour du point essentiel O. Nous avons montré que la famille $f_n(z)$ ne pouvait être normale, en supposant que $f(z)$ avait, autour de O, une valeur exceptionnelle finie, la valeur zéro. Mais cette hypothèse n'est pas nécessaire et nous allons voir que cette famille ne peut, en aucun cas, être normale. Tout critère conduisant à affirmer que cette famille est normale ne pourra être vérifié, et chaque nouveau critère nous donnera un nouveau théorème du type de ceux de M. Picard.

En effet, supposons que cette famille soit normale et soit z_1, z_2, ..., z_k, ... une suite infinie de points, dont les modules décroissent et tendent vers zéro, en lesquels la fonction $f(z)$ prend une même valeur finie a, non exceptionnelle ([1]). Le point z_k est situé dans l'anneau (C_{n_k}) $(C_{n_{k+1}})$; donc, le point $z'_k = 2^{n_k} z_k$ est situé dans (γ) et

$$f_{n_k}(z'_k) = f(z_k) = a.$$

La suite $f_{n_k}(z)$ est formée de fonctions bornées dans (γ) puisque cette suite est normale par hypothèse et que chaque fonction prend la valeur a en un point de (γ). On arrive encore à la conclusion que $f(z)$ est bornée autour de l'origine. On démontrerait de la même manière que la famille $f_n(z)$ ne peut être quasi-normale.

Si une fonction $f(z)$ est holomorphe autour d'un point essentiel isolé, il ne peut exister deux valeurs a et b telles que les zéros de $f(z) - a$ aient tous un ordre de multiplicité multiple de m et les zéros de $f(z) - b$ aient tous un ordre de multiplicité multiple de n lorsque les entiers m et n vérifient l'inégalité

$$\frac{1}{m} + \frac{1}{n} < 1.$$

Car, dans le cas contraire, la famille des fonctions $f_n(z)$ serait normale dans (Γ).

En particulier, on peut supposer que $f(z)$ soit holomorphe autour du point à l'infini; ou aurait, en supposant que a et b soient égaux à 0 et à 1,

$$f(z) = X^m, \qquad 1 - f(z) = Y^n,$$

X, Y étant holomorphes à l'extérieur d'un cercle assez grand; on en déduirait

$$X^m + Y^n \equiv 1.$$

Donc, cette identité, lorsque $\frac{1}{m} + \frac{1}{n} < 1$, ne peut être vérifiée par deux fonctions entières, ni même par deux fonctions holomorphes à l'extérieur d'un cercle.

Si une fonction $f(z)$ est holomorphe autour d'un point essentiel isolé à l'origine, il ne peut exister deux valeurs a et b

---

([1]) On pourrait aussi utiliser le théorème de Weierstrass et supposer que z_k a été choisi tel que

$$|f(z_k) - a| < \frac{1}{k}.$$

telles que les nombres des zéros de $f(z)-a$ et de $f(z)-b$ contenus dans la couronne

$$r < |z| < 2r$$

demeurent bornés.

Car, dans le cas contraire, la famille $f_n(z)$ serait quasi-normale. Mais le nombre des zéros peut demeurer borné pour une seule valeur. Par exemple, la fonction

$$f(z) = \prod_{n=0}^{n=\infty} \left(1 - \frac{1}{q^n z}\right),$$

q désignant un nombre réel supérieur à 2, n'a qu'un zéro au plus dans chaque couronne.

Pour former la famille $f_n(z)$, au lieu des multiplicateurs $\frac{1}{2^n}$, nous pouvons prendre $\frac{e^{i\theta_n}}{2^n}$, θ_n étant un nombre réel arbitraire; les deux familles

$$f_n(z) = f\left(\frac{z}{2^n}\right), \qquad f_n^\star(z) = f\left(\frac{e^{i\theta_n} z}{2^n}\right)$$

sont normales en même temps, puisque les fonctions $f_n(z)$ et $f_n^\star(z)$ prennent les mêmes valeurs dans (Γ), et aussi dans (γ).

Nous pouvons choisir arbitrairement les nombres θ_n; par exemple, nous pouvons les supposer liés aux nombres $r_n = \frac{1}{2^n}$, de manière que le point (r_n, θ_n) soit placé sur une courbe arbitrairement choisie et passant par l'origine.

De même, soit $z = \sigma(t)$ une courbe définie dans l'intervalle $0 \leqq t \leqq 1$, telle que $\sigma(0) = 0$, $\sigma(1) = 1$, la famille des fonctions

$$f_t(z) = f(\sigma z)$$

n'est pas normale dans la couronne (γ) lorsque $f(z)$ est holomorphe autour du point essentiel $z = 0$. La démonstration n'est pas modifiée.

44. Théorème de M. Julia. — M. Julia a apporté au théorème de M. Picard un complément remarquable.

Nous avons vu l'impossibilité pour la famille $f_1(z), f_2(z), \ldots, f_n(z), \ldots$ d'être normale dans la couronne (Γ). Il existe donc un point z_0 au moins de cette couronne où elle n'est pas normale. Soit J la demi-droite joignant l'origine O au point z_0. Décrivons autour de z_0 un cercle fixe (ω_0) de rayon arbitrairement petit; la famille n'est pas normale dans ce cercle, et par suite, étant donné un nombre quelconque a, il y a une infinité de fonctions de la famille qui prennent cette valeur a, sauf peut-être une seule valeur exceptionnelle. Considérons les cercles (ω_1), (ω_2), ..., (ω_n), ... homothétiques de (ω_0) : la fonction $f(z)$ prendra la valeur a dans une infinité de ces cercles. Or, tous ces cercles sont situés dans un angle arbitrairement petit ayant J pour bissectrice.

Nous obtenons ainsi le théorème de M. Julia : *Il existe au moins une demi-droite* J *issue de* O *telle que, dans un angle arbitrairement petit ayant* J *pour bissectrice, la fonction* $f(z)$ *prenne toutes les valeurs, sauf peut-être une* [1].

On peut obtenir un résultat un peu plus précis. Je dis qu'il existe une suite infinie de cercles (ω_{λ_1}), (ω_{λ_2}), ..., (ω_{λ_n}), ..., choisis dans la suite (ω_n), et possédant la propriété suivante : *quel que soit le nombre a, sauf peut-être une valeur exceptionnelle, la fonction prend la valeur a dans tous les cercles de la suite, à partir d'un certain rang.* Ce rang peut d'ailleurs varier avec a.

Supposons, en effet, qu'il soit impossible de trouver une telle suite. Soit alors $f_{\lambda_1}(z)$, $f_{\lambda_2}(z)$, ..., $f_{\lambda_n}(z)$, ... une suite quelconque extraite de la famille $f_n(z)$. Si, quel que soit le nombre a, il n'existe qu'un nombre fini de fonctions $f_{\lambda_n}(z)$ qui ne prennent pas la valeur a dans (ω_0), la suite (ω_{λ_n}) répond à l'énoncé. Dans le cas contraire, il y a au moins un nombre a qui est exceptionnel pour une infinité de fonctions de la suite $f_{\lambda_n}(z)$: soient $f_{\mu_1}(z)$, $f_{\mu_2}(z)$, ..., $f_{\mu_n}(z)$, ... ces fonctions. Il existe de même une seconde valeur b qui est exceptionnelle pour une infinité de fonctions de la suite $f_{\mu_n}(z)$, sinon la suite de cercles (ω_{μ_n}) répondrait à la question. Soient $f_{\nu_1}(z)$, $f_{\nu_2}(z)$, ... ces nouvelles fonctions. Elles ne prennent dans le cercle (ω_0) ni la valeur a ni la valeur b; elles forment donc une famille normale, et l'on peut en extraire une suite $f_{\rho_1}(z)$, $f_{\rho_2}(z)$, ..., $f_{\rho_n}(z)$, ..., uniformément convergente. Cette suite est extraite de la suite $f_{\lambda_n}(z)$ qui, par hypothèse, est

---

[1] *Cf.* G. JULIA, *Leçons sur les fonctions uniformes à point singulier essentiel isolé*, p. 102 (Paris, Gauthier-Villars, 1924).

une suite quelconque tirée de la famille $f_n(z)$. Cette famille serait donc normale dans (ω_0), ce qui est contraire à l'hypothèse.

A chaque généralisation du théorème de M. Picard, va correspondre une généralisation correspondante pour le théorème de M. Julia.

Nous avons, en effet, démontré que la famille $f_1(z), f_2(z), \ldots, f_n(z), \ldots$ ne pouvait pas être normale dans un cercle (ω_0); par suite, tout critère permettant d'affirmer qu'une telle famille n'est pas normale dans (Γ) fournira une nouvelle proposition. Nous pourrons répéter, pour l'ensemble des cercles $(\omega_1), (\omega_2), \ldots, (\omega_n), \ldots$, tout ce que nous avons dit pour le voisinage du point O [1].

Dans tout ce qui précède, on peut remplacer la famille $f_n(z)$ par la famille $f_n^*(z)$ et, par conséquent, déduire (ω_n) de (ω_0) par une homothétie de rapport $r_n = \frac{1}{2^n}$ et une rotation d'angle θ_n. On peut aussi supposer que les points (r_n, θ_n) sont situés sur la courbe (σ) définie précédemment; dans ce cas, la droite J est remplacée par une courbe (σ_0) déduite de (σ) par l'homothétie et la rotation qui amènent le point 1 à coïncider avec le point z_0.

45. **Cas des fonctions entières.** — Le second théorème de M. Picard et le complément de M. Julia s'appliquent en particulier aux fonctions entières. On pourra prendre pour domaine fondamental une couronne ou un cercle ayant pour centre un point arbitraire O du plan, et l'on considérera, cette fois, des cercles dont les rayons croissent en progression géométrique.

Les cercles $(\omega_1), (\omega_2), \ldots, (\omega_n), \ldots$ ont leurs centres sur une demi-droite J et s'éloignent indéfiniment quand n augmente; ils sont compris dans un angle arbitrairement petit ayant pour sommet O et pour bissectrice J et leurs rayons croissent indéfiniment. Nous allons étudier, sur quelques exemples, la répartition des demi-droites J autour du point O.

Soit d'abord la fonction e^z. Posons $z = \xi + i\eta$; la famille de

---

[1] M. VALIRON a étudié récemment des propriétés caractéristiques des cercles (ω_n). *Remarques sur un théorème de M. Julia* (*Bull. des Sc. math.*, 2e série, t. XLIX, 1925).

fonctions que nous considérons est

$$f_n(z) = e^{2^n z}.$$

Sur toute demi-droite OX menée du côté des ξ positifs, $|f(z)| = e^{\xi}$, augmente indéfiniment; de même, sur toute demi-droite OX′ menée du côté des ξ négatifs, $|f(z)|$ tend vers zéro. Aucune de ces demi-droites ne peut être une droite J. Les demi-droites J ne peuvent donc être placées que sur l'axe imaginaire. Les demi-droites $O\eta$, $O\eta'$ sont toutes deux, effectivement, des droites J : soit en effet z_0 un point quelconque de l'axe imaginaire; si petit que soit un cercle de centre z_0, la famille $f_n(z)$ n'est pas normale dans ce cercle car, en un point quelconque situé dans la moitié droite de ce cercle, $|f_n(z)|$ augmente indéfiniment avec n, et, en un point quelconque situé dans la moitié gauche, $|f_n(z)|$ tend vers zéro, de sorte qu'aucune suite ne peut converger uniformément ni vers une fonction holomorphe, ni vers la constante infinie.

Pour la fonction e^{z^2}, on trouvera de même pour demi-droites J les quatre demi-bissectrices des axes. Il existe des fonctions n'admettant qu'une seule demi-droite J : M. Mittag-Leffler a construit des fonctions qui tendent vers zéro quand z s'éloigne indéfiniment sur une demi-droite quelconque différente du demi-axe $O\xi$, la convergence étant uniforme dont tout angle ne contenant pas $O\xi$ (1). La demi-droite $O\xi$ est alors l'unique demi-droite J de ces fonctions.

Il existe des fonctions admettant une infinité de droites J remplissant un angle. Considérons par exemple la fonction

$$e^{e^z} = e^{e^{\xi}\cos\eta}\, e^{ie^{\xi}\sin\eta};$$

son module est $e^{e^{\xi}\cos\eta}$, il est plus grand ou plus petit que *un*, suivant le signe de $\cos\eta$.

Déterminons les bandes du plan limitées par les droites $|\eta| = \frac{\pi}{2}$, $\frac{3\pi}{2}$, $\frac{5\pi}{2}$, ...; les bandes hachurées sur la figure 14 correspondent à $\cos\eta \geqq 0$.

---

(1) *Voir* E. LINDELÖF, *Le calcul des résidus et ses applications à la Théorie des fonctions*, p. 119 (Paris, Gauthier-Villars, 1905).

Soit une demi-droite OX menée vers les ξ positifs : le long de cette demi-droite, e^ξ augmente indéfiniment, donc $e^{e^\xi \cos \eta}$ prendra, si loin qu'on aille, des valeurs très grandes et des valeurs très petites. Cela posé, si nous considérons un petit cercle (ω_0) ayant

Fig. 14.

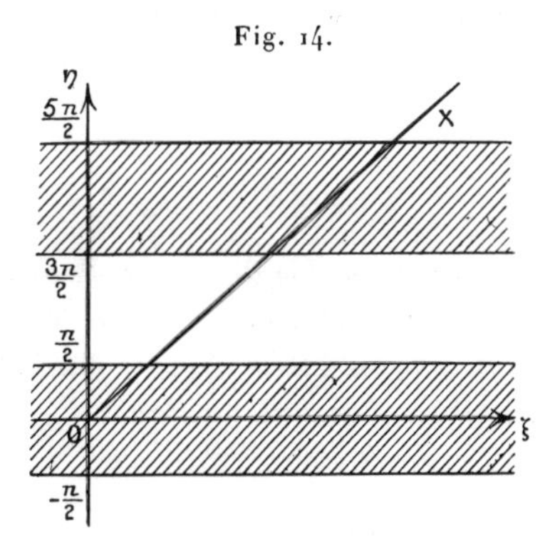

son centre sur OX, la famille $f_n(z)$ ne peut pas être normale dans ce cercle; en effet, les cercles (ω_n) finissent par devenir très grands et par enfermer des portions appartenant à plusieurs bandes contiguës, et par conséquent, à partir d'un certain rang, toutes les fonctions $f_n(z)$ prendront des valeurs très grandes et des valeurs très petites, ce qui rend impossible toute convergence uniforme. La fonction e^{e^z} admet donc comme demi-droites J toutes les demi-droites menées dans le demi-plan $\xi > 0$.

La fonction $e^{\operatorname{ch} z}$, la fonction σz, admettent comme demi-droites J toutes les demi-droites partant de O.

Il serait intéressant de rechercher s'il existe une relation entre le nombre et la distribution des droites J et le genre d'une fonction entière; de savoir s'il existe des fonctions admettant un ensemble parfait non dense de droites J.

46. Théorème de M. Schottky. — Soit

$$f(z) = a_0 + a_1 z + a_2 z^2 + \ldots + a_n z^n + \ldots$$

une fonction définie par son développement de Taylor. S'il converge dans tout le plan, il y a des points où $f(z)$ prendra, soit la valeur 0, soit la valeur 1. On peut donc déterminer un nombre R tel que, dans tout cercle de centre O et de rayon supérieur à R, ou la fonction $f(z)$ cesse d'être holomorphe, ou bien elle prend soit la valeur o soit la valeur 1. Nous allons voir que les nombres R relatifs à chaque fonction ont une limite supérieure *ne dépendant que des coefficients* a_0 *et* a_1 comme l'a démontré M. Landau.

Nous établirons auparavant une proposition due à M. F. Schottky [1] :

Soit une fonction

$$f(z) = a_0 + a_1 z + \ldots + a_n z^n + \ldots$$

holomorphe dans un cercle (C) *de rayon* R *dans lequel elle ne prend ni la valeur* o *ni la valeur* 1 : *dans chaque cercle concentrique à* (C), *de rayon* $\theta R (\theta < 1)$, *le module de* $f(z)$ *reste inférieur à un nombre fixe qui ne dépend que de* a_0 *et de* θ.

Posons

$$g(z) = f(Rz);$$

les fonctions $g(z)$ prennent, dans le cercle (C′) de rayon 1, les mêmes valeurs que $f(z)$ dans le cercle (C). Ces fonctions $g(z)$ forment une famille normale dans le cercle (C′).

On a $g(0) = a_0$; donc, le module de $g(z)$ est borné dans le cercle (C'_1) de rayon $\theta\ (\theta < 1)$. La limite supérieure ne dépend évidemment que de a_0 et de θ. Soit $\Omega(a_0, \theta)$ cette limite : les modules des fonctions f admettent, dans le cercle $|z| < \theta R$, la même limite supérieure.

Si nous considérons maintenant les fonctions prenant au centre des valeurs variables a_0 dont le module est inférieur à un nombre fixe α, on aura de même $|f(z)| < \Omega_1(\alpha, \theta)$, Ω_1 étant un nombre ne dépendant que de α et de θ.

On peut aussi assigner un cercle interdit aux valeurs de $f(z)$ autour des valeurs o et 1 : il suffit de considérer les fonctions $\frac{1}{f}, \frac{1}{f-1}$. On obtiendra ainsi les inégalités

$$|f(z)| > \frac{1}{\Omega\left(\frac{1}{a_0}, \theta\right)}; \quad |f(z) - 1| > \frac{1}{\Omega\left(\frac{1}{1-a_0}, \theta\right)}; \quad \frac{1}{|f(z)|} > \frac{1}{\Omega(a_0, \theta)}.$$

---

[1] *Ueber den Picardschen Satz und die Borelschen Ungleichungen* (*Sitzungsberichte der Kön. Preussichen Akad. der Wissenschaften*, t. XLII, 1904, p. 1244).

47. Théorème de M. Landau. — Voici maintenant le théorème de M. Landau [1] :

Soit

$$f(z) = a_0 + a_1 z + a_2 z^2 + \ldots + a_n z^n + \ldots \qquad (a_1 \neq 0)$$

une fonction holomorphe dans un cercle de rayon R *et ne prenant, dans ce cercle, ni la valeur zéro, ni la valeur un. Le nombre* R *ne peut dépasser une limite qui ne dépend que de* a_0 *et de* a_1.

Considérons, en effet, toutes les fonctions qui vérifient les conditions précédentes, a_0 et a_1 étant fixes. Nous pouvons leur appliquer le théorème de M. Schottky : en prenant par exemple $\theta = \frac{1}{2}$, nous savons qu'elles ont leurs modules bornés sur la circonférence (C_1) de rayon $\frac{R}{2}$. La limite supérieure Ω ne dépend que de a_0. D'autre part, le théorème de Cauchy donne

$$a_1 = \frac{1}{2i\pi}\int_{(C_1)} \frac{f(\zeta)\,d\zeta}{\zeta^2}$$

et, par suite,

$$|a_1| \leqq \frac{2\Omega(a_0)}{R} \qquad \text{ou} \qquad R \leqq \frac{2\Omega(a_0)}{|a_1|}.$$

Dans un cercle dont le rayon R est plus grand que cette limite, on peut affirmer que, ou bien le développement cesse d'être holomorphe, ou bien la fonction prend dans ce cercle une au moins des deux valeurs 0 et 1.

Nous prouvons ainsi l'existence d'une limite supérieure pour R; la valeur exacte de cette limite a été obtenue par M. Carathéodory.

L'hypothèse $a_1 \neq 0$ a pour but d'exclure les constantes de l'ensemble des fonctions considérées. Si, au lieu de fixer a_1, on se donne $a_n \neq 0$, ce qui a aussi pour effet d'exclure les constantes de la famille des fonctions considérées, nous obte-

---

[1] *Ueber eine Verallgemeinerung des Picardschen Satzes* (*Sitzungsberichte der Kön. Preussischen Akad. der Wissenschaften*, t. XXXVIII, 1904, p. 1118); *Ueber den Picardschen Satz* (*Vierteljahrsschrift der Naturforschenden Gesellschaft in Zürich*, Bd 51, 1906, p. 252).

nons de la même façon l'inégalité

$$R \leq 2\sqrt[n]{\frac{\Omega(a_0)}{|a_n|}}.$$

Le théorème de M. Landau s'applique en particulier aux polynomes. On n'a pu jusqu'ici le démontrer dans ce cas par une voie algébrique. Inversement d'ailleurs, si l'on trouvait, par une voie algébrique, une limite de R ne dépendant que de a_0 et a_1, il serait facile d'en déduire le théorème général relatif à une fonction quelconque.

48. **Généralisations.** — Ce théorème comporte des généralisations étendues : d'abord, toute condition permettant d'exclure les constantes de la famille considérée conduit à une généralisation. Considérons, par exemple, toutes les fonctions prenant à l'origine la valeur a et, au point $z_0 \neq 0$, la valeur $b \neq a$. Je dis qu'il existe un nombre R_0, ne dépendant que de a, b, z_0, tel qu'aucune des fonctions ne puisse rester holomorphe et admettre les valeurs exceptionnelles 0 et 1 dans un cercle de centre O et de rayon supérieur à R_0.

Supposons que la limite R_0 n'existe pas. Prenons une unité de longueur supérieure à $|z_0|$; il existerait alors une fonction $f_1(z)$ vérifiant les inégalités

$$f_1(0) = a, \qquad f_1(z_0) = b,$$

et holomorphe dans le cercle de rayon 1, où elle ne prend ni la valeur zéro ni la valeur *un*. Il existerait de même une fonction $f_2(z)$, vérifiant les mêmes égalités, holomorphe dans le cercle de rayon 2, où elle ne prend ni la valeur zéro ni la valeur *un*; etc.; de même, une fonction $f_n(z)$, vérifiant les mêmes conditions dans le cercle de rayon n, etc.

Les fonctions

$$f_1(z), \quad f_2(z), \quad \ldots, \quad f_n(z), \ldots$$

forment une famille normale dans le cercle de rayon 1; on peut en extraire une suite

$$f_{\alpha_1}(z), \quad f_{\alpha_2}(z), \quad \ldots, \quad f_{\alpha_n}(z), \ldots$$

qui converge uniformément dans le cercle de rayon $\frac{1}{2}$ vers une fonction holomorphe $f(z)$.

Les fonctions $f_{\alpha_1}(z), f_{\alpha_2}(z), \ldots, f_{\alpha_n}(z), \ldots$ sont, à partir d'un certain rang, holomorphes dans le cercle de rayon n où elles ne prennent aucune des valeurs 0 et 1 ; elles forment une famille normale dans ce cercle. Convergeant uniformément dans le cercle de rayon $\frac{1}{2}$, elles convergent uniformément dans le cercle de rayon $n-1$, d'après le théorème de Stieltjès, vers une fonction holomorphe qui est le prolongement de $f(z)$. Cette fonction est donc holomorphe dans tout cercle : c'est une fonction entière ; elle ne prend en aucun point la valeur 0 ni la valeur 1, sinon les fonctions $f_n(z)$ ne prenant aucune de ces valeurs, $f(z)$ ne pourrait être que la constante zéro ou *un*. Or $f(z)$ ne peut être une constante puisque l'on a

$$f(0) = a, \qquad f(z_0) = b, \qquad a \neq b;$$

il y a donc contradiction, et la limite R_0 existe. Elle ne dépend évidemment que de a, b et z_0.

Cette démonstration est générale et s'applique à toute famille normale composée de fonctions dont aucune n'est constante et telle qu'aucune fonction limite ne soit constante. Il existe un nombre R correspondant à cette famille.

Les théorèmes précédents comportent des extensions aux fonctions $f(z)$ qui peuvent prendre un certain nombre de fois les valeurs 0 et 1.

Soit

$$f(z) = a_0 + a_1 z + \ldots + a_p z^p + \ldots + a_n z^n + \ldots$$

une fonction holomorphe dans un cercle (C) *de rayon* R *dans lequel elle ne prend pas plus de p fois la valeur zéro, ni plus de q fois la valeur un* ($p \leqq q$) : *dans chaque cercle* (C′) *concentrique à* (C), *le module de $f(z)$ reste inférieur à un nombre fixe qui ne dépend que de $a_0, a_1, \ldots, a_p$.*

En effet, les fonctions $f(z)$ forment une famille normale dans le cercle (C), lorsque les nombres $a_0, a_1, \ldots a_p$ ont été fixés. Donc, dans le cercle (C′), le module de $f(z)$ ne peut dépasser un nombre Ω qui ne dépend que du choix du cercle et des nombres a_0 $a_1, \ldots, a_p$.

Si les nombres $a_0, a_1, \ldots, a_p$ varient de manière que leurs modules ne dépassent pas une limite supérieure α, les modules de $f(z)$ restent inférieurs dans le cercle (C') à un nombre fixe $\Omega(\alpha)$.

On peut d'ailleurs, au lieu de fixer ou de borner les coefficients $a_0, a_1, \ldots, a_p$, fixer ou borner les valeurs de $f(z)$ et de certaines de ses dérivées en h points $z_1, z_2, \ldots, z_h$. D'une manière précise, supposons données, ou bornées en module, les valeurs de

$$f(z_i), \quad f'(z_i), \quad \ldots, \quad f^{(\alpha_i-1)}(z_i); \qquad (i = 1, 2, \ldots, h);$$

avec

$$\alpha_1 + \alpha_2 + \ldots + \alpha_h = p + 1.$$

Dans ces conditions, il existe encore un nombre Ω dépendant des z_i et des valeurs données.

Soit

$$f(z) = a_0 + a_1 z + \ldots + a_p z^p + a_{p+1} z^{p+1} + \ldots \qquad (a_{p+1} \neq 0)$$

une fonction holomorphe dans un cercle (C) *de rayon* R *dans lequel elle ne prend pas plus de p fois la valeur zéro, ni plus de q fois la valeur un* ($p \leqq q$) : *il existe une limite supérieure* R_0 *pour le nombre* R, *dépendant seulement de* a_0 $a_1, \ldots, a_p, a_{p+1}$.

En d'autres termes, dans un cercle de rayon supérieur à R_0, toute fonction commençant par les $p+2$ premiers coefficients donnés, ou bien n'est pas holomorphe, ou bien prend plus de p fois la valeur zéro, ou bien prend plus de q fois la valeur un.

Il suffit de répéter la démonstration de la fin du paragraphe précédent. On peut remplacer la condition $a_{p+1} \neq 0$, par la condition $a_{p+h} \neq 0$, $h > 1$; cette condition a pour but d'exclure les polynomes de degré p de la famille considérée.

On peut aussi se donner les valeurs

$$f(z_i), \quad f'(z_i), \quad \ldots, \quad f^{(\alpha_i-1)}(z_i); \qquad (i = 1, 2, \ldots, h);$$

avec la condition

$$\alpha_1 + \alpha_2 + \ldots + \alpha_h = p + 2,$$

pourvu qu'il n'existe pas de polynome de degré p vérifiant les conditions imposées aux fonctions $f(z)$. Il faut et il suffit pour cela qu'un certain déterminant Δ, formé avec les nombres z_h et les valeurs données, soit différent de zéro. Par exemple, dans le cas où tous les α_i sont égaux à l'unité, h est égal à $p+2$ et le déterminant Δ s'écrit, en posant $f(z_i) = u_i$,

$$\Delta = \begin{vmatrix} 1 & z_1 & z_1^2 & \dots & z_1^p & u_1 \\ 1 & z_2 & z_2^2 & \dots & z_2^p & u_2 \\ . & .. & .. & \dots & .. & .. \\ 1 & z_{p+2} & z_{p+2}^2 & \dots & z_{p+2}^p & u_{p+2} \end{vmatrix} \quad (^1).$$

Les différentes propositions que nous avons obtenues sont d'ordre qualitatif : on démontre seulement l'existence de certaines limites supérieures, Ω, R_0, ou d'une suite de cercles (ω_n). Il est possible de donner à ces théorèmes une forme quantitative; c'est sous cette forme que MM. Schottky et Landau les avaient obtenus, en donnant une limite supérieure du nombre $\Omega(a_0, \theta)$. La valeur exacte de ce nombre a été obtenue par M. Carathéodory [2].

On peut aussi donner une forme quantitative au théorème de M. Julia, comme cela résulte des travaux de M. H. Milloux. En utilisant le théorème de M. Schottky et une inégalité de M. Carleman, M. Milloux a établi l'existence de *cercles de remplissage* dans le cas des fonctions entières : ce sont des cercles qui ne sont plus vus de l'origine sous un angle constant comme les cercles (ω_n), mais qui sont vus sous un angle ayant pour limite zéro quand la distance r de leur centre à l'origine augmente indéfiniment. Dans chaque cercle, la fonction entière $Z = f(z)$ prend toutes les valeurs intérieures au cercle $|Z| < \frac{1}{\mu}$, sauf peut-être des valeurs contenues dans un cercle de rayon μ; μ est une fonction décroissante

---

(1) *Voir* P. MONTEL, *Sur les familles quasi-normales de fonctions holomorphes* (*Mémoires de l'Académie Royale de Belgique*, 2e série, t. VI, 1922, p. 13). — Dans le cas où $h = 1$, les théorèmes précédents ont été aussi obtenus par M. BIEBERBACH, *Ueber die Verteilung der Null-und Einstellen analytischen Funktionen* (*Math. Annalen*, Bd 85, 1922, p. 142).

(2) CARATHÉODORY, *Sur quelques généralisations du théorème de M. Picard* (*Comptes rendus*, t. 141, 1905, p. 1213). — *Voir* aussi G. JULIA, *Leçons sur les fonctions uniformes à point singulier essentiel isolé*, p. 35.

de r qui tend vers zéro avec $\frac{1}{r}$; elle est liée au module maximum de $f(z)$ sur la circonférence $|z| = r$ [1].

Soit M une demi-droite limite des demi-droites joignant l'origine aux centres des cercles de remplissage. Cette demi-droite est une droite J car, si l'on considère un angle d'ouverture arbitrairement petite dont Δ est la bissectrice intérieure, il contient une infinité de cercles de remplissage, puisque ces cercles sont vus de l'origine sous un angle qui tend vers zéro. On retrouve ainsi le théorème de M. Julia et l'on voit que toute droite M est une droite J. On ne sait pas si la réciproque est vraie.

---

(1) H. Milloux, *Le théorème de M. Picard. Suites de fonctions holomorphes. Fonctions méromorphes et fonctions entières* (*Journal de Mathématiques*, 9ᵉ série, t. III, 1924, p. 347); *Sur le théorème de M. Picard* (*Bull. de la Soc. math. de France*, t. LIII, 1925, p. 181).

CHAPITRE IV.

REPRÉSENTATION CONFORME.

REPRÉSENTATION CONFORME D'UN DOMAINE OUVERT.

49. **Fonctions multivalentes.** — Une fonction holomorphe dans un domaine (D) est appelée *multivalente d'ordre* q, quand elle ne prend pas plus de q fois chacune des valeurs qu'elle prend dans ce domaine. En particulier, si $q = 1$, elle est *univalente*.

Une famille de fonctions multivalentes d'ordre q est évidemment quasi-normale d'ordre q.

Considérons une famille de fonctions $f(z)$ ne prenant pas plus de q fois la valeur 0, ni la valeur 1 : les fonctions

$$g(z) = af(z) + b$$

ne prendront pas plus de q fois deux valeurs particulières qui ne sont plus 0 et 1 ; la famille $g(z)$ n'est donc pas la même que la famille $f(z)$.

Au contraire, si la famille $f(z)$ est multivalente d'ordre q, il en est de même de la famille $g(z)$. La propriété de multivalence se conserve dans toute transformation linéaire.

Les fonctions univalentes s'introduisent dans la représentation conforme.

50. **Représentation de l'intérieur d'un domaine sur un cercle.** — Faire la *représentation conforme* d'un domaine (d) du plan des z sur un domaine (D) du plan des Z, c'est trouver une fonction $Z = f(z)$, holomorphe à l'intérieur de (d), telle que, à chaque point intérieur à (d), corresponde un point intérieur à (D), et réciproquement. Donc, $Z = f(z)$ est holomorphe et univalente

dans (d) ; et la fonction inverse $z = F(Z)$ est holomorphe et univalente dans (D).

Aucune des deux dérivées $f'(z)$, $F'(Z)$, inverses l'une de l'autre, ne pourra s'annuler à l'intérieur du domaine (d) ou du domaine (D). Supposons en effet que $f'(z_0)$, par exemple, soit nul. L'équation

$$f(z) = f(z_0) + h = Z_0 + h$$

aurait, pour h suffisamment petit, deux racines au moins voisines de z_0. Donc, au point $Z_0 + h$, correspondraient deux points intérieurs à (d).

Soient z_0 et Z_0 deux points correspondants : rappelons que l'angle de deux courbes passant par z_0 est directement égal à l'angle des courbes correspondantes passant par Z_0 ; en effet, si l'on suppose les points z et Z placés sur un même plan, on obtient les directions des tangentes aux courbes passant par Z_0 en faisant tourner les tangentes aux courbes passant par z_0 d'un angle égal à l'argument de $f'(z_0)$.

Nous ne nous occuperons dans la suite que de domaines simplement connexes.

Pour représenter un domaine (d) sur un autre (D), il suffit de savoir faire la représentation de chacun des domaines (d) et (D) sur un cercle fixe qui servira de domaine intermédiaire. Dans la suite, nous supposerons connus les résultats classiques sur la représentation conforme des domaines limités par un ou plusieurs arcs analytiques ([1]).

51. Théorème de Poincaré. — On doit à Poincaré la proposition suivante :

Il ne peut exister qu'une seule représentation conforme d'un domaine ouvert (D) *sur un domaine ouvert* (d), *faisant correspondre, à un élément de contact intérieur à* (D), *un élément de contact intérieur à* (d).

Par élément de contact, nous entendons toujours un point et une direction issue de ce point.

On peut toujours supposer que le domaine (d) est le cercle $|z| < 1$,

---

([1]) *Voir*, par exemple, E. PICARD, *Traité d'Analyse*, t. II, 3e édition, p. 320.

car nous verrons bientôt que tout domaine simplement connexe peut être représenté sur un cercle ; d'ailleurs, au moyen d'une transformation homographique dans le plan des z, on peut supposer que le point o, correspondant à O, soit le centre du cercle, et que la direction positive de l'axe des x corresponde à la direction donnée OT. Soient donc

$$Z = f(z), \qquad Z = \varphi(z_1),$$

deux représentations du domaine (d) sur (D), faisant correspondre les éléments de contact choisis, et soit $z_1 = \Phi(Z)$ la fonction inverse de $\varphi(z_1)$. La fonction

$$z_1 = \Phi[f(z)]$$

représente le cercle (d) sur lui-même ; elle conserve le centre o et la direction positive de l'axe ox. Il suffit de montrer que cette représentation est la transformation identique $z_1 = z$, car $f(z)$ et $\varphi(z)$ seront alors identiques. Ainsi, il faut montrer que la transformation identique est la seule représentation conforme du cercle sur lui-même qui conserve un élément de contact.

Nous donnerons de ce fait deux démonstrations, instructives à des titres différents.

Considérons d'abord toutes les transformations conformes

$$z_1 = f(z)$$

qui transforment le cercle en lui-même. La circonférence étant une courbe analytique, nous savons que la correspondance continue est valable même sur la frontière. On pourra donc la prolonger par la méthode des images. Comme l'image de l'intérieur du cercle est l'extérieur, la fonction $f(z)$ est définie et méromorphe dans tout le plan et prend une fois et une seule toute valeur finie ou infinie ; c'est donc une fonction homographique : toute représentation conforme d'un cercle sur lui-même s'obtient au moyen d'une homographie.

Soit alors a l'affixe du point m du cercle qui correspond au centre (*fig.* 15), on a

$$0 = f(a).$$

Désignons par $\bar{a}$ l'imaginaire conjuguée de a, l'image m' de m a pour affixe $\frac{1}{\bar{a}}$ et par suite

$$f\left(\frac{1}{\bar{a}}\right) = \infty,$$

puisque l'image du centre est le point à l'infini. L'homographie sera donc de la forme

$$z_1 = k \frac{z-a}{1-\bar{a}z},$$

où k désigne une constante.

Exprimons que les points de la circonférence se correspondent : il faut que $|z_1| = 1$ lorsque $|z| = 1$.

Fig. 15.

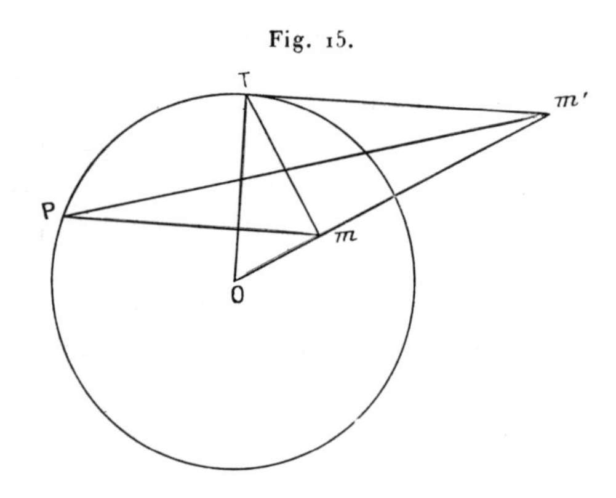

Or, si z est l'affixe d'un point de la circonférence, on a

$$\left|\frac{z-a}{z-\frac{1}{\bar{a}}}\right| = \frac{\mathrm{P}m}{\mathrm{P}m'} = \frac{\mathrm{T}m}{\mathrm{T}m'} = \frac{\mathrm{O}m}{\mathrm{OT}} = |a|,$$

T désignant le point de contact d'une tangente à la circonférence issue de m', par suite,

$$|z_1| = \frac{|k|\,|a|}{|\bar{a}|} = 1,$$

donc

$$k = e^{i\varphi}$$

et

$$z_1 = e^{i\varphi}\frac{z-a}{1-\bar{a}z}.$$

Si la transformation conserve le centre, $a = 0$; elle se réduit à une rotation d'angle φ ; si, en outre, la direction de ox doit être conservée, $\varphi = 0$, et la seule transformation possible est la transformation identique.

Une autre démonstration repose sur un lemme important dû à Schwartz.

Soit

$$Z = f(z)$$

une fonction holomorphe dans un cercle de rayon R, *nulle à l'origine. On a, pour tout point* z *intérieur au cercle,*

$$|Z| \leqq M \frac{|z|}{R},$$

M *désignant le module maximum de* $f(z)$ *dans le cercle.*

Nous pouvons toujours supposer que M et R sont égaux à l'unité, en remplaçant z par $\frac{z}{R}$, et Z par $\frac{Z}{M}$. Nous sommes ramenés à démontrer que

$$\left|\frac{f(z)}{z}\right| \leqq 1$$

en tout point z intérieur au cercle.

En effet, la fonction $\frac{f(z)}{z}$ est holomorphe dans le cercle, puisque $f(z)$ est nulle au centre. Le maximum du module d'une fonction holomorphe ne pouvant avoir lieu en un point intérieur, on a, dans le cercle de rayon $1 - \varepsilon$,

$$\left|\frac{f(z)}{z}\right| < \frac{1}{1-\varepsilon}$$

et, comme ε est arbitrairement petit,

$$\left|\frac{f(z)}{z}\right| \leqq 1.$$

Si maintenant, il existe un point intérieur z où l'on a

$$\left|\frac{f(z)}{z}\right| = 1,$$

la fonction $\left|\frac{f(z)}{z}\right|$ atteint son maximum en un point intérieur au cercle : elle se réduit à une constante, et il en est de même de $\frac{f(z)}{z}$; on a donc $f(z) \equiv z e^{i\varphi}$.

Soit alors $Z = f(z)$ une fonction effectuant la représentation conforme du cercle sur lui-même et conservant le centre : $f(0) = 0$. On a, pour tout point z intérieur,

$$|f(z)| < 1,$$

et par suite

$$|Z| \leqq |z|;$$

mais, pour la même raison,

$$|z| \leqq |Z|;$$

par conséquent $\frac{Z}{z}$ est une constante de module *un* : $\frac{Z}{z} = e^{i\varphi}$ et la transformation se réduit à une rotation d'angle φ. Cet angle est nul si l'axe ox est conservé.

Cette démonstration ne suppose rien relativement à la correspondance sur la circonférence $|z| = 1$.

Le théorème de Poincaré montre qu'une représentation conforme est entièrement définie par la correspondance de deux éléments de contact intérieurs. Si la représentation est possible, nous ne pouvons agir sur ce qui se passe à la frontière : il nous appartiendra de rechercher si les points des deux frontières se correspondent.

52. Théorème de M. Carathéodory. — Il est possible de faire la représentation conforme sur un cercle, d'un domaine limité par un nombre fini d'arcs analytiques : par exemple, d'un polygone rectiligne. Voici maintenant le resultat général obtenu par M. Carathéodory (1) :

Tout domaine simplement connexe peut être représenté sur un cercle lorsque sa frontière ne se réduit pas à un point.

Supposons d'abord que le domaine (D) soit borné ; soit (d) un cercle du plan z, de centre $z = 0$ et de rayon 1. Donnons-nous l'élément de contact OT qui correspond au centre du cercle et à

(1) *Untersuchungen über die konformen Abbildungen von festen and veränderlichen Gebieten* (*Math. Annalen*, Bd LXXII, 1912, p. 107-144).

l'axe des x. On peut supposer que O est le point $Z = 0$ et la direction OT celle de l'axe des X.

Recouvrons le plan Z d'un quadrillage formé de carrés de côté égal à 1, l'unité étant choisie assez petite pour que le carré (Q_0), qui contient O, soit intérieur à (D). Considérons tous les carrés complètement intérieurs qui peuvent être atteints à partir de (Q_0) au moyen d'une chaîne de carrés complètement intérieurs, se touchant par un côté : ils forment un domaine simplement connexe (D_0).

Soit maintenant le quadrillage de côté $\frac{1}{2}$ obtenu en conservant les lignes du quadrillage précédent. Il nous permet de définir, de la même manière, un domaine (D_1) contenant tous les points de (D_0), et ainsi de suite. Avec le quadrillage de côté $\frac{1}{2^n}$, nous obtiendrons de même un domaine (D_n). La suite infinie de domaines

$$(D_0), \quad (D_1), \quad \ldots, \quad (D_n), \quad \ldots$$

est telle que :

1° chacun des domaines est complètement intérieur à (D) ;

2° (D_n) contient tous les points de (D_{n-1}) ;

3° tout point intérieur à (D) est intérieur aux domaines (D_n) à partir d'un certain rang.

Soit, en effet, A un point intérieur à (D), je puis le joindre au point O par une ligne (L) complètement intérieure à (D). Appelons δ la distance non nulle de cette ligne à la frontière de (D) et considérons un quadrillage (D_n) formé de carrés dont la diagonale soit inférieure à δ. Tous les carrés, traversés par (L), et même ceux qui n'ont qu'un sommet sur (L), sont complètement intérieurs à (D); on peut former avec ces carrés une chaîne joignant le point O au point A : donc A est dans (D_n) et, par suite, dans les domaines suivants.

La frontière de (D_0) est un polygone rectiligne ; il existe donc une fonction

$$Z_0 = f_0(z)$$

représentant (D_0) sur le cercle (d) de façon que l'élément de contact OX corresponde à ox ; de même, il existe une fonction

$$Z_n = f_n(z)$$

représentant (D_n) sur (d) dans les mêmes conditions. Les fonctions

$$f_0(z), \quad f_1(z), \quad f_2(z), \quad \ldots, \quad f_n(z), \quad \ldots$$

sont holomorphes dans (d) ; elles sont bornées, puisque les valeurs de Z_n sont intérieures à (D) quel que soit n : elles forment donc une famille normale dans (d).

Les équations définissant la correspondance peuvent être résolues par rapport à z ; on en tire

$$z = G_0(Z_0), \quad z = G_1(Z_1), \quad \ldots, \quad z = G_n(Z_n), \quad \ldots,$$

$G_n(Z_n)$ étant holomorphe dans (D_n). Les fonctions

$$G_0(Z), \quad G_1(Z), \quad \ldots, \quad G_n(Z), \quad \ldots$$

sont donc holomorphes dans (D_0) ; elles sont évidemment bornées dans ce domaine, puisque les valeurs correspondantes sont les affixes des points intérieurs à (d); elles forment aussi une famille normale dans (D_0).

De la suite

$$f_0(z), \quad f_1(z), \quad \ldots, \quad f_n(z), \quad \ldots,$$

je peux extraire une suite partielle

$$f_{\lambda_1}(z), \quad f_{\lambda_2}(z), \quad \ldots, \quad f_{\lambda_n}(z), \quad \ldots.$$

qui converge uniformément dans (d) ; de la suite

$$G_{\lambda_1}(Z), \quad G_{\lambda_2}(Z), \quad \ldots, \quad G_{\lambda_n}(Z), \quad \ldots,$$

je peux extraire une suite partielle

$$G_{\mu_1}(Z), \quad G_{\mu_2}(Z), \quad \ldots, \quad G_{\mu_n}(Z), \quad \ldots,$$

qui converge uniformément dans (D_0). D'après le théorème de Stieltjès, cette dernière suite, après suppression d'un certain nombre de termes au début, converge uniformément dans chaque domaine (D_n). Soient $f(z)$ la fonction limite de la suite $f_{\mu_n}(z)$; $G(Z)$ la fonction limite de la suite $G_{\mu_n}(Z)$; $f(z)$ est holomorphe à l'intérieur de (d). D'ailleurs, $f(z)$ est univalente dans (d), car si l'on avait en deux points, z_1 et z_2, intérieurs à (d),

$$f(z_1) = f(z_2) = a,$$

pour n assez grand, $f_{\mu_n}(z)$ prendrait la valeur a en deux points z'_1, z'_2 voisins de z_1 et z_2, et ne serait pas univalente. De même, $G(Z)$ est univalente dans (D). On verrait aussi que $f'(z)$, $G'(Z)$ ne s'annulent pas.

Je dis que la fonction $f(z)$ fait la représentation conforme de (D) sur (d).

D'abord, le point O correspond au point o, puisque $f_{\mu_n}(o)$ est toujours nul. D'autre part, la suite des dérivées $f'_{\mu_n}(o)$ toutes réelles, ayant pour limite un nombre réel $f'(o)$, les éléments de contact donnés se correspondent aussi.

Soit maintenant z_0 un point intérieur à (d), posons

$$Z_n = f_{\mu_n}(z_0).$$

Tous les points Z_n sont intérieurs à (D); ils tendent vers un point Z_0 qui est à l'intérieur ou sur la frontière de (D). La seconde hypothèse est à rejeter. On a, en effet,

$$f(z_0) = Z_0;$$

la fonction $f(z)$ n'est pas identique à la constante Z_0, si Z_0 est un point frontière, puisque l'on a $f(o) = o$, et $f(z_0) \neq o$.

La convergence étant uniforme autour du point z_0 intérieur à (d), les équations

$$f_{\mu_n}(z) = Z_0$$

ont, à partir d'un certain rang, une racine voisine de z_0, c'est-à-dire située dans un petit cercle de centre z_0, et par conséquent intérieure à (d). Or, cela est impossible puisque Z_0 est sur la frontière de (D) et que toutes les valeurs de $f_{\mu_n}(z)$ sont à l'intérieur de (D). Ainsi, à tout point intérieur à (d), correspond un point intérieur à (D). Ce point est unique puisque $f(z)$ est univalente.

Réciproquement, soit Z_0 un point intérieur à (D); il est intérieur à (D_{μ_n}), à partir d'une certaine valeur de n. Posons

$$z_n = G_{\mu_n}(Z_0);$$

les points z_n tendent vers un point z_0. Ce point ne peut être sur la frontière de (d) : en effet, dans le cas contraire, les équations

$$G_{\mu_n}(Z) = z_0$$

ne pourraient avoir indéfiniment des racines dans un petit cercle de centre Z_0, car (D_{μ_n}), pour n assez grand, contient ce cercle à son intérieur et, à partir de cette valeur de n, les valeurs que prend $G_{\mu_n}(Z)$ dans le cercle sont les affixes de points intérieurs à (d).

Nous avons démontré que, par la transformation

$$Z = f(z),$$

à un point intérieur à (d) correspondait un point unique intérieur à (D), et que, par la transformation $z = G(Z)$, à un point intérieur à (D), correspondait un point unique intérieur à (d). Les fonctions $f(z)$, $G(Z)$ sont d'ailleurs inverses l'une de l'autre. On a, en effet,

$$G_{\mu_n}[f_{\mu_n}(z)] = z.$$

Or, les points

$$Z_n = f_{\mu_n}(z)$$

ont pour limite un point

$$Z = f(z)$$

intérieur à (D). Soit (D') un domaine intérieur à (D) et contenant Z, les fonctions $G_{\mu_n}(Z)$ sont également continues dans (D'), on a donc, pour n assez grand,

$$|G_{\mu_n}(Z_n) - G_{\mu_n}(Z)| < \varepsilon,$$

si ε est arbitrairement fixé.

D'autre part, on a aussi, pour n assez grand,

$$|G_{\mu_n}(Z) - G(Z)| < \varepsilon,$$

donc

$$|G_{\mu_n}(Z_n) - G(Z)| < 2\varepsilon,$$

par conséquent $G_{\mu_n}[f_{\mu_n}(z)]$ a pour limite $G[f(z)]$ et, par suite, $G[f(z)] = z$.

La possibilité de la représentation conforme est donc démontrée lorsque le domaine est borné.

Examinons maintenant le cas où le domaine (D) n'est pas borné. Supposons qu'il existe des points extérieurs au domaine ; en faisant une inversion dont le pôle est extérieur à (D), on est ramené au cas d'un domaine borné. S'il n'existe pas de points extérieurs à (D), on peut, en faisant au besoin une inversion dont le pôle est un point frontière de (D), admettre que le point à l'infini est un point frontière. Supposons qu'il existe un autre point frontière : il en existe alors une infinité. Soient a, b les affixes de deux d'entre eux. Reprenons le raisonnement précédent en convenant en outre de ne prendre, pour former le domaine (D_n), que des carrés intérieurs au cercle de centre O et de rayon n. Je dis que (D_n) est simplement connexe ; dans le cas contraire, (D_n) présenterait un trou formé par des carrés à l'intérieur desquels il existe nécessairement des points frontières de (D). Le contour de cette cavité est une ligne fermée intérieure à (D) qui ne peut se réduire à zéro sans rencontrer de point frontière, car il y a des points frontières à son intérieur, et d'autres points frontières, en particulier le point à l'infini, à son extérieur. Donc (D) ne serait pas simplement connexe.

Les domaines (D_n) sont donc simplement connexes ; les fonctions $f_n(z)$ qu'on en déduit forment une famille normale, car elles admettent les valeurs exceptionnelles a et b. Quant aux fonctions $G_n(Z)$, elles sont toujours bornées. Le raisonnement peut alors être achevé sans modification. Un seul type de domaine échappe donc à notre démonstration : celui qui serait constitué par le plan des Z dont on aurait supprimé un seul point, par exemple, le point à l'infini : c'est le plan ponctué. Ce domaine ne peut évidemment pas être représenté sur un cercle du plan des z, car la fonction $G(Z)$ serait une fonction entière bornée, c'est-à-dire une constante.

CORRESPONDANCE ENTRE LES FRONTIÈRES.

53. Points frontières accessibles. — Étudions maintenant la correspondance entre les points des frontières (c) et (C) de (d) et (D). Soit d'abord une suite de points $Z_1, Z_2, \ldots, Z_n, \ldots$, intérieurs au domaine (D) et ayant pour unique point limite un point Z_0 de (C) ; soient $z_1, z_2, \ldots, z_n, \ldots$ les points correspondants. Tous les points limites des z_n sont sur (c), car si une suite partielle z_{λ_n} tendait vers un point intérieur z'_0, auquel correspondrait Z'_0 intérieur à (D), les points Z_{λ_n} devraient tendre vers Z'_0, ce qui est contraire à l'hypothèse. Réciproquement, si une suite de points $z_1, z_2, \ldots, z_n, \ldots$, intérieurs à (d), converge vers un point de (c), leurs homologues n'ont pour points limites que des points de (C).

Soient maintenant Z_0 un point accessible de (C), (L) une ligne intérieure à (D) et aboutissant à Z_0. Il lui correspond, à l'intérieur du cercle (d), une ligne (l) : je dis qu'elle aboutit à un point déterminé de (c), c'est-à-dire que les points de (l) ont un seul point limite sur la circonférence de (c).

Supposons, en effet, qu'il y en ait deux, z_0 et z'_0 (*fig.* 16) : on pourra trouver sur (l) des points $z_1, z_2, \ldots, z_n, \ldots$ tendant vers z_0 et des points $z'_1, z'_2, \ldots, z'_n, \ldots$ tendant vers z'_0. En sup-

Fig. 16.

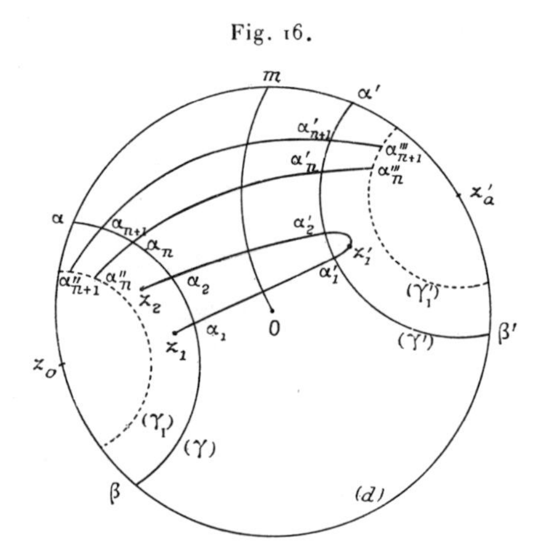

primant, au besoin, quelques-uns de ces points, je peux supposer que leurs homologues sur (L) se succèdent dans l'ordre Z_1, Z'_1, Z_2, Z'_2, ... Tous les points z_n seront pris à l'intérieur d'un cercle (γ) de centre z_0, de rayon ρ, coupant le cercle (d) en deux points α et β ; de même, les points z'_n seront pris à l'intérieur d'un cercle (γ') de centre z'_0, de rayon ρ, coupant le cercle (d) en deux points α' et β'. Les points α et α' sont sur l'un des deux arcs de cercle $z_0 z'_0$; β et β' sur l'autre. Enfin, je peux toujours supposer que (L) n'a pas de point double, alors (l) n'en aura pas non plus.

Désignons par α_1 le dernier point de rencontre de l'arc $z_1 z'_1$ de (l) avec le petit cercle (γ) ; par α'_1 son premier point de rencontre avec le petit cercle (γ'). L'arc $\alpha_1 \alpha'_1$ est tout entier extérieur aux cercles (γ), (γ'). Soient, de même, α'_2 et α_2 les points de rencontre analogues de $z'_1 z_2$ avec (γ') et (γ), etc. Les points α_1, α_2, ..., α_n, ... ayant pour homologues des points de (L) qui tendent vers Z_0 ne peuvent avoir pour points limites que α ou β; en supprimant au besoin quelques-uns des arcs, on peut supposer que α_n converge, par exemple, vers le point α et que, de plus, α_n est toujours entre α_{n-1} et α. Comme les arcs $\alpha_n \alpha'_n$ ne peuvent ni se rencontrer, ni traverser les circonférences (γ) et (γ'), les points α'_1, α'_2, ..., α'_n, ... convergent vers le point α'. Toute suite infinie de points choisis sur les arcs $\alpha_n \alpha'_n$ a pour limite un point de l'arc $\alpha\alpha'$. Réciproquement, tout point m de l'arc de cercle $\alpha\alpha'$ est limite de points de (l); il suffit de joindre m au centre o par une courbe ne rencontrant pas les cercles (γ) et (γ'). Cette courbe rencontre tous les arcs $\alpha_n \alpha'_n$ en des points qui ne peuvent avoir d'autre point limite que m. Les arcs $\alpha_n \alpha'_n$ tendent uniformément vers $\alpha\alpha'$, c'est-à-dire que, à chaque valeur donnée de ε, correspond un rang n à partir duquel l'arc $\alpha_n \alpha'_n$ est toujours compris entre les circonférences de centre o et de rayons 1 et $1-\varepsilon$. Dans le cas contraire, il existerait un nombre ε_0 et une infinité de points $z_{h_1}, z_{h_2}, \ldots, z_{h_n}, \ldots$, situés respectivement sur les arcs de même rang et dont la distance au cercle (d) serait plus grande que ε_0; ces points auraient un point limite intérieur à (d), ce qui est impossible, puisque les points homologues $Z_{h_1}, Z_{h_2}, \ldots, Z_{h_n}, \ldots$ ont pour limite Z_0. Soit η un nombre donné; à partir d'un point Z_k, tous les points de (L) sont à une distance du point Z_0 plus petite que η; donc, pour n supérieur à k, on a, sur tous les arcs $\alpha_n \alpha'_n$,

$$|f(z) - Z_0| < \eta.$$

Supposons démontré que cette inégalité est valable pour les points z situés entre les arcs, c'est-à-dire dans tout le quadrilatère $\alpha\alpha'\alpha'_n\alpha_n$, la fonction

$$g(z) = f(z) - Z_0$$

est alors holomorphe dans le quadrilatère $\alpha\alpha'\alpha'_1\alpha_1$ et tend uniformément vers zéro au voisinage de l'arc de cercle $\alpha\alpha'$; on peut donc la prolonger par la méthode des images: elle est holomorphe et nulle sur l'arc $\alpha\alpha'$, par conséquent elle serait identiquement nulle.

ce qui est impossible : il ne peut donc exister deux points limites distincts z_0 et z'_0.

Tout revient alors à établir que $f(z) - Z_0$ est voisin de zéro dans le quadrilatère $\alpha\alpha'\alpha_n\alpha'_n$. Traçons deux cercles (γ_1) et (γ'_1) de centres z_0 et z'_0 et de rayon ρ_1 inférieur à ρ. Soient α''_n le dernier point de rencontre de $\alpha_{n-1}\alpha_n$ avec la circonférence (γ_1), et α'''_n le premier point de rencontre de $\alpha'_n\alpha'_{n+1}$ avec la circonférence (γ'_1) ; ces points existent si n est assez grand. On peut supposer, en commençant à une valeur de n assez grande $(n > n_0)$, que, sur l'arc $\alpha''_n\alpha'''_n$,

$$|g(z)| < \eta,$$

η étant un nombre arbitrairement petit inférieur à *un*.

Étudions la fonction $g(z)$ dans le quadrilatère $\alpha''_n\alpha'''_n\alpha'''_{n+1}\alpha''_{n+1}$. La fonction harmonique $U = \log|g(z)|$ est par hypothèse plus petite que $\log\eta$ sur les côtés $\alpha''_n\alpha'''_n$ et $\alpha''_{n+1}\alpha'''_{n+1}$; elle est plus petite que $\log M$ sur les arcs de cercles $\alpha''_n\alpha''_{n+1}$ et $\alpha'''_n\alpha'''_{n+1}$, si M est le diamètre du domaine (D). Nous pouvons supposer $\eta < M$.

Appelons V la fonction harmonique égale à $\log\frac{M^2}{\eta}$ sur le cercle (γ_1) et à $\log\eta$ sur un cercle (Γ) de centre z_0 et de rayon R supérieur au diamètre de (d) augmenté de ρ_1 :

$$V = \log\eta\,\frac{\log\frac{r}{\rho_1}}{\log\frac{R}{\rho_1}} + \log\frac{M^2}{\eta}\,\frac{\log\frac{R}{r}}{\log\frac{R}{\rho_1}},$$

r désignant la distance de z à z_0. Cette fonction est plus grande que $\log\eta$ lorsque le point z est dans la couronne. Soit V′ la fonction analogue définie à partir du point z'_0. La fonction harmonique

$$W = \frac{1}{2}(V + V')$$

est supérieure à $\log\eta$ à l'extérieur des cercles (γ_1), (γ'_1) et dans la partie commune aux cercles (Γ) et (Γ'). Sur la circonférence (γ_1) par exemple, V est égal à $\log\frac{M^2}{\eta}$ et V′ supérieur à $\log\eta$; donc W est supérieur à $\log M$; il en est de même sur (γ'_1) ; par conséquent, U est inférieur à W sur les quatre côtés du quadrilatère $\alpha''_n\alpha'''_n\alpha'''_{n+1}\alpha''_{n+1}$;

donc $U < W$, à l'intérieur, et cela quel que soit n. Or, pour $r > \rho$, on a

$$V < \log \eta \frac{\log \frac{\rho}{\rho_1}}{\log \frac{R}{\rho_1}} + \log \frac{M^2}{\eta} \frac{\log \frac{R}{\rho}}{\log \frac{R}{\rho_1}},$$

donc, à l'extérieur des deux cercles (γ_1), (γ'_1), W vérifie la même inégalité. Or, R et ρ demeurant fixes, on peut prendre ρ_1 assez petit pour que le coefficient de $\log \eta$ dans le second membre soit, par exemple, supérieur à $\frac{1}{2}$, et que le second terme, infiniment petit avec ρ_1, soit inférieur à log 2. On aura alors

$$U < \frac{1}{2} \log \eta + \log 2, \qquad |g(z)| < 2\sqrt{\eta};$$

et cette inégalité, dans laquelle η est aussi petit que l'on veut, est vérifiée dans le quadrilatère $\alpha_n \alpha'_n \alpha'_{n+1} \alpha_{n+1}$, quel que soit n ; c'est-à-dire dans le quadrilatère $\alpha \alpha_{n_0} \alpha'_{n_0} \alpha'$.

Nous venons de démontrer une proposition qui sera souvent utilisée dans la suite :

Étant donnée une fonction holomorphe à l'intérieur d'un cercle et non constante, il ne peut exister une suite infinie d'arcs intérieurs $a_1 b_1$, $a_2 b_2$, ..., $a_n b_n$, ... tendant vers un arc ab de la circonférence et tels que, sur ces arcs $a_n b_n$, la fonction tende uniformément vers une même limite.

Il résulte de ce théorème que si $f(z)$ est la fonction fournissant la représentation conforme, et si les points a_n et b_n sont sur la circonférence, l'un des deux domaines en lesquels l'arc $a_n b_n$ partage le cercle tend vers zéro dans toutes ses dimensions lorsque n croît indéfiniment et que les points de l'arc $A_n B_n$ ont pour limite Z_0. En effet, les points a_n et b_n ne peuvent avoir deux points limites distincts a et b, sinon l'arc $a_n b_n$ tendrait vers l'arc ab et la fonction serait constante. Donc, a_n et b_n tendent vers un même point a de la circonférence et, pour n assez grand, l'arc $a_n b_n$ est à l'intérieur d'un cercle (γ) de centre a et de rayon arbitrairement petit.

54. **Points accessibles d'une seule manière.** — Nous venons de montrer que si l'on considère une ligne (L) aboutissant à un point

accessible A de (C), son homologue (l) aboutit à un point bien déterminé a de (c). *Si deux chemins* (L) *et* (L′) *aboutissent à un même point* A *accessible d'une seule manière, les chemins* (l) *et* (l') *aboutissent à un même point* a.

Supposons en effet que (l) et (l') aboutissent à deux points différents a et a' : (L) et (L′) ne peuvent se couper en une infinité de points, car, ces points ayant A pour point limite, sur cette suite infinie de points, G(Z) devrait tendre à la fois vers a et a'. On peut supposer qu'ils ne se coupent pas et leur donner une origine commune O : leur réunion forme une courbe fermée sans points doubles, limitant un domaine (Δ) intérieur à (D) et ne contenant pas de point frontière de (D) autre que A, puisque A est accessible d'une seule manière. Les chemins (l) et (l') partent d'un même point o pour aboutir en a et a ; ils ne se coupent pas, donc ils partagent (d) en deux domaines partiels, dont l'un (δ) correspond à (Δ). Soit a'' un point de l'arc de cercle (d) contigu à (δ) : de quelque manière que des points intérieurs à (δ) tendent vers a'', leurs homologues tendent vers A qui est le seul point frontière appartenant à (Δ). La fonction $f(z)$, holomorphe à l'intérieur de (δ), est donc continue et prend la valeur constante Z_0, affixe de A, sur l'arc de cercle aa': elle serait donc constante dans tout le plan, ce qui est absurde.

Deux points accessibles différents de (C) *correspondent à deux points différents de* (c). — Supposons, en effet, que des points Z_0 et Z_1 correspondent à un même point z_0. Considérons un chemin particulier aboutissant à Z_0, par exemple une ligne polygonale (L) pouvant comprendre une infinité de côtés au voisinage de Z_0. Considérons, de même, une ligne polygonale (L_1) aboutissant à Z_1 : je peux supposer que (L) et (L_1) ont une origine commune et ne se coupent pas. Soient (l) et (l_1) leurs homologues dans le cercle (d) : ce sont des lignes formées d'arcs analytiques, sans point commun, qui aboutissent au même point z_0. La fonction $f(z)$ holomorphe et bornée dans la région comprise entre ces deux chemins tendrait vers Z_0 quand z tend vers z_0 en suivant (l) et vers $Z_1 \neq Z_0$ quand z tend vers z_0 en suivant (l_1). Nous verrons dans le Chapitre VII que c'est impossible.

Si deux chemins (L) et (L′), qu'on peut supposer sans point

commun autre que leur origine, tendent vers un même point accessible Z_0, *de deux manières différentes*, leurs homologues (l) et (l') tendent vers deux points différents de la circonférence. En effet, s'ils tendaient vers le même point z_0, leur réunion formerait une ligne fermée limitant un domaine (δ), intérieur à (d), n'ayant avec lui aucun point frontière commun autre que le point z_0. Cette ligne diviserait (d) en deux domaines ; donc, la courbe formée par la réunion des lignes (L) et (L') partagerait (D) en deux domaines dont l'un, (Δ), correspondrait à (δ); or, chacun de ces deux domaines a des points frontières accessibles communs avec (D) et distincts de Z_0. L'hypothèse que nous avons faite est à rejeter et les extrémités de (l) et de (l') sont deux points distincts de (c).

Nous avons démontré que tout point accessible Z_0 correspond à un point bien déterminé z_0 de la circonférence (c). On ne doit pas en conclure que tout chemin (l) aboutissant en z_0 correspond à un chemin (L) aboutissant en Z_0 : nous verrons en effet que des points qui tendent vers z_0 peuvent correspondre à des points ne tendant pas vers Z_0. La conclusion est toutefois exacte lorsque le domaine (D) est limité par une courbe de Jordan, comme nous le verrons bientôt.

Un point accessible de plusieurs manières se comporte toujours comme s'il représentait plusieurs points accessibles distincts. Quand nous parlerons d'un point accessible, nous supposerons donc toujours qu'on a spécifié de quelle manière on s'en approchait.

55. **Ensemble des points accessibles.** — *L'ensemble des points qui correspondent à des points accessibles est dense sur la circonférence* (c).

Je vais montrer qu'il existe sur (c) des points correspondant à des points accessibles de (C) et voisins de tout point z_0 de cette circonférence. Soit une suite infinie de points de (d) ayant pour limite z_0 ; les points correspondants de (D) ont tous leurs points limites sur (C) ; je peux donc extraire, de cette suite, une suite partielle $a_1, a_2, \ldots, a_n, \ldots$, ayant pour limite z_0, et dont les points correspondants $A_1, A_2, \ldots, A_n, \ldots$ ont une limite Z_0. Traçons la circonférence de centre Z_0 passant par A_n, et soit A'_n l'une des extrémités de l'arc contenant A_n et intérieur à (D) : A'_n est un point accessible de (C) auquel correspond a'_n sur (c). Sur l'arc $a_n a'_n$,

$f(z)$ a pour limite Z_0 quand n croît indéfiniment, donc a'_n a pour limite le point z_0, sinon $a_n a'_n$ aurait pour limite un arc non nul de (c) et $f(z)$ serait une constante.

56. **Transversales d'un domaine.** — Un arc de Jordan (L), sans point double, intérieur à (D) et joignant deux points accessibles A et B de (C), partage (D) en deux domaines partiels (D_1) et (D_2) tels que deux points appartenant à un même domaine partiel puissent être joints par un chemin intérieur à (D) ne rencontrant pas (L).

Représentons en effet le domaine (D) sur le cercle (d) : A et B correspondent à deux points a et b, et (L) correspond à un chemin (l) sans point double joignant a et b. Ce chemin partage le cercle en deux régions (d_1) et (d_2), donc (L) partage (D) en deux régions (D_1) et (D_2). Nous dirons que (L) est une *section transversale* ou, plus brièvement, une *transversale* du domaine (D).

Les points accessibles de la frontière, à l'exception de A et B, appartiennent à l'un ou à l'autre des deux domaines (D_1) et (D_2). Soient, en effet, M un point accessible, (Λ) un chemin d'accès, (m) et (λ) leurs homologues dans le cercle (d); m est distinct de a et de b, donc (λ) finit par rester dans un des deux domaines (d_1) ou (d_2), et par conséquent, (Λ) finit par rester dans (D_1) ou (D_2). Les points accessibles de la frontière, sauf A et B, se partagent en deux ensembles, ceux qui appartiennent à (D_1) et ceux qui appartiennent à (D_2). Cette séparation ne dépend que des points A et B et non de la transversale qui les joint. En effet, dans la représentation conforme, deux points accessibles M et N appartiendront ou non au même domaine partiel s'il en est de même de leurs homologues m et n, c'est-à-dire suivant que m et n sont situés on non sur le même arc de cercle ab : dans le premier cas, nous dirons que les points A et B ne séparent pas les points M et N ; dans le second cas, que les points A et B séparent les points M et N.

57. **Approche discontinue des points frontières. Suites pures.** — Appelons *trace* d'un point Z intérieur à (D), le point frontière T le plus voisin de Z, ou l'un des points pour lequel la distance est minimum, s'il y en a plusieurs. Un point frontière est sa propre trace. Tous les points du segment rectiligne ZT, sauf l'extrémité T, sont intérieurs à (D) : le point T est donc acces-

sible. Lorsque des points intérieurs Z tendent vers un point frontière, leurs traces tendent vers le même point puisque la distance ZT tend vers zéro.

Une suite infinie de points intérieurs Z_1, Z_2, ..., Z_n, ..., tendant vers un point frontière Z_0, sera appelée *suite pure* si elle remplit la condition suivante :

(α). *Étant donnés deux points accessibles quelconques* A *et* B, *il existe un nombre n tel que, pour n' et n'' supérieurs à n, les points* A *et* B *ne sont pas séparés par les traces de* $Z_{n'}$ *et de* $Z_{n''}$. *Il peut exister un point accessible unique exceptionnel.*

Une suite pure contenant des points frontières accessibles se définit de la même manière [1].

Un point frontière Z_0 est dit *simple*, si toute suite de points tendant vers Z_0 est une suite pure.

Deux suites pures sont dites *équivalentes* si, en réunissant leurs points dans un ordre quelconque, on obtient encore une suite pure. Deux suites pures quelconques relatives à un point simple Z_0 sont donc équivalentes.

Voici quelques exemples : considérons des domaines limités par la courbe $y = \sin \frac{1}{x}$ ou une courbe analogue.

La suite des points Z_1, Z_2, ... tendant vers Z_0 (*fig.* 17) est une

Fig. 17.

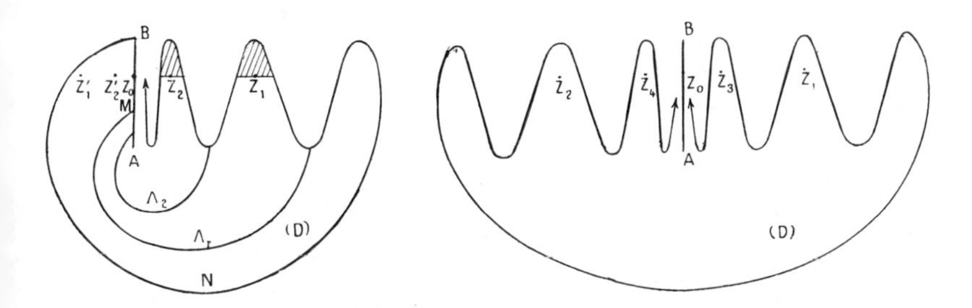

suite pure ; en effet, les traces de $Z_{n'}$ et $Z_{n''}$ limitent un petit arc de la courbe $y = \sin \frac{1}{x}$, qui vient à la limite s'aplatir sur le segment AB, et finit par laisser en dehors de lui tout point accessible du contour

(1) La notion de suite pure est due à M. J. Barbotte.

donné à l'avance. Au contraire la suite $Z_1 Z'_1 Z_2 Z'_2 \ldots$ tendant aussi vers Z_0 n'est pas une suite pure, car les traces de $Z_{n'}$ et de $Z_{n''}$ finissent par séparer deux points accessibles tels que M et N. Le point Z_0, accessible d'une seule manière, n'est pas un point simple. Dans la seconde figure, la suite $Z_1 Z_2 Z_3 \ldots$ tendant vers Z_0 est une suite pure : il y a ici un point accessible exceptionnel A qui finit par être séparé de tous les autres. Le point Z_0 est un point simple.

La définition d'un point frontière simple est une généralisation immédiate de celle d'un point frontière accessible d'une seule manière.

Si les points homologues z_1, z_2, ..., z_n, ... *d'une suite de points* Z_1, Z_2, ..., Z_n, ... *ont pour point limite un point* z_0 *de la circonférence* (c), *les homologues* t_1, t_2, ..., t_n, ... *de leurs traces* T_1, T_2, ..., T_n, ... *ont le même point limite* z_0.

Il n'est pas nécessaire dans cet énoncé que les z_n aient une limite unique.

Supposons que, de la suite des t_n, on puisse extraire une suite partielle ayant une limite différente de z_0. De celle-ci, nous extrairons une troisième suite, que nous continuons à appeler t_1, t_2, ..., t_n, ..., telle que les Z_n correspondants aient une limite Z' : leurs traces T_n tendent vers le même point : soit δ_n la distance $Z_n T_n$, qui tend vers zéro : le cercle de centre T_n, et de rayon $2\delta_n$, contient Z_n à son intérieur et finit par laisser à son extérieur un point fixe O du domaine. Les points de la frontière (C) situés sur la circonférence de ce cercle forment un ensemble fermé, et tout arc de cette circonférence, contigu à l'ensemble et contenant un point intérieur à (D), est limité par deux points accessibles ; ces arcs sont des transversales de (D) ; un chemin polygonal intérieur à (D) joignant O à Z_n coupe nécessairement quelques-uns de ces arcs en un nombre total de points fini et impair ; donc, un arc au moins, (Λ_n), est coupé en un nombre impair de points : il partage (D) en deux domaines : O est dans l'un d'eux, Z_n dans l'autre, et T_n est dans ce dernier, puisque le segment rectiligne $Z_n T_n$ ne coupe pas le cercle. Les arcs (Λ_n) ont pour seul point limite Z', donc l'un des deux domaines déterminés dans le cercle (*d*) par (λ_n) tend vers zéro dans toutes ses dimensions, comme on l'a vu au paragraphe 53 : ce n'est pas celui qui contient le point fixe o, donc c'est celui qui contient z_n et t_n : ces deux suites auraient donc la même limite, contrairement à l'hypothèse.

Si des points de (D), *intérieurs ou accessibles, forment une suite pure, leurs homologues convergent vers un seul point* z_0 *de la frontière.*

En effet, si la suite z_n avait deux points limites z_0 et z'_0, on pourrait, quelque grand que soit n, trouver des traces $t_{n'}$ et $t_{n''}$ voisines de z_0 et z'_0. Or, sur chacun des deux arcs de cercle $z_0 z'_0$, il existe une infinité de points correspondant à des points accessibles : deux de ces points m et n, appartenant à deux arcs différents, finissent donc par être séparés par $t_{n'}$ et $t_{n''}$, les points accessibles correspondants, M et N, seraient séparés par $T_{n'}$ et $T_{n''}$, contrairement à l'hypothèse.

La démonstration ne suppose pas que la suite Z_n ait un point limite unique : il suffit que tous les points limites de la suite Z_n soient sur la frontière. Nous pouvons donc étendre la notion de suite pure et appeler ainsi *toute suite* Z_n *dont tous les points limites sont sur la frontière et qui vérifie la condition* (α).

Le théorème précédent s'applique alors sans modification, et sa réciproque devient évidente : le seul point exceptionnel possible est le point accessible correspondant à z_0, s'il existe. Voici quelques conséquences des définitions et des théorèmes précédents.

1° Étant donné un point frontière, il existe au moins une suite pure tendant vers ce point : on peut en obtenir une en faisant une représentation conforme et en extrayant, d'une suite de points intérieurs Z tendant vers ce point, une autre suite de points dont les homologues z aient un seul point limite. Ce résultat légitime la définition que nous avons donnée du point simple et montre que tout point frontière qui n'est pas simple peut être considéré comme formé par la superposition d'un nombre fini ou d'une infinité de points simples. Un point frontière ne sera donc défini que si l'on spécifie la suite pure par laquelle on s'en approche indéfiniment. C'est ce que nous supposerons toujours maintenant.

Deux suites pures équivalentes correspondent au même point limite z_0 de (c), car leur réunion formant une suite pure, les points homologues de cette dernière suite ont un point limite unique.

2° Si un point de (C) est accessible, toute suite de points tendant vers lui et placée sur le chemin d'accès est une suite pure, puisque les points homologues de tous les points du chemin ont un seul point limite. Toute suite équivalente à une suite placée sur le chemin d'accès sera dite *tendre vers le point accessible comme le chemin d'accès*.

3° Un point simple de (C) correspond à un seul point de la circonférence (c), car deux suites pures correspondant à un point simple sont équivalentes. Réciproquement, à un point de la circonférence (c) ne correspond pas toujours un point déterminé de (C) : considérons, par exemple, les domaines hachurés (*fig.* 17) ; ils ont pour points limites tous les points du segment ZB, mais leurs homologues, comme on le voit en reprenant un raisonnement déjà utilisé plus haut, ont pour limite un seul point z_0 de la circonférence (c) : ce dernier correspond donc au moins à tous les points de ZB obtenus en s'approchant du côté droit.

58. **Bouts premiers.** — Le théorème précédent fournit un moyen d'affirmer que deux points frontières correspondent ou non au même point de la circonférence : il suffit de rechercher si deux suites pures tendant respectivement vers ces points sont équivalentes ou non. Mais, on peut se proposer de déterminer l'ensemble des points qui correspondent à un même point f de (c). Nous les obtiendrons encore comme points limites d'une suite de domaines, déterminés dans (D) au moyen de transversales, et construits de façon que les domaines homologues comprennent tout le voisinage de f.

Soit F un point frontière de (D), défini par une suite pure (S) et soit (s) la suite homologue tendant vers un point f. Un point fixe O intérieur étant donné, il existe une suite (Σ) de transversales (Λ_1), (Λ_2), ..., (Λ_n), ... possédant les propriétés suivantes :

1° Deux transversales n'ont pas d'extrémité commune ;

2° En fixant arbitrairement un point Z_n sur chaque transversale (Λ_n), on obtient une suite pure équivalente à (S) ;

3° Le domaine (D_n), défini par (Λ_n) et ne contenant pas le point O, contient une infinité de points de (S).

Pour démontrer l'existence de la suite (Σ), prenons sur la circonférence (c) une suite de points $a_1, a_2, \ldots, a_n, \ldots$, correspondant à des points accessibles et tendant vers f d'un côté ; puis, une suite de points $b_1, b_2, \ldots, b_n, \ldots$, correspondant à des points accessibles et tendant vers f de l'autre côté ; il suffit de prendre pour (Λ_n) les lignes homologues de courbes voisines des cordes $a_1 b_1, a_2 b_2, \ldots, a_n b_n, \ldots$ [1].

Soit (Σ) une suite quelconque de transversales possédant les propriétés indiquées ; parmi les homologues de $(\Lambda_1), (\Lambda_2), \ldots, (\Lambda_n), \ldots$, une seule peut aboutir à f : supprimons-la. Le domaine (d_n), contenant une infinité de points de (s), doit avoir f comme point frontière : comme (λ_n) n'aboutit pas à f, (d_n) contient le voisinage de f. Si donc on se donne une suite quelconque (S'), équivalente à (S), tous ses points, à partir d'un certain rang, seront dans (D_n) ; donc, tout point frontière correspondant à f est limite de points des domaines (D_n). D'ailleurs, d'après la seconde propriété, les points des transversales (Λ_n) et, par suite, ceux des domaines (d_n) ont l'unique point limite f : donc réciproquement, tout point limite de points des domaines (D_n) est un point frontière correspondant à f.

Désignons par (B) l'ensemble des points limites des domaines (D_n) : cet ensemble est appelé par M. Carathéodory [2] un *bout premier* (Primende) ; il comprend tous les points frontières correspondant à f et ne comprend que ces points. Dans le cas de la figure 17, ce bout comprendra tous les points du segment AB considérés comme approchés par la région de droite, et on pourra le définir au moyen des transversales : $(\Lambda_1), (\Lambda_2), \ldots$.

Il résulte du raisonnement précédent qu'un bout premier est défini quand on donne un de ses points.

Pour achever l'étude de la continuité de la représentation des contours, proposons-nous la question suivante :

Étant donnée une suite de points frontières $F_1, F_2, \ldots,$

---

[1] Pour déterminer une suite (Σ) sans utiliser la représentation conforme, on peut faire appel à un théorème de M. Carathéodory : Étant donnée une suite (S) de points intérieurs qui convergent vers un point frontière, il existe une transversale, de longueur arbitrairement petite, laissant d'un côté un point intérieur donné O, et de l'autre, une infinité de points de la suite.

[2] *Ueber die Begrenzung einfach zusammenhängender Gebiete* (*Math. Annalen*, Bd LXXIII, 1913, p. 323).

F_n, ... *tendant vers un point frontière* F_0, *dans quelles conditions peut-on affirmer que leurs homologues* f_1, f_2, ..., f_n, ... *tendent vers l'homologue* f_0 *de* F_0?

La question est résolue lorsque les points de la suite sont accessibles : il faut et il suffit que la suite F_n soit une suite pure pour F_0. Plaçons-nous maintenant dans le cas général.

Remarquons que nous pouvons remplacer chacun des points F_n par un point appartenant au même bout, puisque le point f_n ne change pas : chaque bout se présente ainsi comme un tout indivisible. Étant donnés un bout (B) et un point O intérieur à (D), on peut trouver une ligne intérieure à (D), n'ayant d'autres points limites sur la frontière que des points de (B) : telle est, par exemple, la courbe homologue dans (D), du segment rectiligne of tracé dans le cercle. La réunion de deux telles lignes n'ayant aucun point commun, sauf leur origine, et aboutissant à deux bouts différents (B) et (B′), n'est pas toujours une transversale de (D), mais elle partage (D) en deux domaines puisqu'elle est l'homologue d'une transversale de (d). Tout point frontière n'appartenant ni à (B) ni à (B′) est un point frontière pour un seul des deux domaines [1]. Les bouts (B) et (B′) partagent donc la frontière en deux parties et cette division, qu'on peut définir sans avoir effectué de représentation conforme, est indépendante du chemin suivi à l'intérieur de (D), pour aller de (B) à (B′). Nous pouvons donc définir une suite pure de bouts premiers et, même, une suite pure mixte comprenant des bouts premiers, des points accessibles et des points intérieurs. Toutes les conclusions précédentes demeurent valables.

Pour que les points f_n, homologues de F_n, aient pour limite le point f_0 homologue du point limite F_0 de F_n, il faut et il suffit que les bouts premiers (B_n), relatifs à F_n, forment une suite pure. On voit que les bouts premiers (B_n) ont pour limite le bout premier (B_0) relatif à F_0.

59. Domaines limités par une courbe de Jordan. — Tous les

---

(1) Il peut arriver que certains points des bouts (B) et (B′) appartiennent eux aussi à un seul des deux domaines ; mais cette propriété n'est pas indépendante du chemin suivi à l'intérieur.

points d'une courbe simple fermée de Jordan (C) sont accessibles par l'intérieur de cette courbe, et d'une seule manière [1]. Montrons que ce sont des points frontières simples.

Soient Z_0 un point de la courbe correspondant à la valeur t_0 du paramètre; (L) une ligne polygonale ou analytique intérieure aboutissant à Z_0 ; Z_1, Z_2, ..., Z_n, ... une suite de points, intérieurs ou frontières, tendant vers Z_0. Je dis que cette suite tend vers Z_0 comme (L), c'est-à-dire que les homologues z_n de Z_n tendent vers le même point z_0 de la circonférence (c) que le chemin (l), homologue de (L).

Traçons, en effet (*fig.* 18), la circonférence de centre Z_0 pas-

Fig. 18.

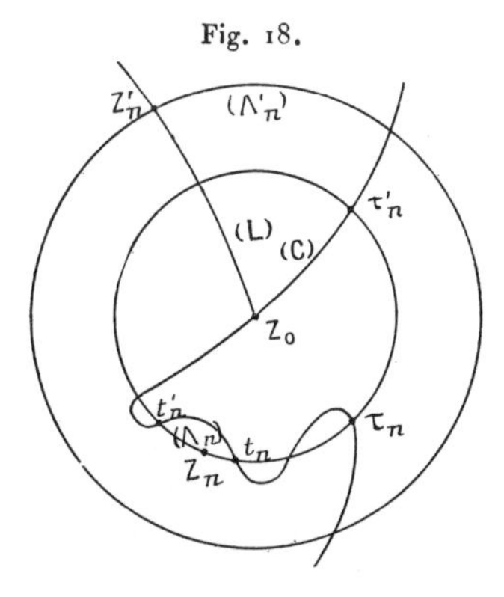

sant par Z_n : soient t_n et t'_n les valeurs du paramètre pour les extrémités de l'arc (Λ_n) qui contient Z_n ; r_n et r'_n, les valeurs du paramètre pour le premier et le dernier point de rencontre de la circonférence et de la courbe (C). Les nombres r_n et r'_n ont nécessairement pour limite t_0, quand n augmente indéfiniment, sinon les points correspondant à ces valeurs auraient un point limite différent de Z_0. Donc, la plus grande distance de Z_0 à un point de l'arc $r_n r'_n$ de (C) tend vers zéro, et il existe une suite de nombres ρ_1, ρ_2, ..., ρ_n, ..., tendant vers zéro, tels que le cercle de centre Z_0 et de rayon ρ_n contienne l'arc $r_n r'_n$ tout entier à son intérieur et, par suite aussi, (Λ_n). Soit (Λ'_n) un arc de la circonférence de rayon ρ_n coupé par (L) en un nombre impair de points dont l'un

[1] SCHOENFLIESS, *Bericht* II, *loc. cit.*, p. 11, en note.

est Z'_n : il divise (D) en deux domaines ; Z_0 est un point frontière pour l'un d'eux, et l'origine O de (L) appartient à l'autre. Or, on peut aller de Z_0 à Z_n en suivant une partie de l'arc $r_n r'_n$ et une partie de (Λ_n) ; donc sans rencontrer (Λ'_n).

Dans la représentation conforme, les (λ'_n) contiennent les z'_n qui tendent vers z_0 ; ne pouvant avoir pour limite un arc du cercle (d), ces transversales tendent vers z_0 ; et z_n, qui se trouve dans celui des deux domaines limités par (λ'_n) qui ne contient pas le point fixe o, tend aussi vers z_0. Donc, la suite Z_n tend vers Z_0 comme le chemin (L). En particulier, si l'on suppose que les points Z_n sont sur (C), on en déduit que z_0 est une fonction continue de Z_0.

A tout point de (C) correspond donc un point unique de (c). La réciproque est vraie, car tous les points frontières étant accessibles, les homologues d'une suite infinie de points tendant vers un point z_0 de (c) ne peuvent avoir comme points limites deux points distincts de (C). La correspondance entre les points frontières est donc biunivoque. Nous avons vu que z_0 est une fonction continue de Z_0; comme la correspondance est biunivoque, Z_0 est aussi une fonction continue de z_0. La correspondance entre les points des domaines *fermés* (D) et (d) est biunivoque et continue.

La courbe (C) est définie par les équations

$$X = f(t), \qquad Y = g(t),$$

$f(t)$, $g(t)$ désignant deux fonctions continues de t et périodiques, de période 2π par exemple. Les points de la circonférence (c) sont définis par leur angle polaire θ. θ est une fonction continue de t, et l'on peut supposer que θ et t sont nuls en même temps.

La fonction $\theta(t)$ varie toujours dans le même sens, sinon il y aurait deux points différents de (C) qui correspondraient au même point de (c). Supposons-la croissante; quand t croît de o à 2π, θ croît de o à une certaine limite. Cette limite ne peut être inférieure à 2π, car il y aurait alors un arc de (c) qui ne correspondrait à aucun point frontière, ni supérieure à 2π. Elle est donc égale à 2π, et, quand un point parcourt une fois la courbe (C), son homologue parcourt une fois la circonférence tout entière.

60. **Théorème de M. Fejér.** — Soit $Z = f(z)$ la fonction qui représente un domaine (D) sur le cercle (d). La série de Mac-

Laurin de $f(z)$ a un rayon de convergence au moins égal à *un*. En général, le cercle de convergence est le cercle (d) lui-même qui constitue une coupure pour la fonction $f(z)$, car à un arc quelconque du cercle (d) ne correspond pas en général un arc analytique de (D). Quand le domaine (D) est limité par une courbe de Jordan, la série présente une propriété remarquable établie par M. Fejér [1] : *elle est uniformément convergente dans tout le cercle (d), frontière comprise.*

Pour l'établir, rappelons d'abord quelques résultats sur les séries. Soit une série $u_0 + u_1 + u_2 + \ldots + u_n + \ldots$; posons

$$s_n = u_0 + u_1 + \ldots + u_n \quad \text{et} \quad S_n = \frac{s_0 + s_1 + \ldots + s_n}{n+1};$$

si la série est convergente, s_n et S_n tendent vers la même limite. Mais il peut arriver que S_n ait une limite sans que s_n en ait une : on dit alors que la série est sommable par le procédé de la moyenne arithmétique. On adopte alors, comme somme de la série, la valeur limite de S_n. On sait, par exemple, que la série de Fourier d'une fonction continue n'est pas toujours convergente, mais M. Fejér a montré qu'elle est sommable uniformément par le procédé de la moyenne arithmétique et que sa somme représente la fonction.

Démontrons maintenant un lemme :

Si la série u_n est sommable par le procédé de la moyenne arithmétique, et si la série $n\,|u_n|^2$ est convergente, la série u_n est aussi convergente.

La première condition seule ne suffit pas pour assurer la convergence; la seconde non plus : par exemple, la série $u_n = \dfrac{1}{n \log n}$ est divergente, tandis que la série $n\,|u_n|^2 = \dfrac{1}{n(\log n)^2}$ est convergente.

Par hypothèse,

$$S_n = \frac{(n+1)u_0 + nu_1 + (n-1)u_2 + \ldots + u_n}{n+1} = s_n - \frac{u_1 + 2u_2 + \ldots + nu_n}{n+1}$$

---

[1] *Cf.* L. Fejér, *La convergence sur son cercle de convergence d'une série de puissances effectuant une représentation conforme du cercle sur le plan simple* (*Comptes-rendus de l'Acad. des Sciences*, t. 156, 1913, p. 46; *Münchner Sitzungsberichte*, 1910).

tend vers une limite ; il suffit donc de démontrer que

$$\sigma_n = \frac{u_1 + 2u_2 + \ldots + nu_n}{n+1}$$

tend vers zéro quand n augmente indéfiniment.

Considérons l'expression

$$(n_0+1)\,|\,u_{n_0+1}\,| + \ldots + (n_0+p)\,|\,u_{n_0+p}\,| = \sum_{n=n_0+1}^{n=n_0+p} \sqrt{n}.\sqrt{n\,|\,u_n\,|^2}\,;$$

d'après l'identité de Lagrange, cette expression est inférieure à la racine carrée de

$$\sum_{n=n_0+1}^{n=n_0+p} n.\sum_{n=n_0+1}^{n=n_0+p} n\,|\,u_n\,|^2.$$

Le premier facteur est inférieur à

$$\frac{(n_0+p)(n_0+p+1)}{2} < (n_0+p+1)^2\,;$$

la série $n\,|\,u_n\,|^2$ étant convergente, on peut choisir n_0 assez grand pour que le second facteur $\sum_{n=n_0+1}^{n=n_0+p} n\,|\,u_n\,|^2$ soit inférieur à ε^2, quel que soit p. L'expression considérée sera alors inférieure à

$$(n_0+p+1)\,\varepsilon.$$

En posant $n = n_0 + p$, écrivons

$$\frac{|\,u_1\,| + 2\,|\,u_2\,| + \ldots + n\,|\,u_n\,|}{n+1} = \frac{|\,u_1\,| + 2\,|\,u_2\,| + \ldots + n_0\,|\,u_{n_0}\,|}{n_0+p+1} + \frac{(n_0+1)\,|\,u_{n_0+1}\,| + \ldots + (n_0+p)\,|\,u_{n_0+p}\,|}{n_0+p+1}.$$

Nous pouvons choisir n_0 assez grand pour que le dernier terme soit inférieur à ε quel que soit p ; ensuite, n_0 restant fixe, nous choisirons p assez grand pour que le premier terme soit inférieur à ε, alors on aura

$$|\,\sigma_n\,| \leqq \frac{|\,u_1\,| + 2\,|\,u_2\,| + \ldots + n\,|\,u_n\,|}{n+1} < 2\varepsilon,$$

et le lemme est démontré.

Soit maintenant

$$(1)\quad Z = f(z) = a_0 + a_1 z + \ldots + a_n z^n + \ldots = u_0 + u_1 + \ldots + u_n + \ldots,$$

la fonction représentant un domaine (D), limité par une courbe de Jordan (C), sur le cercle (d) de rayon 1, et soient

$$X = F(\theta), \qquad Y = G(\theta)$$

les expressions des coordonnées du point de la frontière (C) qui correspond au point $z = e^{i\theta}$ de la circonférence (c). $F(\theta)$ et $G(\theta)$ sont des fonctions continues. Montrons que la série (1) est sommable par le procédé de la moyenne arithmétique lorsque $|z| = 1$; on a, sur ce cercle,

$$Z = a_0 + a_1 e^{i\theta} + \ldots + a_n e^{in\theta} + \ldots, \tag{2}$$

avec

$$a_n = \frac{1}{2i\pi} \int_{(C)} \frac{f(\zeta)\, d\zeta}{\zeta^{n+1}},$$

l'intégration s'effectuant sur la circonférence (c), car $f(z)$ est continue dans le cercle fermé. Remplaçons ζ par $e^{i\alpha}$ et $f(\zeta)$ par $F(\alpha) + iG(\alpha)$, il vient

$$\begin{aligned} a_n &= \frac{1}{2\pi} \int_0^{2\pi} (F + iG) e^{-ni\alpha}\, d\alpha \\ &= \frac{1}{2\pi} \int_0^{2\pi} [\quad F(\alpha) \cos n\alpha + G(\alpha) \sin n\alpha]\, d\alpha \\ &\quad + \frac{i}{2\pi} \int_0^{2\pi} [- F(\alpha) \sin n\alpha + G(\alpha) \cos n\alpha]\, d\alpha. \end{aligned}$$

D'autre part,

$$0 = \frac{1}{2i\pi} \int_{(C)} \zeta^{n-1} f(\zeta)\, d\zeta$$

ou, en changeant i en $-i$,

$$\begin{aligned} 0 = &\frac{1}{2\pi} \int_0^{2\pi} [F(\alpha) \cos n\alpha - G(\alpha) \sin n\alpha]\, d\alpha \\ &- \frac{i}{2\pi} \int_0^{2\pi} [F(\alpha) \sin n\alpha + G(\alpha) \cos n\alpha]\, d\alpha; \end{aligned}$$

par conséquent, en ajoutant et retranchant,

$$a_n = \frac{1}{\pi} \left[\int_0^{2\pi} F(\alpha) \cos n\alpha\, d\alpha - i \int_0^{2\pi} F(\alpha) \sin n\alpha\, d\alpha \right]$$

$$a_n = \frac{1}{\pi} \left[\int_0^{2\pi} G(\alpha) \sin n\alpha\, d\alpha + i \int_0^{2\pi} G(\alpha) \cos n\alpha\, d\alpha \right].$$

Le terme $a_n e^{ni\theta}$ de la série (2) a donc, comme partie réelle,

$$\cos n\theta \frac{1}{\pi}\int_0^{2\pi} F(\alpha)\cos n\alpha\, d\alpha + \sin n\theta \frac{1}{\pi}\int_0^{2\pi} F(\alpha)\sin n\alpha\, d\alpha,$$

et, comme coefficient de i,

$$\cos n\theta \frac{1}{\pi}\int_0^{2\pi} G(\alpha)\cos n\alpha\, d\alpha + \sin n\theta \frac{1}{\pi}\int_0^{2\pi} G(\alpha)\sin n\alpha\, d\alpha;$$

la série (2) est donc la série de Fourier de la fonction continue $F(\theta) + iG(\theta)$; en vertu du théorème de M. Fejér, elle est sommable par le procédé de la moyenne arithmétique.

Considérons maintenant l'intégrale

$$\int\int_{(d')} |f'(z)|^2\, d\sigma = \int_0^{\rho} r\, dr \int_0^{2\pi} |f'(z)|^2\, d\theta$$

étendue à un cercle (d') de centre o et de rayon ρ inférieur à 1 : elle représente l'aire du domaine (D') qui correspond à ce cercle : cette aire est inférieure à l'aire S d'un carré contenant (D) à son intérieur : elle est donc bornée quel que soit ρ.

En représentant par $\bar{z}$ l'imaginaire conjuguée de z, on a

$$|f'(z)|^2 = |f'(z)|\,|\overline{f'(z)}|,$$
$$f'(z) = a_1 + 2a_2 z + 3a_3 z^2 + \ldots,$$
$$\overline{f'(z)} = \bar{a}_1 + 2\bar{a}_2\bar{z} + 3\bar{a}_3\bar{z}^2 + \ldots;$$

ces deux séries sont absolument et uniformément convergentes dans (d') ; leur produit se compose d'abord de termes carrés

$$|a_1|^2 + 2\,|a_2|^2 r^2 + 9\,|a_3|^2 r^4 + \ldots,$$

puis, de termes rectangles tels que

$$np\, a_n \bar{a}_p z^{n-1} \overline{z^{p-1}} = np\, a_n \bar{a}_p r^{n+p-2} e^{i(n-p)\theta}$$

qui disparaissent dans l'intégration. Les termes carrés fournissent l'intégrale

$$2\pi \int_0^{\rho} [|a_1|^2 + 4\,|a_2|^2 r^2 + \ldots + n^2\,|a_n|^2 r^{2(n-1)} + \ldots]\, r\, dr$$
$$= \pi[\,|a_1|^2 \rho^2 + 2\,|a_2|^2 \rho^4 + \ldots + n\,|a_n|^2 \rho^{2n} + \ldots].$$

La somme de cette série à termes positifs, convergente pour $\rho < 1$, reste inférieure à S quand ρ tend vers 1. Soit

$$S_n(\rho) = |a_1|^2 \rho^2 + 2|a_2|^2 \rho^4 + \ldots + n|a_n|^2 \rho^{2n};$$

cette somme, inférieure à $\frac{S}{\pi}$, a pour limite

$$S_n(1) = |a_1|^2 + 2|a_2|^2 + \ldots + n|a_n|^2$$

lorsque ρ tend vers 1; donc $S_n(1)$ est aussi inférieur à $\frac{S}{\pi}$ quel que soit n, et la série dont le terme général est $nu_n^2 = n|a_n|^2$ est convergente.

Les deux conditions du lemme sont donc remplies; par conséquent, la série (2) converge, et uniformément quel que soit θ. La série (1) converge uniformément dans le domaine fermé (d), d'après le théorème de Weierstrass.

On déduit du théorème de M. Fejér le résultat suivant : *On peut toujours, par un choix convenable du paramètre, représenter les coordonnées d'un point d'une courbe fermée simple de Jordan par des séries de Fourier uniformément convergentes.*

Il suffit, en effet, de faire la représentation conforme sur le cercle (d), du domaine (D) limité par cette courbe, et de prendre comme paramètre l'angle θ.

Il serait intéressant de connaître avec précision les propriétés nouvelles de la fonction $f(z)$ qui résulteraient d'hypothèses supplémentaires faites sur la courbe de Jordan : par exemple, en supposant qu'elle a une tangente en chacun de ses points [1].

---

[1] *Voir* L. LICHTENSTEIN, *Zur conformen Abbildung einfach zusammenhängender schlichten Gebiete* (*Archiv der Math. und Phys.*, Bd 25, 1917, p. 179. — LAVRENTIEFF, *Sur la représentation conforme* (*Comptes rendus de l'Acad. des Sciences de Paris*, t. 184, 1927, p. 1407).

CHAPITRE V.

FAMILLES DE FONCTIONS MÉROMORPHES.

FAMILLES NORMALES.

61. **Convergence uniforme.** — Les fonctions holomorphes dans un domaine admettent une valeur exceptionnelle, la valeur infinie. Il n'en est plus de même pour les fonctions méromorphes, et l'étude des familles formées par ces dernières fonctions est moins simple que celle des familles de fonctions holomorphes.

Définissons d'abord la convergence uniforme. On dit qu'une suite infinie de fonctions

$$f_1(z), \quad f_2(z), \quad \ldots, \quad f_n(z), \quad \ldots,$$

méromorphes dans un domaine (D), converge uniformément dans ce domaine vers une fonction $f_0(z)$, si chaque point z_0 de (D) est le centre d'un cercle possédant la propriété suivante : à tout nombre ε correspond un entier n_0 tel que, lorsque n est supérieur à n_0 et z intérieur au cercle, on ait

$$|f_0(z) - f_n(z)| < \varepsilon, \qquad \text{si } f_0(z_0) \text{ est fini,}$$

$$\left|\frac{1}{f_0(z)} - \frac{1}{f_n(z)}\right| < \varepsilon, \qquad \text{si } f_0(z_0) \text{ est infini.}$$

La fonction limite $f(z)$ est donc une fonction méromorphe qui peut être une constante finie ou infinie, puisqu'il en est ainsi autour de chaque point intérieur au domaine [1].

La propriété de convergence uniforme se conserve si l'on effectue sur les fonctions de la suite une même transformation

[1] Cette notion a été d'abord introduite par MM. Carathéodory et Landau. Voir *Beiträge zur Konvergenz von Funktionenfolgen* (*Berliner Sitzungsberichte*, 1911, p. 604).

homographique à coefficients constants. Car une telle transformation s'obtient en composant des transformations élémentaires dans lesquelles on remplace $f(z)$ par $f(z)+h$, ou par $kf(z)$, ou par $\frac{1}{f(z)}$, h et k étant des constantes. Ces transformations élémentaires conservent évidemment l'uniformité de la convergence.

62. Famille normale. — Considérons une famille de fonctions $f(z)$, méromorphes dans un domaine (D) : nous dirons que cette famille est normale dans ce domaine, si toute suite de fonctions de la famille est génératrice d'une suite partielle convergeant uniformément dans l'intérieur de (D), c'est-à-dire dans tout domaine (D′) complètement intérieur à (D). La fonction limite est une fonction méromorphe ou une constante finie ou infinie : une telle constante sera considérée comme une fonction méromorphe particulière.

La propriété, pour une famille de fonctions, d'être normale dans un domaine (D), est invariante pour toute transformation homographique à coefficients constants, effectuée sur les fonctions de la famille.

La famille des fonctions méromorphes dans (D) dont les valeurs sont représentées par des points de la sphère de Riemann extérieurs à une certaine région, si petite soit-elle, est une famille normale, car les nombres $f(z)$ ou $\frac{1}{f(z)-a}$, a étant une valeur convenablement choisie, sont bornés.

De même, la famille des fonctions méromorphes dans (D) qui admettent trois valeurs exceptionnelles a, b, c est une famille normale, car la transformation homographique

$$g=\frac{f-a}{f-b}:\frac{c-a}{c-b}$$

conduit à une famille de fonctions $g(z)$ holomorphes dans le domaine (D) où elles ne prennent ni la valeur zéro ni la valeur *un*. Et les deux familles sont normales en même temps.

Considérons encore une famille de fonctions méromorphes dans (D), admettant une valeur exceptionnelle a de rang m (c'est-à-dire telle que l'équation $f(z)=a$ n'ait que des racines dont l'ordre de multiplicité est multiple de m), une valeur b exceptionnelle de rang n, une valeur c exceptionnelle de rang p, avec la condition

$$\frac{1}{m} + \frac{1}{n} + \frac{1}{p} < 1.$$

Cette famille est normale, il suffit, pour le démontrer, de reprendre les raisonnements du paragraphe 32; avec la définition adoptée pour la convergence uniforme d'une suite de fonctions méromorphes, la présence de sommets à l'intérieur du domaine décrit, dans le plan des Z, par les valeurs de la fonction limite, ne trouble pas la convergence uniforme de la suite.

63. **Points irréguliers. Suites exceptionnelles.** — Si une famille de fonctions méromorphes n'est pas normale dans un domaine, il y a dans ce domaine un point J *autour duquel* elle n'est pas normale et un point O *en lequel* elle n'est pas normale. Ici encore, l'ensemble des points J et l'ensemble des points O coïncident. La démonstration est la même qu'au paragraphe 22.

Pour un point irrégulier O, il existe, par définition, une *suite exceptionnelle* $f_n(z)$ de fonctions de la famille telle qu'aucune suite partielle ne peut converger uniformément dans un cercle de centre O, si petit soit-il. Il en résulte que les fonctions $f_n(z)$ de cette suite prennent, dans leur ensemble, toutes les valeurs, sauf deux au plus, dans un cercle arbitrairement petit de centre O. Réciproquement, une telle propriété caractérise une suite exceptionnelle.

Pour qu'un point soit un point J, *autour duquel* la famille n'est pas normale, il faut et il suffit que les fonctions de la famille prennent toutes les valeurs, sauf deux au plus, dans un cercle arbitrairement petit de centre J. Les points irréguliers sont ainsi caractérisés par la distribution des valeurs que prennent les fonctions. Mais, on voit l'avantage que comporte la notion de point O *en lequel* une famille n'est pas normale; cela nous permet d'affirmer l'existence d'une suite partielle exceptionnelle prenant toutes les valeurs, sauf ceux au plus, dans un voisinage aussi petit que l'on veut autour de O. En d'autres termes, pour qu'un point soit irrégulier, il faut et il suffit qu'il existe une suite partielle de fonctions de la famille prenant, dans leur ensemble, toutes les valeurs, sauf deux au plus, dans un cercle arbitrairement petit ayant pour centre ce point.

64. Égale continuité sur la sphère de Riemann. — On peut ramener l'étude des familles de fonctions méromorphes à celle des familles de fonctions continues en introduisant, avec M. Ostrowski [1], la notion de distance sphérique de deux points.

Prenons, comme sphère de Riemann, une sphère de rayon unité dont le centre est l'origine des affixes du plan des Z et faisons, à partir du pôle nord Ω de cette sphère, une projection stéréographique sur le plan. A chaque point Z correspond un point M de la sphère; si Z est le point à l'infini du plan, son homologue est le pôle Ω.

Nous appellerons *distance sphérique* de deux points ou de deux nombres Z_1 et Z_2 la longueur du plus petit arc de grand cercle qui passe par les points correspondants M_1 et M_2 de la sphère. Deux points quelconques du plan, à distance finie ou à l'infini, ont une distance sphérique bien déterminée; cette distance est nulle quand les deux points coïncident, et dans ce cas seulement. Aucune distance sphérique ne dépasse π. Nous désignerons par la notation $|Z_1, Z_2|$ la distance sphérique des points Z_1 et Z_2. On a

$$|Z_1, Z_2| = |Z_2, Z_1|;$$

on a aussi

$$|Z_1, Z_2| \leq |Z_1, Z_3| + |Z_2, Z_3|,$$

si l'on désigne par Z_1, Z_2, Z_3 trois nombres complexes finis ou non.

Soit $f(z)$ une fonction de la variable complexe z, définie dans un domaine (D) où elle n'est pas nécessairement analytique. On peut définir *l'oscillation sphérique dans un domaine* et *l'oscillation sphérique en un point* z, en remplaçant la distance $|f(z')-f(z)|$ par la distance sphérique $|f(z'), f(z)|$. La fonction $f(z)$ peut prendre la valeur infinie.

Nous dirons que la fonction $f(z)$ est *sphériquement continue en un point*, lorsque son oscillation sphérique est nulle en ce point. Nous dirons qu'elle est *sphériquement continue dans le*

---

[1] *Ueber Folgen analytischer Funktionen, etc.* (*Math. Zeitschrift*, Bd 24, 1925, p. 231). Voir aussi L. BIEBERBACH, *Lehrbuch der Funktionentheorie*, Bd 1, p. 51.

domaine, lorsqu'elle est sphériquement continue en chaque point. Pour cela, il faut et il suffit que son oscillation sphérique soit nulle en chaque point intérieur au domaine. Une fonction méromorphe dans un domaine est sphériquement continue dans ce domaine. Lorsqu'une fonction $f(z)$ ne prend que des valeurs finies, la continuité sphérique entraîne la continuité au sens habituel de ce mot, et réciproquement. Lorsque la fonction $f(z)$ prend des valeurs infinies, la continuité sphérique exprime que $f(z)$ est continue au sens habituel aux points où elle est finie, et que $\frac{1}{f(z)}$ est continue au sens habituel aux points où $f(z)$ est infinie.

On définirait de même l'oscillation sphérique d'une famille de fonctions continues sur la sphère, comme on a défini, au paragraphe **14**, l'oscillation ordinaire. Une famille sera également continue sur la sphère si l'oscillation sphérique est nulle en chaque point. Dans ce cas, à chaque nombre ε correspond un nombre positif δ tel que l'inégalité

$$|z' - z| < \delta$$

entraîne l'inégalité

$$|f(z'), f(z)| < \varepsilon,$$

quelle que soit la fonction de la famille. Réciproquement, cette condition entraîne que l'oscillation sphérique est nulle en chaque point.

Nous dirons qu'une suite infinie $f_n(z)$ converge uniformément sur la sphère de Riemann, quand z est dans le domaine (D), vers une fonction limite $f(z)$ lorsque, à tout nombre ε, correspond un entier n_0 tel que, pour $n > n_0$, on ait

$$|f(z), f_n(z)| < \varepsilon,$$

quel que soit z dans un domaine (D') complètement intérieur à (D). Bien entendu, la condition de Cauchy demeure applicable, et la convergence est uniforme sur la sphère, si au nombre ε correspond un entier n_0 tel que pour $n > n_0$, on ait

$$|f_{n+p}(z), f_n(z)| < \varepsilon,$$

quels que soient l'entier p et le point z dans (D').

Si une famille de fonctions est également continue sur la sphère, toute suite infinie de fonctions de la famille est génératrice d'une suite partielle convergeant uniformément sur la sphère, et réciproquement. Il suffit de reprendre les démonstrations du paragraphe **14** en remplaçant les distances planes par des distances sphériques.

En particulier : *pour qu'une famille de fonctions méromorphes dans le domaine* (D) *soit normale dans ce domaine, il faut et il suffit qu'elle soit également continue sur la sphère.*

Si une famille de fonctions $f(z)$ n'est pas normale dans un domaine (D), il existe, dans ce domaine, au moins un point J autour duquel la famille n'est pas normale. Si les fonctions $f(z)$ sont méromorphes, je dis que l'oscillation en ce point est égale à π. Dans le cas contraire, en effet, l'oscillation aurait en ce point z_0 une valeur ω inférieure à π. Considérons une suite infinie de fonctions de la famille; on peut en extraire une suite partielle $f_n(z)$ telle que les nombres $f_n(z_0)$ aient une limite Z_0 finie ou infinie; traçons autour de z_0 un cercle (γ) assez petit pour que, dans ce cercle, l'oscillation sphérique de la famille, et par conséquent de la suite, ne dépasse pas $\omega + \eta$. On a, dans ce cercle,

$$|f_n(z_0), f_n(z)| < \omega + \eta.$$

Prenons n assez grand pour que

$$|Z_0, f_n(z_0)| < \eta,$$

on aura alors, lorsque z est dans (γ),

$$|Z_0, f_n(z)| < \omega + 2\eta.$$

Comme on peut prendre η assez petit pour que $\omega + 2\eta < \pi$, on voit que les points de la sphère correspondant aux valeurs que prend $f_n(z)$ quand z est dans (γ) ne pénètrent pas dans une certaine calotte sphérique. Les fonctions $f_n(z)$ formeraient alors une famille normale dans (γ), ce qui est contraire à l'hypothèse. L'oscillation en un point J est donc égale à π.

Considérons un point z_0 autour duquel une famille de fonctions continues n'est pas normale, et en lequel l'oscillation sphérique ω est *positive*. On peut donc, à chaque entier n, faire correspondre une fonction $f_n(z)$, telle que, dans le cercle de centre z_0 et de rayon $\frac{1}{n}$, l'oscillation de cette fonction soit supérieure à $\frac{\omega}{2}$. La suite $f_n(z)$ ainsi définie est une suite exceptionnelle. Elle comprend une infinité de fonctions distinctes, puisque les fonctions de la famille sont sphériquement continues au point z_0. Aucune suite partielle ne peut converger dans un cercle, si petit soit-il, de centre z_0, puisque, à partir d'un certain rang, toutes les fonctions ont dans ce cercle une oscillation supérieure à $\frac{\omega}{2}$. Ce point J est donc un point O et l'on voit que l'ensemble des points J en lesquels l'oscillation est positive appartient à l'ensemble des points O pour toute famille de fonctions sphériquement continues. Seuls, les points J où l'oscillation est nulle, peuvent ne pas être des points O.

Pour une famille de fonctions méromorphes, $\omega = \pi$; tous les points J sont des points O et l'ensemble des points irréguliers coïncide avec l'ensemble des points en lesquels l'oscillation sphérique est égale à π.

Tous les résultats qui précèdent s'appliquent évidemment à des fonctions $f(z)$ qui demeurent finies dans le domaine et, en particulier, aux familles de fonctions holomorphes.

Revenons maintenant à l'étude directe des familles normales de fonctions méromorphes.

65. Nombre des zéros des fonctions d'une famille normale. — Si une famille normale de fonctions holomorphes n'admet aucune limite égale à la constante a, le nombre des zéros de $f(z) - a$ est borné pour l'ensemble des fonctions de la famille, dans chaque domaine intérieur. Cette proposition est vraie pour les familles de fonctions méromorphes. Comme on peut, par une transformation homographique, supposer que a est la valeur infinie, nous allons démontrer que :

Si une famille normale de fonctions méromorphes dans un domaine (D) *n'admet aucune fonction limite égale à la constante infinie, le nombre des pôles est borné pour toutes les fonctions de la famille, dans l'intérieur de* (D).

Supposons que ce nombre ne soit pas borné : il existerait alors un domaine (D′) intérieur à (D) et une suite de fonctions $f_1(z)$,

$f_2(z), \ldots, f_n(z), \ldots$ de la famille telle que $f_n(z)$ admette au moins n pôles à l'intérieur de (D'). Puisque la famille est normale, on pourrait extraire de cette suite une autre suite $f_{n_p}(z)$ convergeant uniformément vers une fonction méromorphe $f_0(z)$, puisque la constante infinie est exclue. $f_0(z)$ aurait un nombre fini de pôles $z_1, z_2, \ldots, z_p$ à l'intérieur ou sur la frontière de (D'). Chacun d'eux, z_h, peut être entouré d'un cercle (γ_h) dans lequel on ait

$$\left|\frac{1}{f_0(z)} - \frac{1}{f_{n_p}(z)}\right| < \varepsilon,$$

à partir d'une certaine valeur de p.

Les fonctions $\frac{1}{f_0(z)}$ et $\frac{1}{f_{n_p}(z)}$ sont holomorphes dans ce cercle, et comme $\frac{1}{f_0(z)}$ n'est pas la constante zéro, $\frac{1}{f_{n_p}(z)}$ a, dans le cercle (γ_h), à partir d'un certain rang, un nombre de zéros égal à l'ordre de multiplicité du pôle z_h. D'ailleurs $f_{n_p}(z)$ ne peut, à partir d'un certain rang, avoir dans (D') des pôles extérieurs aux cercles (γ_h) car, par suite de la convergence uniforme, un point limite de pôles des $f_{n_p}(z)$ ne peut être qu'un pôle de $f_0(z)$. Le nombre des pôles de $f_{n_p}(z)$ intérieur à (D') resterait donc borné, ce qui contredit l'hypothèse.

Ce théorème s'appliquera en particulier si les modules des valeurs des fonctions de la famille en un point intérieur restent bornés. Si, en outre, les fonctions sont holomorphes, nous savons que leurs modules sont bornés dans chaque domaine intérieur.

66. **Propriétés quantitatives.** — *Si les valeurs au point z_0 des fonctions d'une famille normale ont leurs modules bornés, il existe un cercle de centre z_0 qui ne contient aucun pôle des fonctions de la famille.*

Dans le cas contraire, il existerait, quel que soit n, une fonction $f_n(z)$ ayant un pôle dans le cercle de centre z_0 et de rayon $\frac{1}{n}$. On pourrait extraire de la suite $f_1(z), f_2(z), \ldots, f_n(z), \ldots$ une suite partielle $f_{n_p}(z)$ uniformément convergente : la limite $f_0(z)$ de cette suite n'est pas la constante infinie puisque la valeur de $f_0(z_0)$ est finie. Il existe donc un cercle de centre z_0 à l'intérieur duquel les fonctions $f_{n_p}(z)$ restent finies à partir d'un certain rang. Elles ne peuvent donc avoir de pôles dans le voisinage de z_0.

Soit une famille de fonctions $f(z)$, normale dans un cercle de centre O et de rayon R, et supposons que la propriété permettant d'affirmer que la famille est normale se conserve par homothétie, comme il arrive pour les propriétés que nous avons citées. Supposons en outre que les modules des fonctions restent tous, à l'origine O, inférieurs à un nombre α (1). Soit r le rayon du plus grand cercle de centre O à l'intérieur duquel les fonctions n'ont pas de pôles : *le rapport* $\frac{r}{\mathrm{R}}$ *dépend de* α *et de la propriété considérée, mais non de* R.

Posons en effet

$$g(z) = f(\mathrm{R}z);$$

la famille des fonctions $g(z)$ se compose de toutes les fonctions possèdant la même propriété dans le cercle de rayon 1 et dont le module est inférieur à α en O; elle est normale dans le cercle. Le rayon ρ du plus grand cercle ne contenant pas de pôles ne dépend que de α et du caractère rendant la famille normale. Or, le rayon r relatif aux fonctions $f(z)$ est évidemment égal à $\rho\mathrm{R}$.

Dans un cercle concentrique de rayon θr, $(\theta < 1)$, les modules des fonctions demeurent inférieurs à un nombre Ω qui ne dépend que de α et du caractère permettant d'affirmer que la famille est normale. Cette proposition correspond au théorème de M. Schottky.

Voici maintenant une proposition correspondant au théorème de M. Landau.

Considérons toutes les fonctions dont le developpement de Taylor à l'origine commence par le binome $a_0 + a_1 z$, $|a_0|$ *étant inférieur à un nombre* α, *et* $|a_1|$ *supérieur à un nombre positif* β, *et soit un caractère* (K) *se conservant par homothétie et permettant d'affirmer qu'une famille est normale. Il existe un nombre* R_0 *tel que, dans tout cercle de centre* O *et de rayon supérieur à* R_0, *chacune de ces fonctions ou bien a perdu le caractère* (K) *ou bien a cessé d'être méromorphe. Le nombre* R_0 *ne dépend que de* α, *de* β *et du caractère* (K).

---

(1) La famille comprend toutes les fonctions qui possèdent la propriété considérée dans le cercle de rayon R et dont le module est inférieur à α à l'origine.

Considérons, en effet, toutes les fonctions méromorphes dans le cercle de rayon R, présentant le caractère (K) dans ce cercle, et dont le module à l'origine est inférieur à α. Elles sont holomorphes dans un cercle de rayon

$$r = R\rho(\alpha, K),$$

ρ étant indépendant de R. Soit $\Omega(\alpha, K)$ la limite supérieure de leurs modules sur le cercle de rayon $\frac{r}{2}$. On a

$$a_1 = \frac{1}{2i\pi}\int \frac{f(z)\,dz}{z^2},$$

l'intégrale étant étendue à la circonférence $|z| = \frac{r}{2}$. Par suite,

$$|a_1| \leqq \frac{\Omega(\alpha, K)}{\frac{1}{2}r},$$

et comme $|a_1| \geqq \beta$, il vient

$$R \leqq \frac{2\Omega(\alpha, K)}{\beta\rho(\alpha, K)} = R_0.$$

Considérons en particulier une fonction méromorphe dans tout le plan et soient a_0 et a_1 les deux premiers coefficients de son développement à l'origine supposé point régulier. Elle ne pourra présenter le caractère (K) dans un cercle de rayon plus grand que $R_0(a_0, a_1, K)$. Par exemple, une fonction méromorphe dans tout le plan ne peut admettre trois valeurs a, b, c qui soient toujours de rangs m, n, p avec la condition

$$\frac{1}{m} + \frac{1}{n} + \frac{1}{p} < 1.$$

Pour m, n, p infinis, on retrouve le théorème de M. Picard.

67. Fonctions à valeurs asymptotiques. — Cette démonstration du théorème de M. Picard, différente de celles que nous avions données jusqu'ici, ne s'étend pas au cas d'une fonction considérée au voisinage d'un point singulier essentiel. Pour étendre aux fonctions méromorphes le procédé de démonstration qui repose sur la considération d'une famille normale dans une couronne, il faut faire des hypothèses supplémentaires.

Supposons, par exemple, que la fonction possède une *valeur asymptotique*, c'est-à-dire qu'il existe une courbe Λ, appelée *chemin de détermination*, aboutissant au point singulier O, et sur laquelle la fonction tende vers une limite déterminée ω, finie ou infinie. Considérons, comme au paragraphe 42, les cercles (C_n) de rayon $\frac{1}{2^n}$, et la couronne fondamentale (Γ) limitée par (C_{-1}) et (C_2). *La fonction ne peut présenter au voisinage de* O *un caractère* (K) *permettant d'affirmer que la famille*

$$f_n(z)=f\left(\frac{z}{2^n}\right)$$

est normale dans (Γ).

Si la famille est normale, toutes ses fonctions limites sont égales à la constante ω. Soit, en effet, $f_{n_1}(z), f_{n_2}(z), \ldots, f_{n_p}(z), \ldots$ une suite uniformément convergente de fonctions de la famille. La courbe (Λ) coupe les cercles moyens des couronnes (Γ_{n_1}), $(\Gamma_{n_2}), \ldots, (\Gamma_{n_p}) \ldots$ en des points qui ont pour homothétiques sur le cercle moyen de (Γ_0), les points $a_{n_1}, a_{n_2}, \ldots, a_{n_p} \ldots$, et $f_{n_p}(a_{n_p})$ a pour limite ω. Soit a un point limite des a_{n_p} : la fonction limite ne peut avoir en a, qui appartient au cercle moyen, d'autre valeur que ω. Le raisonnement pouvant être répété pour tout cercle intermédiaire entre (C_0) et (C_1), la fonction limite, méromorphe dans la couronne (γ) limitée par (C_0) et (C_1), frontière comprise, prend la valeur ω en une infinité de points de cette couronne; elle est donc égale à la constante ω.

La fonction donnée, $f(z)$ tend uniformément vers ω dans le voisinage de O, qui ne peut être alors qu'un point ordinaire ou un pôle. Supposons, en effet, qu'il existe une suite de points z_1, $z_2, \ldots, z_p, \ldots$, tendant vers O, et un nombre ε_0 tel que

$$|f(z_p)-\omega|>\varepsilon_0.$$

Chacun de ces points appartiendrait à une couronne (γ'_{n_p}) homothétique de (γ), et aucune suite extraite de la suite $f_{n_1}(z)$, $f_{n_2}(z), \ldots, f_{n_p}(z), \ldots$ correspondante ne pourrait converger uniformément dans (γ) vers la constante ω. Il y aurait donc contradiction.

---

(1) On peut toujours supposer, en modifiant au besoin le chemin considéré, qu'il s'agit d'une courbe formée d'arcs analytiques ou d'une ligne polygonale, le nombre des arcs ou des côtés pouvant augmenter indéfiniment dans le voisinage de O.

A tout caractère (K) correspondra de même, *pour les fonctions à valeur asymptotique*, un théorème analogue à celui de M. Julia : on pourra trouver des demi-droites (J), partant de O, et telles que dans tout angle ayant (J) pour bissectrice, la fonction ne puisse présenter le caractère (K), si loin que l'on se place dans cet angle.

68. **Identités de M. Borel.** — En s'appuyant sur les théorèmes que nous venons d'établir, nous allons démontrer l'impossibilité de certaines identités entre des fonctions entières ou méromorphes. Nous savons qu'il n'y a pas de fonction entière pour laquelle les valeurs o et 1 sont toujours de rangs m et n avec la condition

$$\frac{1}{m}+\frac{1}{n}<1.$$

S'il existait une telle fonction entière $f(z)$, les fonctions

$$X=\sqrt[m]{f(z)}, \qquad Y=\sqrt[n]{1-f(z)},$$

dont les déterminations ont été fixées en un point donné, seraient entières, et vérifieraient l'identité

$$X^m+Y^n=1.$$

Donc, il n'est pas possible de trouver deux fonctions entières vérifiant cette identité lorsque

$$\frac{1}{m}+\frac{1}{n}<1.$$

Posons

$$X=1+\frac{G_1}{m}, \qquad Y=1+\frac{G_2}{n},$$

les fonctions G_1, G_2 sont entières comme X et Y. L'identité

$$\left(1+\frac{G_1}{m}\right)^m+\left(1+\frac{G_2}{n}\right)^n=1$$

est donc impossible. Le théorème de M. Picard correspond au cas où m et n sont infinis ; en faisant tendre m et n vers l'infini dans l'équation précédente, il vient

$$e^{G_1}+e^{G_2}=1;$$

cette dernière identité est impossible d'après le théorème de M. Picard. M. Borel a démontré en 1896, par une voie élémentaire, l'impossibilité de la dernière identité et donné ainsi une démonstration élémentaire du théorème de M. Picard. Il serait intéressant de démontrer, de même, par une voie élémentaire, l'impossibilité de l'identité

$$X^m + Y^n = 1.$$

Soit maintenant $f(z)$ une fonction méromorphe dans tout le plan, supposons que les valeurs 0, 1, ∞ soient toujours, pour cette fonction, des valeurs exceptionnelles respectivement de rangs m, n, p, et soit Z^p une fonction entière ayant pour zéros les pôles de $f(z)$. La fonction entière $Z^p f(z)$ ayant tous ses zéros de rang m est de la forme $-X^m$ et la fonction entière $Z^p[1-f(z)]$ ayant tous ses zéros de rang n est de la forme $-Y^n$; X, Y étant des fonctions entières. On a donc

$$Z^p f(z) = -X^m, \qquad Z^p[1-f(z)] = -Y^n,$$

d'où, par addition,

$$X^m + Y^n + Z^p = 0.$$

Réciproquement, si une telle identité est vérifiée par trois fonctions entières, on peut l'écrire

$$-\frac{X^m}{Z^p} = 1 + \frac{Y^n}{Z^p};$$

le premier membre représente une fonction méromorphe pour laquelle les valeurs 0, 1, ∞ sont toujours de rangs m, n, p. L'identité précédente a été étudiée par Halphen : on voit qu'il est impossible de la vérifier au moyen de fonctions entières lorsque

$$\frac{1}{m} + \frac{1}{n} + \frac{1}{p} < 1.$$

Pour la vérifier au moyen de fonctions uniformes, il faut introduire des fonctions ayant des singularités essentielles à distance finie.

Lorsque

$$\frac{1}{m} + \frac{1}{n} + \frac{1}{p} > 1,$$

il existe pour m, n, p un nombre limité de solutions en nombres entiers, qui interviennent dans la théorie des polyèdres réguliers. Pour chacune de ces solutions, l'identité peut être vérifiée au moyen de polynomes. Enfin, pour chaque solution en nombres entiers de l'égalité

$$\frac{1}{m} + \frac{1}{n} + \frac{1}{p} = 1,$$

l'identité peut être résolue en prenant, pour $\frac{X}{Z}$, $\frac{Y}{Z}$, des fonctions elliptiques, donc méromorphes dans tout le plan.

FAMILLES QUASI-NORMALES.

69. Définition. Propriétés des points irréguliers. — Une famille de fonctions méromorphes quasi-normale d'ordre q dans un domaine (D) est une famille de fonctions méromorphes telle que toute suite de fonctions de la famille donne naissance à une suite partielle qui converge uniformément à l'intérieur de (D), sauf en q points irréguliers au plus.

Étudions la nature de ces points irréguliers.

Rappelons d'abord, et précisons les résultats relatifs aux fonctions holomorphes. Un point ne peut être irrégulier pour une suite de fonctions holomorphes que dans le cas où la suite converge vers la constante infinie. On en déduit, comme nous l'avons vu, que tout point irrégulier est limite de racines des équations

$$f_n(z) = a,$$

quel que soit a. Il existe même une suite de fonctions $f_1(z)$, $f_2(z)$, $\ldots$, $f_n(z)$, $\ldots$ de la famille possédant la propriété suivante : *a étant donné, toutes les équations $f_n(z) = a$ admettent, à partir d'un certain rang, des racines dans le voisinage du point irrégulier* A. En effet, si A est un point irrégulier, il existe une suite (S) de fonctions qui converge uniformément, sauf en A, et telle qu'aucune suite extraite de (S) ne converge uniformément en A. Or, s'il existait une infinité de fonctions de (S) ne prenant pas la valeur a, cette suite infinie convergerait uniformément au point A.

Supposons qu'il existe une suite de fonctions de la famille, uniformément convergente, sauf en A, et telle que, à partir d'un certain rang, l'équation

$$f_n(z) = a$$

admette μ racines à l'intérieur d'un cercle arbitrairement petit entourant A, et qu'il n'y ait pas de suite telle que les équations aient $\mu + 1$ racines. Nous dirons alors que le point A est un *point irrégulier d'ordre* μ.

La définition de l'ordre est indépendante du nombre a choisi. Supposons, par exemple, qu'il existe une suite uniformément convergente, sauf en A, pour laquelle $f_n(z) - a$ ait μ zéros. Cette suite converge uniformément vers l'infini sur la circonférence d'un cercle assez petit de centre A. Pour n assez grand, on a, sur la circonférence,

$$\left|\frac{a-b}{f_n(z)-a}\right| < 1 \qquad (b \neq a),$$

donc l'équation

$$f_n(z) - a + (a - b) = f_n(z) - b = 0$$

admet aussi, d'après le théorème de Rouché, μ zéros à l'intérieur du cercle.

Voici des exemples : la famille des fonctions $f_n(z) = 1 + nz$ est quasi-normale dans un domaine comprenant l'origine, et admet l'origine comme point irrégulier; ce point est irrégulier d'ordre 1, car l'équation

$$1 + nz = a$$

admet, quel que soit a, une racine dans le voisinage de l'origine.

De même, la famille $f_n(z) = 1 + nz^2$ admet l'origine comme point irrégulier d'ordre 2. La famille $f_n(z) = 1 + n!\, z^n$ admet l'origine comme point irrégulier, mais ce point n'a pas un ordre fini. En effet, l'équation $f_n = a$, c'est-à-dire $z^n = \frac{a-1}{n!}$, admet n racines qui tendent vers zéro quand n augmente indéfiniment.

Considérons une famille quasi-normale de fonctions holomorphes, d'ordre q. Si toute suite extraite de cette famille donne naissance à une suite dont tous les points irréguliers soient d'ordre fini et si la somme de ces ordres

$$\mu_1 + \mu_2 + \ldots + \mu_h$$

ne dépasse pas un entier p, nous dirons que la famille est quasi-normale d'*ordre total* p. Par exemple, une famille de fonctions ne prenant pas plus de p fois la valeur zéro, ni plus de q fois la valeur 1, $(p \leqq q)$ est d'ordre total p.

Une suite convergente de fonctions méromorphes peut avoir des points irréguliers sans converger vers la constante infinie : elle peut converger en dehors de ces points vers une fonction méromorphe ou holomorphe. Par exemple, la suite des fonctions

$$f_n(z) = f(z) + \frac{g(z) - f(z)}{1 + n\,\mathrm{P}(z)},$$

où $f(z)$ et $g(z)$ sont deux fonctions holomorphes ou méromorphes, et $\mathrm{P}(z)$ un polynome, converge uniformément vers $f(z)$, sauf aux racines z_i de $\mathrm{P}(z)$, où elle tend vers $g(z_i)$.

Si un point z_0 est irrégulier pour une famille quasi-normale de fonctions méromorphes, il existe une suite de fonctions de la famille telle que, quel que soit a, l'équation

$$f_n(z) - a = 0$$

ait des racines voisines de z_0, à partir d'un certain rang, sauf peut-être pour une seule valeur de a.

S'il n'en était pas ainsi, de toute suite infinie de fonctions de la famille, on pourrait extraire une suite infinie ne prenant pas une certaine valeur a' dans un cercle assez petit de centre z_0; de cette suite, on pourrait extraire une suite nouvelle ne prenant pas une certaine valeur a''. Par la transformation

$$g(z) = \frac{f(z) - a'}{f(z) - a''},$$

cette dernière suite devient une suite quasi-normale de fonctions holomorphes ne prenant pas la valeur zéro; on peut donc, comme nous l'avons vu, en extraire une troisième suite qui converge uniformément même en z_0 : le point z_0 ne serait donc pas irrégulier.

Soit une suite de fonctions méromorphes $f_n(z)$ convergeant uniformément autour d'un point irrégulier z_0; s'il existe un *nombre a' tel que, à partir d'un certain rang, la fonction*

$$f_n(z) - a'$$

ait μ' zéros au plus voisins de z_0, μ' étant un entier fixe, la fonction limite est méromorphe en z_0.

En d'autres termes, il existe un cercle fixe (C) de centre z_0, à l'intérieur duquel chaque fonction $f_n - a'$ n'a pas plus de μ' zéros; ces zéros tendent tous vers z_0 et nous supposons qu'il existe une infinité de fonctions ayant effectivement μ' zéros. On peut admettre qu'il en est ainsi pour la suite $f_n(z)$.

On peut, en effectuant au besoin une transformation homographique, être ramené au cas où a' est infini. Soient $z_1, z_2, \ldots, z_{\mu'}$, tous les pôles de la fonction $f_n(z)$ situés dans (C).

La fonction

$$\varphi_n(z) = f_n(z)(z - z_1)(z - z_2)\ldots(z - z_{\mu'})$$

est holomorphe dans (C). Quand n augmente indéfiniment $f_n(z)$ tend vers une limite $f_0(z)$, qui peut être la constante infinie. Supposons d'abord que $f_0(z)$ soit une fonction méromorphe ordinaire, sauf peut-être en z_0. La convergence est uniforme, au sens ordinaire, sur la circonférence (C).

Quant au produit $f_n(z)(z - z_1)(z - z_2), \ldots, (z - z_{\mu'})$, il converge uniformément vers une limite finie sur la circonférence (C); il en est de même à l'intérieur de (C), et la limite $\varphi_0(z)$ est holomorphe; donc, la fonction

$$f_0(z) = \frac{\varphi_0(z)}{(z - z_0)^{\mu'}}$$

est méromorphe dans (C), même au point z_0. Dans le cas où $f_0(z)$ est la constante infinie, le théorème demeure vrai, puisque nous considérons cette constante comme une fonction méromorphe.

La convergence de $\varphi_n(z)$ vers $\varphi_0(z)$ est uniforme au voisinage de z_0. Si $\varphi_0(z_0)$ n'était pas nul, $f_n(z)$ convergerait uniformément en z_0. Le point z_0 serait pour $f_0(z)$ un pôle d'ordre μ' exactement et ne serait pas irrégulier. Donc $\varphi_0(z_0)$ est nulle; la convergence de $f_n(z)$ peut alors cesser d'être uniforme parce que $f_n(z)$ est le quotient de deux fonctions qui convergent uniformément en z_0, mais toutes deux vers zéro. Deux hypothèses sont alors possibles :

ou bien $\varphi_0(z)$ est la constante nulle, et il en est de même de $f_0(z)$; ou bien toutes les fonctions $\varphi_n(z)$ ont des zéros voisins de z_0; alors les $f_n(z)$ ont des zéros voisins de z_0.

La suite de fonctions méromorphes

$$f_n(z) = \left(\frac{1}{1+nz}\right)^n$$

converge uniformément sauf à l'origine qui est un point singulier essentiel pour la limite $e^{\frac{1}{z}}$. Dans cet exemple, pour tout nombre a' les équations $f_n(z) = a'$ ont une infinité de zéros dans le voisinage de l'origine.

La connaissance d'une valeur a' qui est prise μ' fois au plus par les fonctions d'une suite ne peut donner aucun renseignement pour les autres valeurs. Par exemple, la suite

$$f_n(z) = \frac{z}{1+nz}$$

admet l'origine comme point irrégulier; $f_n(z)$ prend une fois toute valeur a dans le voisinage de l'origine.

Au contraire, la fonction

$$f_n(z) = \frac{z}{1+n!\,z^n}$$

admet bien une seule racine voisine de l'origine, mais l'équation

$$1+n!\,z^n - \frac{z}{a} = 0,$$

qui donne les zéros de $f_n(z) - a$, admet, pour n suffisamment grand, d'après le théorème de Rouché, n racines voisines de l'origine. Le théorème suivant va nous donner un résultat précis.

70. **Ordre d'un point irrégulier, ordre total.** — *Soit une suite de fonctions méromorphes convergeant uniformément autour d'un point irrégulier z_0. Si les équations*

$$f_n(z) = a', \qquad f_n(z) = a''$$

n'ont, respectivement, pas plus de μ' et μ'' racines voisines de z_0, les équations $f_n(z) = a$ auront, à partir d'un certain rang, *sauf peut-être pour une valeur de a, un nombre de racines inférieur à une limite fixe μ.*

L'expression racines voisines de z_0 doit être entendue comme au paragraphe précédent.

En effectuant au besoin une transformation homographique, nous pouvons être ramenés au cas où $a' = \infty$ et $a'' = 0$. Nous supposons que toutes les fonctions de la suite ont effectivement μ'' zéros et μ' pôles. S'il y avait une infinité de fonctions ne vérifiant pas cette condition, on pourrait recommencer la démonstration avec des valeurs différentes pour le nombre des zéros et celui des pôles.

Les pôles de $f_n(z)$ étant $z_1, z_2, \ldots, z_{\mu'}$ et les zéros $z'_1, z'_2, \ldots, z'_{\mu''}$, posons

$$f_n(z) = \frac{\varphi_n(z)}{(z - z_1)\ldots(z - z_{\mu'})},$$

$$\varphi_n(z) = \psi_n(z)(z - z'_1)\ldots(z - z'_{\mu''});$$

$\varphi_n(z)$ et $\psi_n(z)$ sont des fonctions holomorphes dans un cercle fixe (γ) de centre z_0 dans lequel $\psi_n(z)$ ne s'annule pas.

Supposons d'abord que la limite $f_0(z)$ de $f_n(z)$ ne soit ni la constante nulle, ni la constante infinie, et soit $\mu' \geqq \mu''$. La convergence des fonctions holomorphes $\varphi_n(z)$ et $\psi_n(z)$ est uniforme sur la circonférence (γ); elle est donc uniforme à l'intérieur et les fonctions limites

$$\varphi_0(z) = f_0(z)(z - z_0)^{\mu'}, \qquad \psi_0(z) = \frac{\varphi_0(z)}{(z - z_0)^{\mu''}}$$

sont holomorphes et distinctes de la constante zéro et de la constante infinie. Il en résulte que $\psi_0(z_0)$ n'est pas nul, puisque $\psi_n(z)$ ne s'annule pas au voisinage de z_0. Considérons la fonction holomorphe

$$F_0(z) = \varphi_0(z) - a(z - z_0)^{\mu'} = (z - z_0)^{\mu''}[\psi_0(z) - a(z - z_0)^{\mu' - \mu''}],$$

limite de la suite

$$F_n(z) = \varphi_n(z) - a(z - z_1)\ldots(z - z_{\mu'});$$

pour que $F_0(z)$ fût identiquement nulle, il faudrait que son second facteur le fût. Comme $\psi_0(z_0) \neq 0$, on devrait avoir

$$\mu' = \mu'', \qquad a = \psi_0(z_0).$$

Supposons $\mu' > \mu''$: $F_0(z)$ admet z_0 comme racine d'ordre μ'' exactement, et comme $F_0(z)$ n'est pas nulle, $F_n(z)$ admet, quel que soit a, μ'' racines voisines de z_0 : le nombre μ de l'énoncé est le plus petit des nombres μ' et μ'', et la valeur exceptionnelle, qui est ici la valeur infinie, est celle qui correspond au plus grand.

Soit maintenant $\mu' = \mu''$. Si a n'est pas égal à $\psi_0(z_0)$, les mêmes conclusions sont valables, mais l'infini n'est plus une valeur exceptionnelle. La démonstration ne nous apprend rien sur les zéros de $f_n - \psi_0(z_0)$ qui peuvent être en nombre quelconque. La valeur exceptionnelle peut être $\psi_0(z_0)$.

Supposons enfin que $f_0(z)$ soit la constante nulle : $\varphi_0(z)$ est aussi la constante nulle, et la convergence de $\varphi_n(z)$ ne cesse pas d'être uniforme. Il en résulte que, à partir d'un certain rang, on a

$$\left| \frac{a(z-z_1)\ldots(z-z_{\mu'})}{\varphi_n(z)} \right| > 1,$$

puisque le numérateur a une limite différente de zéro. A partir de ce rang, d'après le théorème de Rouché, $F_n(z)$ admet exactement μ' racines à l'intérieur de (γ). Il y a donc, pour toute valeur de a, y compris la valeur infinie, μ' racines voisines de z_0, exception faite pour la valeur zéro qui donne μ'' racines. Si $f_0(z)$ était la constante infinie, on remplacerait $f_n(z)$ par $\frac{1}{f_n(z)}$. La démonstration s'applique au cas où μ'' est nul. Nous savons déjà que, dans ce cas, le point ne peut être irrégulier si $f_0(z)$ n'est pas la constante nulle. D'ailleurs ce cas se ramène à celui des fonctions holomorphes.

La démonstration nous fournit le moyen d'obtenir, dans tous les cas, la valeur exceptionnelle. Voici quelques exemples.

La fonction

$$f_n(z) = \frac{z}{1+nz}$$

prend toute valeur a en un point voisin de l'origine : il n'y a pas de valeur exceptionnelle.

La suite de fonctions

$$f_n(z) = \frac{1+nz+z^3}{1+nz}$$

converge vers 1 en tous les points du plan, mais la convergence n'est pas uniforme autour de l'origine. La fonction $f_n(z)$ admet, pour n très grand, un pôle voisin de l'origine; elle admet également pour n très grand, d'après le théorème de Rouché, un zéro voisin de l'origine. On a donc ici $\mu' = 1$, $\mu'' = 1$; nous sommes donc assurés que l'équation $f_n(z) = a$ admet une racine voisine de l'origine, sauf peut-être pour la valeur $\psi_0(0)$. On obtient immédiatement

$$\varphi_n(z) = z + \frac{1 + z^3}{n}, \qquad \varphi_0(z) = z;$$

$\psi_0(z)$ est la constante 1. L'équation

$$f_n(z) = 1$$

admet en effet une racine triple à l'origine.

Soit maintenant la suite

$$f_n(z) = \frac{1 + nz + \dfrac{z^n}{n!}}{1 + nz}$$

pour laquelle on a aussi

$$\mu' = 1, \qquad \mu'' = 1,$$

la valeur exceptionnelle est encore 1. L'équation

$$f_n(z) = 1 \qquad \text{ou} \qquad \frac{z^n}{n!} = 0$$

admet n racines nulles. On voit donc que, pour la valeur exceptionnelle, tous les cas peuvent se présenter.

Soit une suite convergente de fonctions méromorphes $f_n(z)$ admettant un point irrégulier z_0. Nous dirons que z_0 est un *point irrégulier d'ordre* μ si les équations $f_n(z) = a$ admettent, à partir d'un certain rang, μ racines au plus voisines de z_0, sauf peut-être pour une seule valeur de a, et si, pour une infinité de fonctions $f_n(z)$, la limite μ est effectivement atteinte.

Étant donnée une famille quasi-normale, si toute suite de fonctions de la famille donne naissance à une suite convergente dont tous les points irréguliers soient d'ordre fini, la somme de leurs ordres restant inférieure à un entier p, nous dirons que la famille est quasi-normale d'*ordre total* p.

71. Familles quasi-normales de fonctions dont le nombre des zéros est borné. — *Une famille quasi-normale de fonctions méromorphes dans un domaine* (D) *où elles n'ont pas plus de* q *zéros et restent bornées en* $q+1$ *points fixes intérieurs ne peut admettre la constante infinie comme fonction limite.*

On peut supposer, plus généralement, que les modules des valeurs de chaque fonction et de ses $\alpha_1 - 1$ premières dérivées sont bornés en un point z_1; les modules des valeurs de chaque fonction et de ses $\alpha_2 - 1$ premières dérivées sont bornés en un point z_2, etc.; les modules des valeurs de chaque fonction et de ses $\alpha_k - 1$ premières dérivées sont bornés en z_k, pourvu que

$$\alpha_1 + \alpha_2 + \ldots + \alpha_k = q + 1.$$

Nous dirons pour abréger que les fonctions vérifient les conditions (c_{q+1}).

Supposons, en effet, qu'il existe une suite convergeant vers la constante infinie. Considérons une courbe (C) intérieure à (D), entourant les points $z_1, z_2, \ldots, z_k$, et ne passant par aucun point irrégulier de la suite. Soit $P_n(z)$ le polynome de degré q, prenant aux points z_i, ainsi que ses dérivées jusqu'à l'ordre $\alpha_i - 1$, les mêmes valeurs que $f_n(z)$ et ses dérivées.

Le module de $P_n(z)$ est borné quel que soit n puisque les points z_i sont fixes et les valeurs données ont leurs modules bornés : il suffit de se reporter à l'expression même de ce polynome.

L'équation

$$f_n(z) - P_n(z) = 0 \tag{1}$$

admet au moins $q+1$ racines à l'intérieur de (C).

Soient $z'_1, z'_2, \ldots, z'_r$ les pôles de $f_n(z)$ situés dans un domaine (D') intérieur à (D) et contenant (C). Posons

$$Q_n(z) = (z - z'_1)(z - z'_2)\ldots(z - z'_r),$$
$$\varphi_n(z) = f_n(z)\,Q_n(z),$$

$\varphi_n(z)$ est holomorphe dans (D'). L'équation

$$\varphi_n(z) - P_n(z)\,Q_n(z) = 0 \tag{2}$$

admet les mêmes racines que (1) et son premier membre est une fonction holomorphe dans (D'). Elle devrait admettre au moins $q+1$ racines à l'intérieur de (C). Mais $\varphi_n(z)$ admet par hypothèse q racines au plus, ce sont celles de $f_n(z)$, et, à partir d'un certain rang, on a sur la courbe (C)

$$\left|\frac{P_n(z)\,Q_n(z)}{\varphi_n(z)}\right| = \left|\frac{P_n(z)}{f_n(z)}\right| < 1,$$

puisque $|P_n(z)|$ reste borné et que $f_n(z)$ converge uniformément vers l'infini sur la courbe : l'équation (2) ne devrait donc admettre que q racines, ce qui conduit à une contradiction.

Remarquons que si une suite infinie quasi-normale de fonctions méromorphes ne converge pas vers la constante infinie, tout point irrégulier effectif, c'est-à-dire irrégulier pour toute suite partielle, a dans son voisinage, des pôles de toutes les fonctions. S'il existait, en effet, une infinité de fonctions n'ayant pas de pôles au voisinage de ce point, elles seraient holomorphes et, par conséquent, convergeraient uniformément en ce point.

Une famille quasi-normale de fonctions $f(z)$, méromorphes dans un domaine (D) où elles n'ont pas plus de q zéros ni plus de r pôles, et vérifient les conditions (c_{q+1}), est une famille quasi-normale d'ordre total fini.

Considérons en effet une suite convergente (S) de fonctions de la famille : elle a un nombre fini de points irréguliers. Soit A_1 un de ces points, il est limite de pôles; extrayons de la suite (S) une suite partielle de fonctions ayant toutes exactement α_1 pôles voisins de A_1, et, de celle-ci, une autre suite de fonctions ayant exactement β_1 zéros voisins de A_1, β_1 pouvant être nul, mais ne pouvant dépasser q. Opérons sur cette suite comme sur la première, en considérant un second point irrégulier A_2, etc. Comme la somme $\alpha_1+\alpha_2+\ldots$ ne peut dépasser r, nous serons arrêtés au bout d'un nombre fini d'opérations. Soient $A_1, A_2, \ldots, A_h$ les points irréguliers considérés, seuls points irréguliers de la dernière suite partielle. Si la fonction limite est la constante nulle, l'ordre du point A_i est α_i; sinon, l'ordre de A_i est le plus petit des nombres α_i et β_i. La somme des ordres des points irréguliers est donc au plus égale à la somme des α_i, c'est-à-dire à r. Nous avons donc extrait d'une suite donnée de fonctions de la famille une suite partielle d'ordre total r au plus : la famille est donc d'ordre total r au plus.

72. Cas ou les fonctions limites sont finies. — Lorsque, pour une famille normale de fonctions holomorphes, la constante infinie n'est pas une fonction limite dans un domaine (D), les fonctions ont leurs modules bornés dans leur ensemble dans chaque domaine intérieur à (D).

Cette proposition n'est évidemment plus exacte quand il s'agit de fonctions méromorphes, mais on peut obtenir une proposition correspondante en isolant, au moyen de petits cercles, les pôles de chaque fonction.

Considérons une famille quasi-normale de fonctions méromorphes dans un domaine (D) *dont aucune fonction limite n'est la constante infinie. A chaque domaine* (D_1), *intérieur à* (D), *et à chaque nombre positif* δ, *on peut faire correspondre un nombre* Ω *tel que*

$$|f(z)| < \Omega,$$

à l'intérieur du domaine obtenu en retranchant de (D_1) *les points intérieurs aux cercles* (γ) *de rayon* δ *ayant pour centres les pôles de* $f(z)$ *contenus dans* (D_1).

Dans le cas contraire, en effet, il existerait une suite de fonctions $f_1(z), f_2(z), \ldots, f_p(z), \ldots$ de la famille, et une suite de points $z_1, z_2, \ldots, z_p \ldots$ de (D_1), tels que l'on ait

$$|f_1(z_1)| > 1, \qquad |f_2(z_2)| > 2, \qquad \ldots, \qquad |f_p(z_p)| > p, \qquad \ldots,$$

z_p étant extérieur aux cercles de rayon δ décrits autour des pôles de $f_p(z)$. Nous pouvons extraire de la suite précédente une suite nouvelle que nous appellerons encore $f_1(z), f_2(z), \ldots, f_p(z), \ldots$, qui convergerait uniformément, sauf en nombre fini de points irréguliers, vers une fonction $f_0(z)$, autre que la constante infinie, dans un domaine (D_2) contenant (D_1) et contenu dans (D).

Soit A un point irrégulier; prenons-le pour centre d'un cercle (γ_0) de rayon $\frac{\delta}{2}$; à partir d'un certain rang, toutes les fonctions de la suite ont un pôle à l'intérieur de ce cercle. Soit de même B, un pôle de $f_0(z)$ qui n'est pas un point irrégulier; prenons-le pour centre d'un cercle (γ'_0) de rayon $\frac{\delta}{2}$. La même conclusion est valable puisque les fonctions $\frac{1}{f_p(z)}$ restent holomorphes et convergent uniformément dans ce cercle ou dans un cercle plus petit, et que la limite n'est pas la constante nulle.

D'ailleurs, à partir d'un certain rang, les fonctions $f_p(z)$ n'ont pas de pôles intérieurs à (D_2) en dehors de ces cercles, car tout point limite de pôles des $f_p(z)$, intérieur à (D), ne peut être qu'un pôle de $f_0(z)$ ou un point irrégulier.

Les fonctions $f_p(z)$ holomorphes dans le domaine constitué par le domaine (D_2) dont on a retranché les cercles (γ_0) et (γ'_0) convergent uniformément dans ce domaine. Leur limite $f_0(z)$ est une fonction holomorphe, elle est donc bornée en module dans ce domaine. Soit M sa borne supérieure; à partir d'un certain rang, on a

$$|f_p(z) - f_0(z)| < 1,$$

donc

$$|f_p(z)| < 1 + M.$$

Or, traçons les cercles (γ_p) de rayon δ ayant pour centres chacun des pôles de $f_p(z)$. A partir d'un certain rang chacun des cercles (γ_0) et (γ'_0) est intérieur à l'un de ces cercles. A partir de ce rang on a

$$|f_p(z)| < 1 + M,$$

dans le domaine (D_1) dont on a retranché les cercles (γ_p), ce qui est en contradiction avec l'hypothèse que, en un point z_p de ce domaine, on a

$$|f_p(z_p)| > p.$$

La proposition est donc démontrée.

CHAPITRE VI.

FAMILLES QUASI-NORMALES PARTICULIÈRES.

FAMILLES DE FONCTIONS A VALEURS QUASI-EXCEPTIONNELLES.

73. **Critère fondamental.** — Voici, pour les familles quasi-normales, un critère analogue à celui que nous avons introduit au paragraphe 36.

Les fonctions $f(z)$, méromorphes dans un domaine (D), prenant dans ce domaine p fois au plus une valeur a, q fois au plus une valeur b, r fois au plus une valeur c, forment une famille quasi-normale dans ce domaine. L'ordre de cette famille est égal au nombre moyen de la suite p, q, r et son ordre total est fini.

Nous pouvons supposer que les nombres a, b, c soient respectivement 1, 0, ∞ et que $p \geqq q \geqq r$ [1].

Considérons une suite (S_1) de fonctions de la famille, et soit A_1 un point limite des pôles de ces fonctions situé à l'intérieur de (D); il existe un nombre λ_1 tel qu'une infinité de fonctions de (S_1) aient λ_1 pôles dans un cercle arbitrairement petit de centre A_1 et qu'il n'y en ait qu'un nombre fini ayant λ_1+1 pôles dans un certain cercle de centre A_1; le nombre λ_1 est au plus égal à r. Soit (S_2) une suite extraite de (S_1) et dont toutes les fonctions aient exactement λ_1 pôles voisins de A_1, et A_2 un point limite des pôles des fonctions de la suite (S_2) distinct de A_1. Nous opérons sur la suite (S_2) et le point A_2 comme nous venons de le faire sur la

[1] Si les nombres p, q, r ne sont pas rangés par ordre de grandeur décroissante, il suffit de remplacer f par $\frac{1}{f}$, ou $1-f$, ou $1-\frac{1}{f}$, ou $\frac{1}{1-f}$, ou $\frac{f}{f-1}$.

suite (S_1) et le point A_1, et ainsi de suite. Au bout d'un nombre fini h d'opérations, nous obtiendrons une suite (S_h) dont toutes les fonctions auront λ_1 pôles voisins de A_1, λ_2 pôles voisins de A_2, ..., λ_h pôles voisins de A_h. La somme

$$\lambda_1 + \lambda_2 + \ldots + \lambda_h$$

étant égale ou inférieure à r, si, de chacun de ces points comme centre, nous décrivons un cercle de rayon ρ, arbitraire mais fixe, les fonctions de (S_h), à partir d'un rang que je peux supposer être le premier, n'ont plus de pôles à l'extérieur de ces cercles. Elles forment donc, dans le domaine (D') constitué par le domaine (D) dont on a enlevé les points intérieurs à ces cercles, une famille quasi-normale de fonctions holomorphes puisqu'elles ne prennent pas plus de p fois la valeur 1, ni plus de q fois la valeur 0. Nous pouvons en extraire une dernière suite (Σ) qui converge dans (D'). Deux cas peuvent alors se présenter.

1° La limite est une fonction holomorphe. Alors la convergence est uniforme dans (D'). Si nous remplaçons les cercles de rayon ρ par des cercles de rayon plus petit ρ', les fonctions de (Σ) finissent par être holomorphes dans le nouveau domaine (D'') constitué par le domaine (D) dont on a enlevé les points intérieurs à ces nouveaux cercles; elles forment une famille normale dans ce domaine, puisqu'elles forment une famille quasi-normale n'admettant pas pour limite la constante infinie. D'après le théorème de Stieltjès, la suite (Σ) converge uniformément dans (D''). La convergence est donc uniforme dans (D), sauf peut-être dans le voisinage des points A, dont le nombre est au plus égal à r. Ces points peuvent être des pôles pour la fonction limite, mais non des points singuliers essentiels.

2° La limite est la constante infinie. Alors la convergence est uniforme dans (D'), sauf au voisinage de certains points B qui, comme nous l'avons rappelé au début du Chapitre précédent, ont, dans leur voisinage, des zéros de toutes les fonctions de (Σ) à partir d'un certain rang. Les points irréguliers ne pourront être que les points A et les points B : je dis que le nombre total des points irréguliers est au plus q. Supposons, en effet, qu'il existe une suite infinie de fonctions $f_n(z)$ extraite de (Σ) et n'ayant pas de zéros au voisinage de A_1. Les fonctions $\frac{1}{f_n}$ sont holomorphes dans un cercle de centre (A_1) et tendent uniformément vers zéro sur la circonférence, la convergence est donc uniforme à l'intérieur, et A_1 n'est pas irrégulier. Seuls subsistent comme points irréguliers ceux qui ont dans leur voisinage des zéros de toutes les fonctions à partir d'un certain rang, leur nombre ne peut dépasser q.

On achèverait la démonstration comme précédemment en montrant que la suite (Σ) qui converge uniformément dans un domaine (D'_1), constitué par le domaine (D) dont on a retranché les points intérieurs aux cercles de rayon ρ ayant pour centres les points A et les points B, converge encore uniformément dans le domaine obtenu en réduisant le rayon ρ. L'ordre de chacun des points irréguliers est évidemment fini. Cet ordre étant égal au nombre des zéros ou au nombre des pôles de $f_n(z)$ voisins de ce point, l'ordre total est aussi fini, puisque la somme des nombres des pôles et des zéros ne peut dépasser $q+r$. Remarquons enfin que, si la limite $f(z)$ n'est pas la constante infinie elle ne peut avoir comme pôles que des points limites de pôles de toutes les fonctions de la suite, que ces points soient ou non irréguliers.

Si les fonctions vérifient en outre les conditions (c_{q+1}), la limite ne peut être la constante infinie.

La démonstration montre alors que, dans ce cas, l'ordre de la famille ne dépasse pas r.

74. Extension du théorème de M. Schottky. — Considérons en particulier la famille des fonctions $f(z)$, méromorphes dans un cercle de centre O et de rayon R, ne prenant pas plus de p fois la valeur *un*, ni plus de q fois la valeur zéro, ni plus de r fois la valeur infinie $(p \geqq q \geqq r)$, et dont le développement de Taylor à l'origine commence par les $q+1$ mêmes premiers termes

$$f(z) = a_0 + a_1 z + \ldots + a_q z^q + \ldots.$$

Ces fonctions vérifient les conditions (c_{q+1}), car les valeurs de $f(z)$ et de ses q premières dérivées sont données pour $z=0$; elles ne peuvent donc avoir pour limite la constante infinie. Deux nombres positifs θ et δ étant donnés, il existe un nombre Ω qui est supérieur au module de toutes ces fonctions dans le cercle de rayon θR $(\theta < 1)$, en excluant pour chaque fonction les cercles de rayon δ décrits autour de ses pôles. Le nombre Ω dépend de θ, δ, $a_0, a_1, \ldots, a_q$ et R.

Cette proposition généralise le théorème de M. Schottky. Pour $r=0$, les cercles (γ) n'existent pas, nous retrouvons la proposition déjà obtenue relative aux fonctions holomorphes. Si $q=p=0$, on retombe sur le théorème de M. Schottky.

75. **Généralisations.** — Une partie des résultats du paragraphe 73 s'étend aux familles de fonctions pour lesquelles les valeurs 1, 0, ∞ sont respectivement de rang λ, μ, ν, sauf au plus p, q, r racines irrégulières. La marche de la démonstration n'est pas tout à fait la même, car les fonctions de la suite (S_h) ne sont plus ici holomorphes dans le domaine (D').

Après avoir obtenu la suite (S_h) dont les pôles irréguliers s'accumulent autour des points A_1, A_2, ..., A_h, nous opérons sur (S_h) comme sur (S_1), en considérant cette fois les zéros irréguliers, puis les racines irrégulières de $f(z)=1$, La dernière suite (S_l) obtenue aura tous ses pôles irréguliers au voisinage des points $A_1, A_2, \ldots, A_h$, tous ses zéros irréguliers dans le voisinage des points B_1, $B_2, \ldots, B_k$ et toutes les racines irrégulières de $f(z)=1$ seront dans le voisinage de $C_1, C_2, \ldots. C_l$: cette suite constituera une famille normale dans le domaine obtenu en retranchant du domaine (D') des cercles entourant ces points, et l'on pourra en extraire une suite (Σ) qui convergera uniformément, sauf en ces points. Mais il ne nous est plus possible de réduire, comme précédemment, le nombre de ces points, à cause de la présence des pôles réguliers dont le nombre n'est pas limité et dont la position est inconnue. Nous pouvons donc affirmer seulement que la famille est d'ordre $p+q+r$ au plus.

Une famille de fonctions holomorphes sans zéros est normale lorsque chaque fonction prend moins de p fois la valeur *un*. On peut énoncer une proposition analogue pour les fonctions méromorphes dont les valeurs 1, 0, ∞ sont de rang λ, μ, ν.

Si une famille de fonctions méromorphes $f(z)$ admet les valeurs 1, 0, ∞ comme valeurs exceptionnelles de rangs λ, μ, ν, sauf peut-être $p - 1$ racines irrégulières au plus pour l'équation $f(z) = 1$, p étant un diviseur commun de λ et de μ, vérifiant l'inégalité

$$\frac{p}{\lambda} + \frac{p}{\mu} + \frac{1}{\nu} < 1,$$

la famille est normale.

Posons en effet $g(z) = \sqrt[p]{f(z)}$ en choisissant arbitrairement la détermination de $g(z_0)$. La fonction $g(z)$ est uniforme, méromorphe et les valeurs 0 et ∞ sont pour cette fonction respectivement de rang $\frac{\lambda}{p}$ et $\frac{\mu}{p}$. Soient $\omega_0 = 1, \omega_1, \omega_2, \ldots, \omega_{p-1}$ les racines $p^{\text{ièmes}}$ de l'unité : une racine de $g(z) = \omega_i$ est racine du même ordre de multiplicité de $f(z) = 1$; il y a donc une valeur de i telle que $g(z) = \omega_i$ ait toutes ses racines régulières, sinon $f(z) - 1$ aurait p zéros irréguliers. Posons $h(z) = \frac{g(z)}{\omega_i}$; la famille $h(z)$ est normale : il en est de même de la famille $f(z)$.

76. Extension du théorème de M. Landau. — Nous allons maintenant supposer que les fonctions $f(z)$ vérifient des conditions (c_{q+r+2}) au lieu des conditions (c_{q+1}). Nous supposerons donc que l'une des trois conditions suivantes soit remplie :

1° les valeurs de $f(z)$ sont données ou bornées en $q + r + 2$ points fixes;

2° les valeurs de $f(z)$ et de ses $q + r + 1$ premières dérivées en un point fixe sont données ou bornées;

3° en chacun des k points fixes $z_1, z_2, \ldots, z_k$, on donne, ou on borne les valeurs de $f(z)$ et, respectivement, de ses $(\alpha_1 - 1)$, $(\alpha_2 - 1), \ldots, (\alpha_k - 1)$ premières dérivées, avec la condition

$$\alpha_1 + \alpha_2 + \ldots + \alpha_k = q + r + 2.$$

Je dis que, dans chacun de ces cas, il existe un nombre R ne dépendant que des données tel que, dans tout cercle de centre origine et de rayon supérieur à R, toute fonction cesse d'être méromorphe, ou prenne plus de p fois la valeur 1, ou plus de q fois la valeur zéro, ou plus de r fois la valeur infinie, sauf dans certaines circonstances exceptionnelles qui seront précisées dans la suite.

En effet, plaçons-nous dans le cas où les conditions 3° sont vérifiées, ce cas comprenant les deux autres, et supposons d'abord que les valeurs de $f(z)$ et de ses dérivées soient données aux points $z_1, z_2, \ldots, z_k$. Si le nombre R n'existait pas, quel que soit l'entier positif n, on pourrait trouver une fonction $f_n(z)$, méromorphe dans le cercle $|z| < n$ et remplissant les conditions énoncées.

Alors, dans le cercle $|z| < 1$, il existe une suite, extraite de la suite $f_n(z)$,

$$f_1^{(1)}(z), \quad f_2^{(1)}(z), \quad \ldots, \quad f_n^{(1)}(z), \quad \ldots$$

qui converge uniformément, sauf peut-être en r points, vers une fonction méromorphe $f_0(z)$. Cette suite est quasi-normale, d'ordre r au plus, dans le cercle $|z| < 2$; on peut en extraire la suite

$$f_1^{(1)}(z), \quad f_2^{(2)}(z), \quad \ldots, \quad f_n^{(2)}(z), \quad \ldots$$

qui converge uniformément dans ce cercle, sauf peut-être en r points vers une fonction méromorphe qui n'est autre que $f_0(z)$. On peut continuer ainsi et arriver à une suite

$$f_1^{(1)}(z), \quad f_2^{(2)}(z), \quad \ldots, \quad f_m^{(m)}(z), \quad f_{m+1}^{(m)}(z), \quad \ldots, \quad f_n^{(m)}(z), \quad \ldots$$

qui converge vers $f_0(z)$ pour $|z| < m$, sauf peut-être en r points. Donc la suite diagonale $f_n^{(n)}(z)$, que nous désignons brièvement par $f_n(z)$, converge vers $f_0(z)$ dans tout le plan, sauf en r points au plus [1]. Nous allons voir que la fonction $f_0(z)$ a au plus r pôles et q zéros et que $f_0(z) - 1$ s'annule au plus p fois. D'après le théorème de M. Picard, $f_0(z)$ est une fraction rationnelle, quotient d'un polynome de degré q par un polynome de degré r. Pour montrer par exemple que $f_0(z)$ a au plus r pôles, remarquons que si z_0 est un pôle de $f_0(z)$ et si la convergence est uniforme en ce point, $f_n(z)$ a un pôle voisin de z_0 pour n assez grand; si z_0 est un point irrégulier, $f_n(z)$ a nécessairement un pôle voisin de z_0 pour n assez grand. Donc, pour n assez grand $f_n(z)$ a au moins autant de pôles que $f_0(z)$; donc $f_0(z)$ a au plus r pôles. En remplaçant $f_0(z)$

---

[1] Il peut arriver que les fonctions de la suite ne soient pas définies dans tout le plan, mais, en chaque point z, elles sont définies à partir d'un certain rang.

par $\frac{1}{f_0(z)}$ ou $1-f_0(z)$, on voit que $f_0(z)$ et $1-f_0(z)$ ont au plus q ou p zéros. Une telle fraction rationnelle est déterminée quand on se donne $q+r+1$ conditions linéaires entre ses $q+r+2$ coefficients homogènes arbitraires. Supposons d'abord qu'aucun des points $z_1, z_2, \ldots, z_k$ ne soit irrégulier : la fonction limite $f_0(z)$ vérifie $q+r+2$ équations linéaires; ce ne peut être une fraction rationnelle que si les valeurs données remplissent une condition particulière obtenue en égalant à zéro le déterminant Δ des coefficients de la fraction dans ces équations. Si cette condition n'est pas remplie, l'hypothèse faite est inadmissible et le nombre R existe.

Admettons maintenant que le point z_1, par exemple, soit irrégulier; désignons par β_1 le nombre maximum des pôles possédés dans son voisinage par une infinité dé fonctions $f_n(z)$; β_1 n'est pas nul, sinon le point serait régulier. Extrayons une suite partielle, que nous appellerons encore $f_n(z)$, telle que chaque fonction de la suite ait β_1 pôles voisins de z_1 et désignons par $P_n(z)$ le polynome ayant ces pôles comme zéros et l'unité comme coefficient de z^{β_1} : la suite $P_n(z)$ a pour limite $(z-z_1)^{\beta_1}$. Les égalités

$$g_n(z) = P_n(z)f_n(z),$$
$$g'_n(z) = P'_n(z)f_n(z) + P_n(z)f'_n(z),$$
$$\ldots\ldots\ldots\ldots\ldots\ldots\ldots\ldots$$

donnent, à la limite,

$$g_0(z) = (z-z_1)^{\beta_1}f_0(z),$$
$$g'_0(z) = \beta_1(z-z_1)^{\beta_1-1}f_0(z) + (z-z_1)^{\beta_1}f'_0(z),$$
$$\ldots\ldots\ldots\ldots\ldots\ldots\ldots\ldots$$

Si $\beta_1 \geqq \alpha_1$, ces égalités montrent, en faisant $z=z_1$, et remarquant que les valeurs de $f_0(z_1), f'_0(z_1), \ldots, f_0^{(\alpha_1-1)}(z_1)$ sont données, que $g_0(z)$ a, au point z_1, un zéro d'ordre α_1; si $\beta_1 < \alpha_1$, on voit de même que le zéro de $g_0(z)$ est d'ordre β_1 et les valeurs de $g_0^{(\beta_1)}(z_1)$, $g_0^{(\beta_1+1)}(z_1)$, $\ldots$, $g_0^{(\alpha_1-1)}(z_1)$ sont fixées. Dans l'un et l'autre cas $f_0(z)$ se présente comme le quotient de deux polynomes ayant en facteur, l'un et l'autre, une puissance de $(z-z_1)$. Il en résulte que les équations exprimant que $f_0(z)$ vérifie les conditions données sont encore satisfaites. Elles s'écrivent en effet, en posant $f_0 = \frac{P_0}{Q_0}$,

$$\begin{aligned} P_0 &= f_0 Q_0, \\ P'_0 &= f'_0 Q_0 + f_0 Q'_0, \\ P''_0 &= f''_0 Q_0 + 2 f'_0 Q'_0 + f_0 Q''_0, \\ &\ldots\ldots\ldots\ldots\ldots\ldots, \end{aligned}$$

et la conclusion est la même.

Ainsi, dans tous les cas, le nombre R existe; il ne dépend que des nombres p, q, r, des valeurs données pour $f(z)$ et ses dérivées, et des affixes des points donnés.

Si les valeurs aux points $z_1, z_2, \ldots, z_k$ sont simplement bornées en module, on voit aisément qu'il suffit de borner inférieurement le module de l'expression Δ qui doit être différente de zéro. Dans ce cas, R dépend de p, q, r, des affixes des points donnés, de la limite supérieure des modules des valeurs données et de la limite inférieure de $|\Delta|$.

77. Cas particuliers. — Considérons le cas où l'on fixe les valeurs de $f(z)$ en $q+r+2$ points $z_0, z_1, \ldots, z_s$ et soient u_0, $u_1, \ldots, u_s$ les valeurs données ($s = q + r + 1$). Si le déterminant

$$\Delta = \begin{vmatrix} z_0^q & z_0^{q-1} & \ldots & z_0 & 1 & u_0 & u_0 z_0 & \ldots & u_0 z_0^r \\ z_1^q & z_1^{q-1} & \ldots & z_1 & 1 & u_1 & u_1 z_1 & \ldots & u_1 z_1^r \\ \ldots & \ldots & \ldots & \ldots & \ldots & \ldots & \ldots & \ldots & \ldots \\ z_s^q & z_s^{q-1} & \ldots & z_s & 1 & u_s & u_s z_s & \ldots & u_s z_s^r \end{vmatrix}$$

est différent de zéro, il n'existe pas de fonction rationnelle, quotient d'un polynome de degré q par un polynome de degré r, qui prenne les valeurs u_i aux points x_i. Il existe donc un nombre $R(p, q, r, u_i, z_i)$ limite supérieure du rayon d'existence des fonctions $f(z)$. Si les nombres u_i sont bornés supérieurement en module par le nombre ω, il sera nécessaire que $|\Delta|$ soit borné inférieurement par un nombre η. On aura alors une limite $R(p, q, r, \omega, \eta)$.

78. Supposons maintenant que l'on se donne les valeurs de $f(z)$ et de ses $q + r + 1 = s$ premières dérivées au point $z = 0$. Soit

$$f(z) = a_0 + a_1 z + a_2 z^2 + \ldots + a_s z^s + \ldots$$

le développement de $f(z)$: les nombres $a_0, a_1, \ldots, a_s$ sont fixes.

S'il existe une fraction rationnelle ayant q zéros et r pôles et possédant un tel développement en série entière, on sait que les coefficients vérifient une relation de récurrence linéaire et homogène à $r+1$ termes et commençant par le coefficient a_{q-r+1} ou a_{s-2r}. Dans ces conditions, le déterminant

$$\Delta = \begin{vmatrix} a_{s-2r} & a_{s-2r+1} & \dots & a_{s-r} \\ a_{s-2r+1} & a_{s-2r+2} & \dots & a_{s-r+1} \\ \dots\dots & \dots\dots & \dots & \dots\dots \\ a_{s-r} & a_{s-r+1} & \dots & a_s \end{vmatrix}$$

serait nul. Si donc $\Delta \neq 0$, il existe un nombre

$$R(p, q, r, a_0, a_1, \dots, a_s)$$

limitant le rayon d'existence des fonctions $f(z)$. Si les valeurs des $|a_i|$ sont bornées supérieurement par le nombre ω, il est nécessaire de borner inférieurement $|\Delta|$ par un nombre positif η. Il existe alors un nombre $R(p, q, r, \omega, \eta)$.

79. On formerait de même le déterminant Δ correspondant au troisième cas où l'on donne les valeurs de $f(z)$ et de ses $(\alpha_i - 1)$ premières dérivées en k points fixes z_i. Les deux premiers cas correspondent aux valeurs particulières

$$\alpha_i = 1, \qquad k = s+1, \qquad \text{et} \qquad \alpha_1 = s+1, \qquad k = 1$$

pour le dernier cas.

Les théorèmes des derniers paragraphes constituent des généralisations, pour les fonctions méromorphes, du théorème de M. Landau sur les fonctions holomorphes qui ne prennent ni la valeur 0 ni la valeur 1. Pour $r = 0$, on retrouve des propositions déjà connues. Pour $r = q = p = 0$, on retombe sur le théorème de M. Landau.

Un cas particulièrement simple est celui où $q = r = 1$, p ayant une valeur fixe arbitraire. Supposons que l'on fixe les valeurs de $f(z)$ en $q+r+2=4$ points; pour que le théorème soit applicable, il faut que les valeurs u_1, u_2, u_3, u_4 de $f(z)$, en ces points z_1, z_2, z_3, z_4, soient telles qu'il n'existe pas de fraction rationnelle dont les termes sont du premier degré, c'est-à-dire de fonction homographique, prenant, pour les quatre points donnés, les valeurs données. Cela exige que les rapports anharmoniques soient différents :

$$(u_1, u_2, u_3, u_4) \neq (z_1, z_2, z_3, z_4).$$

Les théorèmes précédents permettent aussi de résoudre différents problèmes que l'on peut se poser au sujet des fonctions $f(z)$. Par exemple, si l'on sait seulement que l'une des équations $f(z) = 1$, $f(z) = 0$, $f(z) = \infty$, a moins de p racines, une autre moins de q et la troisième moins de r, sans que l'on sache à laquelle de ces équations se rapportent les nombres p, q, r, il est facile de former les conditions d'inégalité et d'égalité nécessaires pour l'existence de R. Il en est de même, si l'on connaît seulement une limite supérieure m de la somme des nombres des racines des trois équations : $p + q + r \leqq m$.

FONCTIONS MÉROMORPHES EXCEPTIONNELLES.

80. **Définition d'une fonction exceptionnelle.** — Soient $f(z)$ une fonction méromorphe et $f_n(z)$ la famille des fonctions définies dans le cercle $|z| < 2$ par l'égalité

$$f_n(z) = f(2^n z).$$

Cette famille ne peut être normale dans le cercle, comme nous l'avons vu. Il y a donc dans ce cercle un point au moins en lequel elle n'est pas normale. Si ce point est distinct de l'origine, il existe une droite (J) obtenue en joignant ce point à l'origine et telle que, dans tout angle, si petit soit-il, dont la droite (J) est la bissectrice intérieure, la fonction prenne une infinité de fois toute valeur sauf deux au plus.

Mais cette conclusion n'est pas valable si le seul point irrégulier est l'origine O ; c'est-à-dire si la famille est quasi-normale avec le seul point irrégulier O. Dans ce cas, la famille est normale dans l'anneau (Γ)

$$\frac{1}{2} \leqq |z| \leqq 2.$$

Réciproquement, si la famille $f_n(z)$ est normale dans (Γ), elle est quasi-normale pour $|z| < 1$, avec le point irrégulier unique O. En effet, la famille est normale dans tout anneau

$$\frac{1}{2^{p+1}} \leqq |z| \leqq \frac{1}{2^{p-1}},$$

p étant un entier positif, car la fonction f_n prend, dans cet anneau, les mêmes valeurs que la fonction f_{n-p} dans (Γ).

Lorsque $f(z)$ est une fonction holomorphe, la famille ne pourrait être quasi-normale avec le seul point irrégulier O que si la suite $f_n(z)$ augmente indéfiniment dans (Γ), et cela est impossible si $f(z)$ n'est pas un polynome. Comme la famille ne peut être normale, il y a des points irréguliers autres que le point O. Il en est de même pour une fonction méromorphe admettant une valeur exceptionnelle finie a, car la substitution de $\frac{1}{f(z)-a}$ à $f(z)$ nous ramène au cas précédent. Enfin nous avons vu qu'il en est encore de même lorsque $f(z)$ admet une valeur asymptotique, car la suite $f_n(z)$ convergerait nécessairement vers cette valeur, si elle était normale dans (Γ).

Pour une fonction méromorphe n'ayant pas de valeur asymptotique, le cas peut se présenter. Soit, par exemple, la fonction

$$f(z) = \frac{\prod_{n=0}^{\infty}\left(1 - \frac{z}{2^n}\right)}{\prod_{n=0}^{\infty}\left(1 + \frac{z}{2^n}\right)}.$$

Formons la suite $f_n(z)$, on a

$$f_1(z) = \quad f(2z) = \frac{1-2z}{1+2z} f(z),$$

$$f_n(z) = f_{n-1}(2z) = \frac{(1-2z)(1-2^2 z)\dots(1-2^n z)}{(1+2z)(1+2^2 z)\dots(1+2^n z)} f(z),$$

et, le facteur de $f(z)$ étant un produit convergeant uniformément à l'intérieur de (Γ), la suite $f_n(z)$ converge aussi uniformément. Il n'y a pas de droite (J) pour cette fonction. Nous dirons que c'est une *fonction exceptionnelle* (J).

On pourrait se demander si, lorsque la suite $f_n(z)$ est normale dans (Γ), on ne pourrait trouver une suite de nombres

$$\sigma_1, \quad \sigma_2, \quad \dots, \quad \sigma_n, \quad \dots,$$

rangés par ordre de modules croissants, ayant pour limite l'infini, et tels que la famille $f(\sigma_n z)$ ne soit pas normale dans (Γ). On n'obtiendrait ainsi qu'une généralité apparente. En effet, il y aurait alors un point z_0 de (Γ) en lequel la famille ne serait pas normale. Autour de ce point, les fonctions $f(\sigma_n z)$ prendraient, dans leur ensemble, une infinité de fois toutes les valeurs, sauf deux au plus. Autour des points P_n, d'affixes $\sigma_n z_0$, la fonction $f(z)$ prendrait toutes les valeurs sauf deux au plus. Le point P_n est contenu dans un anneau (Γ_{p_n}) défini par

$$2^{p_n} \leqq |z| \leqq 2^{p_n+1}$$

et la suite

$$f_{p_1}(z), \quad f_{p_2}(z), \quad \ldots, \quad f_{p_n}(z), \quad \ldots,$$

extraite de la suite $f_n(z)$, ne peut être normale dans le domaine fermé (Γ). Donc, dans ce cas, la famille $f_n(z)$ ne serait pas normale.

De même, il n'y a pas lieu de substituer à la suite discontinue σ_n, une suite continue $\sigma(t)$, le point $\sigma(t)$ allant du point d'affixe 1 à l'infini, lorsque la variable réelle t varie de 1 à l'infini. La considération de la famille $f_t(z) = f(\sigma z)$ ne nous donnerait aussi qu'une généralité apparente puisque, comme nous l'avons vu, cette famille est normale ou non suivant qu'il n'existe pas ou qu'il existe une suite σ_n pour laquelle la famille $f(\sigma_n z)$ n'est pas normale.

En résumé, pour qu'une fonction $f(z)$ soit exceptionnelle (J), il faut et il suffit que la famille $f_n(z)$ soit normale dans (Γ). Bien entendu, on peut remplacer le nombre 2 par un nombre quelconque supérieur à 1, $\sqrt{2}$ par exemple.

Si une fonction $f(z)$ est exceptionnelle (J), il en est de même de toute fonction déduite de $f(z)$ pour une transformation homographique dont les coefficients sont des constantes. En particulier, $f(z)$ et $f(z) + C$ sont exceptionnelles en même temps. Remarquons que l'equation $f(z) = a$ admet quel que soit a une infinité de racines, sinon $f(z)$ aurait une valeur exceptionnelle.

81. Conditions d'existence. — Considérons les équations

$$f(z) = a, \qquad f(z) = b, \qquad f(z) = c, \qquad f(z) = d,$$

a, b, c, d étant quatre nombres différents; nous désignerons par a_λ, b_μ, c_ν, d_ρ, les racines de ces équations, les indices prenant toutes les valeurs entières.

Pour que $f(z)$ soit une fonction exceptionnelle, il faut et il suffit qu'aucune valeur limite des rapports de deux quelconques de ces racines ne soit égale à l'unité.

La condition est nécessaire : en effet, si une des valeurs limites est égale à l'unité, il y a une infinité de rapports correspondant aux racines de deux équations déterminées, par exemple les deux premières. Soient a_{λ_p}, b_{μ_p} les deux suites telles que

$$\lim \frac{b_{\mu_p}}{a_{\lambda_p}} = 1.$$

Le point a_{λ_p} appartient à un anneau (Γ_{n_p}); considérons la suite des fonctions $f_{n_p}(z)$. Les nombres $\frac{a_{\lambda_p}}{2^{n_p}}$ sont des racines de l'équation $f_{n_p}(z) = a$, contenues dans (Γ). Soit z_0 une valeur limite de ces racines; on peut extraire de la suite a_{λ_p} une suite partielle pour laquelle les points correspondants ont pour limite a_0. Nous pouvons encore appeler λ_p les indices de cette suite. Prenons p assez grand pour que

$$\left| \frac{a_{\lambda_p} - b_{\mu_p}}{a_{\lambda_p}} \right| < \varepsilon,$$

alors, comme $\left| \frac{a_{\lambda_p}}{2^{n_p}} \right| < 2$, on aura

$$\left| \frac{a_{\lambda_p}}{2^{n_p}} - \frac{b_{\mu_p}}{2^{n_p}} \right| < 2\varepsilon,$$

et la suite $f_{n_p}(z) - b$ aura des zéros ayant pour limite z_0. Cette suite ne peut donc être normale en z_0.

La condition est suffisante. Supposons-la remplie; alors, autour de chaque point de l'anneau (Γ') $\left(\frac{1}{4} < |z| < 4\right)$, la suite $f_n(z)$ admet comme valeurs exceptionnelles au moins trois des nombres a, b, c, d. Elle est donc normale en tout point intérieur à (Γ'), donc aussi dans le domaine fermé (Γ).

Les conditions précédentes font intervenir quatre suites de valeurs de z donnant à $f(z)$ des valeurs fixes. On peut aussi ne faire intervenir que trois suites correspondant à trois nombres a, b, c. Nous verrons bientôt que, pour chaque valeur de a, le nombre des racines des équations $f_n(z) = a$ contenues dans (Γ') est borné quel que soit n.

Pour que $f(z)$ soit une fonction exceptionnelle, il faut et il suffit que le nombre des points a_λ, b_μ, c_ν contenus dans chaque anneau (Γ_n) soit borné et qu'aucune valeur limite des rapports de deux de ces racines ne soit égale à l'unité.

Nous avons vu que la seconde condition est nécessaire et nous allons voir bientôt qu'il en est de même de la première.

Ces conditions sont suffisantes. En effet, si la première est remplie, la famille $f_n(z)$ est quasi-normale dans (Γ). Mais elle ne peut avoir de point irrégulier car, autour de chaque point de (Γ), la suite admet comme valeurs exceptionnelles au moins deux des nombres a, b, c et nous savons qu'autour d'un point irrégulier, il ne peut y avoir qu'une seule valeur exceptionnelle.

82. **Conditions de M. Ostrowski.** — On peut se proposer de caractériser une fonction exceptionnelle par deux suites de valeurs seulement, par exemple, la suite de ses zéros et la suite de ses pôles, et de donner un moyen de construire effectivement toutes ces fonctions exceptionnelles. C'est ce problème que M. Ostrowski a complètement résolu dans son beau Mémoire déjà cité ([1]).

Désignons par a_λ et b_μ les zéros et les pôles non nuls de $f(z)$. Nous allons d'abord établir que la différence entre le nombre p des zéros et le nombre q des pôles contenus dans le cercle $|z| \leqq r$ a un module borné, quel que soit r. Dans le cas contraire, il y aurait, quel que soit l'entier n, un nombre r_n pour lequel la différence correspondante $p_n - q_n$ serait supérieure à n, car si $p - q$ n'admettait pas $+\infty$ comme valeur limite, il admettrait $-\infty$, et l'on remplacerait f par $\frac{1}{f}$.

Soient a_n le zéro de plus grand module inférieur à r_n (ou l'un d'eux s'il y en a plusieurs) et b_n un pôle de plus petit module supérieur à r_n. On peut toujours supposer qu'il n'y a ni zéro, ni pôle de module r_n, en modifiant légèrement ce nombre s'il y a lieu. Menons le segment rectiligne qui joint le point a_n au point b_n; quand z

---

([1]) *Über Folgen analytischer Funktionen*, etc. (*Mathematische Zeitschrift*, Bd 24, 1925, p. 241).

parcourt ce segment, $|f(z)|$ varie d'une manière continue de o à $+\infty$. Il y a donc au moins un point z_n de ce segment pour lequel $|f(z_n)| = 1$. D'autre part, la différence $p - q$ ne peut pas décroître quand on passe de r_n à $|z_n|$ car, si $|z_n| < r_n$, p reste égal à p_n et q_n est inférieur ou égal à q; et si $|z_n| > r_n$, p est supérieur ou égal à p_n et q_n est égal à q. Donc, la suite $|z_n|$ possède la même propriété que la suite r_n. Formons la famille $f(z_n z) = g_n(z)$; par hypothèse, elle est normale dans (Γ') et aucune fonction limite n'est nulle, ni infinie, puisque $|g_n(1)| = 1$.

Extrayons de la suite $g_n(z)$ une suite partielle convergeant uniformément dans (Γ') vers la fonction limite $g_0(z)$, suite que nous appellerons $g_{n_k}(z)$. Traçons un cercle (C) de rayon ρ supérieur ou égal à l'unité et tel qu'il n'y ait aucun zéro ni aucun pôle de $g_0(z)$ sur la circonférence. La différence $p_{n_k} - q_{n_k}$ relative à la fonction $g_{n_k}(z)$ et au cercle $|z| = 1$ est égale à la différence relative à la fonction $f(z)$ et au cercle $|z| = |z_{n_k}|$: elle augmente donc indéfiniment avec k. Il en est de même de la différence $p'_{n_k} - q'_{n_k}$ relative à la fonction $g_{n_k}(z)$ et au cercle (C); en effet, la famille $g_{n_k}(z)$ est normale dans l'anneau

$$1 \leqq |z| \leqq \rho,$$

et aucune fonction limite n'est la constante zéro, ni la constante infinie; donc le nombre des zéros $p'_{n_k} - p_{n_k}$ et le nombre des pôles $q'_{n_k} - q_{n_k}$ de modules supérieurs à *un* et inférieurs ou égaux à ρ sont bornés. Par conséquent, $p'_{n_k} - q'_{n_k}$ croît indéfiniment comme $p_{n_k} - q_{n_k}$. Ceci va nous conduire à une contradiction.

On a, en effet,

$$p'_{n_k} - q_{n_k} = \frac{1}{2i\pi} \int_{(C)} \frac{g'_{n_k}(z)\,dz}{g_{n_k}(z)}.$$

Sur la circonférence (C), $g_{n_k}(z)$ et $g'_{n_k}(z)$ convergent uniformément vers $g_0(z)$ et $g'_0(z)$; comme cette circonférence ne contient aucun zéro, ni aucun pôle de $g_0(z)$, il en sera de même de $g_{n_k}(z)$, si k est assez grand; $p'_{n_k} - q'_{n_k}$ a donc pour limite le nombre fini

$$\frac{1}{2i\pi} \int_{(C)} \frac{g'_0(z)\,dz}{g_0(z)},$$

il est donc constant pour k assez grand, ce qui est contraire à l'hypothèse.

Ainsi, si la fonction $f(z)$ possède dans le cercle $|z| \leqq r$ p zéros et q pôles, la différence $p-q$ a un module borné. Appelons N la limite supérieure de ce module; nous dirons qu'une fonction $f(z)$ possède la propriété I lorsque $|p-q|$ est borné.

Une conséquence immédiate de la propriété I est que, dans chaque anneau $r \leqq |z| \leqq r'$ qui contient plus de 2N zéros, il y a certainement au moins un pôle, et réciproquement.

Remarquons aussi que la fonction $f(z)-a$ étant exceptionnelle quel que soit a, la proposition précédente est vraie pour la différence entre les nombres des racines de deux équations

$$f(z)-a=0, \qquad f(z)-b=0$$

ontenues dans le cercle $|z| \leqq r$.

Je dis maintenant que le nombre des zéros de $f(z)$ contenus dans l'anneau (Γ_n) est borné quel que soit n. En effet, dans le cas contraire, il existerait une suite partielle extraite de la suite $f_n(z)$ et telle que la fonction de rang n de cette suite ait au moins n zéros dans (Γ); cette suite étant normale par hypothèse, on peut en extraire une suite partielle $f_{n_k}(z)$ convergeant uniformément dans (Γ) vers une fonction limite; cette fonction limite ne peut être que la constante zéro, puisque, dans le cas contraire, le nombre des zéros de $f_{n_k}(z)$ contenus dans (Γ) serait borné. Mais elle ne peut pas non plus être la constante zéro, puisque lorsque n_k dépasse 2N, il y a nécessairement un pôle dans (Γ). Donc, on ne peut trouver une suite $f_{n_k}(z)$ possédant la propriété indiquée et le nombre des zéros est borné.

Il en est évidemment, de même pour le nombre des pôles, et pour le nombre des racines de toute équation

$$f(z)=a.$$

D'autre part, on peut remplacer les anneaux (Γ_n) par l'ensemble des anneaux

$$r \leqq |z| \leqq r',$$

le rapport $\frac{r'}{r}$ demeurant constant ou borné : la démonstration est la même. On peut aussi remarquer qu'il suffit d'un nombre fixe d'anneaux (Γ_n) pour recouvrir, quel que soit r, l'anneau précédent.

Nous dirons que la fonction $f(z)$ possède la propriété II lorsque le nombre des zéros et le nombre des pôles contenus dans l'anneau (Γ_n) sont l'un et l'autre bornés.

Soient $a_1, a_2, \ldots, a_\lambda, \ldots$ la suite des zéros non nuls de $f(z)$; $b_1, b_2, \ldots, b_\mu, \ldots$ la suite de ses pôles; nous poserons $|a_\lambda| = \alpha_\lambda$, $|b_\mu| = \beta_\mu$.

La série

$$\frac{1}{\alpha_1^\varepsilon} + \frac{1}{\alpha_2^\varepsilon} + \ldots + \frac{1}{\alpha_\lambda^\varepsilon} + \ldots$$

est convergente quelque petit que soit ε. En effet, dans l'anneau (Γ_n), il y a au plus P zéros, et chaque terme $\frac{1}{\alpha_\lambda^\varepsilon}$ correspondant est inférieur à $\frac{1}{(2^\varepsilon)^{(n-1)}}$; donc, la somme d'un nombre quelconque de termes de la série précédente est inférieure à la somme de la série convergente

$$\sum_{n=1}^{\infty} \frac{P}{(2^\varepsilon)^{(n-1)}},$$

si l'on suppose qu'on a laissé de côté les termes, en nombre fini, correspondant aux zéros dont le module est inférieur à $\frac{1}{2}$.

Donc la série $\frac{1}{\alpha_\lambda^\varepsilon}$ est convergente et le produit

$$G_1(z) = \left(1 - \frac{z}{a_1}\right)\left(1 - \frac{z}{a_2}\right)\cdots\left(1 - \frac{z}{a_\lambda}\right)\cdots = \prod_{\lambda=1}^{\infty}\left(1 - \frac{z}{a_\lambda}\right)$$

est convergent et d'ordre zéro.

Il en est de même du produit correspondant $G_2(z)$ formé avec les pôles :

$$G_2(z) = \left(1 - \frac{z}{b_1}\right)\left(1 - \frac{z}{b_2}\right)\cdots\left(1 - \frac{z}{b_\mu}\right)\cdots = \prod_{\mu=1}^{\infty}\left(1 - \frac{z}{b_1}\right).$$

La propriété II se rattache à l'étude de l'intégrale

$$\frac{1}{2i\pi}\int \frac{f'(z)\,dz}{f(z)};$$

l'étude de l'intégrale

$$\frac{1}{2i\pi}\int \log f(z)\,dz$$

va nous conduire à une propriété III des fonctions exceptionnelles.

Bornons-nous à la partie réelle de cette intégrale et rappelons la formule classique de M. Jensen :

$$\log r^{m+p-q}\frac{\beta_1\beta_2\ldots\beta_q}{\alpha_1\alpha_2\ldots\alpha_p}=\frac{1}{2\pi}\int_0^{2\pi}\log|f(re^{i\varphi})|\,d\varphi;$$

dans cette formule, α_1, α_2, ..., α_p sont les modules des zéros non nuls et $\beta_1, \beta_2, \ldots, \beta_q$ les modules des pôles non nuls contenus dans le cercle $|z|<r$; l'entier positif ou négatif m désigne l'ordre du zéro ou du pôle qui peut être à l'origine. Enfin, on suppose que le développement de $f(z)$ en série de Taylor ou de Laurent autour de l'origine commence par le terme z^m, ce qu'on peut toujours obtenir en divisant au besoin $f(z)$ par le coefficient de ce terme. Nous introduirons la notation

$$\mathfrak{M}(r)=r^{m+p-q}\frac{\beta_1\beta_2\ldots\beta_q}{\alpha_1\alpha_2\ldots\alpha_p}=r^m\frac{\dfrac{r}{\alpha_1}\dfrac{r}{\alpha_2}\cdots\dfrac{r}{\alpha_p}}{\dfrac{r}{\beta_1}\dfrac{r}{\beta_2}\cdots\dfrac{r}{\beta_q}}.$$

Nous allons montrer que $\mathfrak{M}(\alpha_p)$ est borné supérieurement et que $\mathfrak{M}(\beta_q)$ est borné inférieurement.

Supposons par exemple que $\mathfrak{M}(\alpha_p)$ ne soit pas borné supérieurement : il existerait une suite de nombres α_p pour lesquels $\mathfrak{M}(\alpha_p)$ augmenterait indéfiniment. Considérons la suite des fonctions $f(a_p z)$ correspondant à ces valeurs de α_p. Par hypothèse, elle est normale dans (Γ'); on peut en extraire une suite partielle $g_{p_k}(z)$,

$$g_{p_k}(z)=f(a_{p_k}z),$$

qui converge uniformément dans (Γ) vers une fonction limite $f_0(z)$. Cette fonction limite n'est pas la constante infinie puisque $g_p(1)$ est nul : c'est une fonction méromorphe ou la constante zéro. Supposons d'abord que $f_0(z)$ ne soit pas identiquement nulle, et traçons un cercle (C) de rayon ρ supérieur à *un* tel que $f_0(z)$ n'ait ni pôle ni zéro sur la circonférence. Il en sera de même pour $f_{p_k}(z)$, si k est assez grand. L'intégrale

$$\int_0^{2\pi}\log|f_{p_k}(\rho e^{i\varphi})|\,d\varphi$$

a pour limite l'intégrale

$$\int_0^{2\pi}\log|f_0(\rho e^{i\varphi})|\,d\varphi,$$

donc le nombre $\mathfrak{M}(\rho\alpha_{p_k})$ est borné, tandis que $\mathfrak{M}(\alpha_{p_k})$ augmente indéfiniment. Mais l'on a

$$\mathfrak{M}(\rho\alpha_{p_k}) = \mathfrak{M}(\alpha_{p_k})\,\rho^{m+p_k-q_k}\,\frac{\dfrac{\rho\alpha_{p_k}}{\alpha_{p_k+1}}\,\dfrac{\rho\alpha_{p_k}}{\alpha_{p_k+2}}\cdots\dfrac{\rho\alpha_{p_k}}{\alpha_{p_k+h}}}{\dfrac{\rho\alpha_{p_k}}{\beta_{q_k+1}}\,\dfrac{\rho\alpha_{p_k}}{\beta_{q_k+2}}\cdots\dfrac{\rho\alpha_{p_k}}{\beta_{q_k+l}}},$$

$\alpha_{p_k+1}, \alpha_{p_k+2}, \ldots, \alpha_{p_k+h}$ étant les zéros, et $\beta_{q_k+1}, \ldots, \beta_{q_k+l}$ étant les pôles dont les modules sont supérieurs ou égaux à α_{p_k} et inférieurs à $\rho\alpha_{p_k}$; le nombre ρ est compris entre 1 et 2, donc le facteur $\rho^{m+p_k-q_k}$ est borné inférieurement puisque $|q_k - p_k| < N$. Pour la fraction, le dénominateur est un produit de facteurs inférieurs à 2 et le nombre de ces facteurs est borné d'après la propriété II. Quant au numérateur, il est composé de facteurs supérieurs à 1; donc $\mathfrak{M}(\alpha_{p_k})$ est multiplié par un facteur supérieur à une limite positive. Si donc $\mathfrak{M}(\alpha_{p_k})$ augmente indéfiniment, $\mathfrak{M}(\rho\alpha_{p_k})$ ne peut rester borné. Si maintenant $f_0(z)$ est identique à zéro, on peut prendre k assez grand pour que $|f_{p_k}(z)| < 1$ dans (Γ'). On peut encore trouver un cercle (C) car le nombre des zéros de $f_n(z)$ contenus dans (Γ) est borné; on en déduit $\mathfrak{M}(\rho\alpha_{p_k}) < 1$ et la conclusion demeure la même. La proposition est établie.

On voit de même, en remplaçant f par $\frac{1}{f}$, que $\mathfrak{M}(\beta_q)$ est borné inférieurement.

Nous dirons qu'une fonction $f(z)$ possède la propriété III lorsque les nombres $\mathfrak{M}(\alpha_p)$ et $\frac{1}{\mathfrak{M}(\beta_q)}$ sont bornés.

Voici une conséquence de l'hypothèse que $f(z)$ possède la propriété III : si l'anneau (Γ_n) contient au moins un zéro, $\mathfrak{M}(2^n)$ est borné quel que soit cet anneau. On a, en effet, en désignant par a_n un zéro contenu dans cet anneau, si $\alpha_n < 2^n$,

$$\mathfrak{M}(2^n) = \mathfrak{M}(\alpha_n)\left(\frac{2^n}{\alpha_n}\right)^{m+p_n-q_n}\frac{\dfrac{2^n}{\alpha'_n}\,\dfrac{2^n}{\alpha''_n}\cdots\dfrac{2^n}{\alpha^{(h)}_n}}{\dfrac{2^n}{\beta'_n}\,\dfrac{2^n}{\beta''_n}\cdots\dfrac{2^n}{\beta^{(k)}_n}},$$

$a'_n, a''_n, \ldots, a^{(h)}_n$; $b'_n, b''_n, \ldots, b^{(k)}_n$ sont les zéros et les pôles dont les modules sont supérieurs ou égaux à α_n et inférieurs à 2^n.

Or, $\frac{\alpha_n}{2^n}$ est compris entre $\frac{1}{2}$ et 2; $|p_n - q_n|$ est inférieur à N et le second facteur est compris entre 2^{-K} et 2^{+K}, K étant un nombre fixe supérieur au nombre des pôles ou des zéros situés dans un anneau (Γ_n); on voit donc que $\mathfrak{M}(2^n)$ est borné comme $\mathfrak{M}(\alpha_n)$. Si $\alpha_n > 2^n$, on a

$$\mathfrak{M}(2^n) = \mathfrak{M}(\alpha_n)\left(\frac{2^n}{\alpha_n}\right)^{m+p_n-q_n} \frac{\frac{2^n}{\beta'_n}\frac{2^n}{\beta''_n}\cdots\frac{2^n}{\beta^{(k)}_n}}{\frac{2^n}{\alpha'_n}\frac{2^n}{\alpha''_n}\cdots\frac{2^n}{\alpha^{(h)}_n}},$$

et la conclusion est la même.

En remplaçant f par $\frac{1}{f}$, on voit que $\frac{1}{\mathfrak{M}(2^n)}$ est borné lorsque l'anneau contient un pôle b_n. Si l'anneau contient au moins un zéro et au moins un pôle, $\mathfrak{M}(2^n)$ et $\frac{1}{\mathfrak{M}(2^n)}$ sont bornés l'un et l'autre.

Enfin, nous avons déjà vu que, pour une fonction exceptionnelle, aucune des valeurs limites des rapports $\frac{a_\lambda}{b_\mu}$ ne peut être égale à l'unité. Dans ce cas, il existe un nombre δ tel que l'on ait toujours

$$\left|\frac{a_\lambda}{b_\mu} - 1\right| > \delta;$$

nous dirons alors que $f(z)$ possède la propriété IV.

83. **Réciproque.** — Ainsi toute fonction exceptionnelle possède les propriétés I, II, III, IV; nous allons démontrer la réciproque. Remarquons d'abord qu'on peut, d'une infinité de manières, construire des suites a_λ et b_μ possédant les propriétés précédentes. En effet, les propriétés I et II concernent les nombres des zéros et des pôles; la propriété III concerne leurs modules et, ces propriétés appartenant à deux suites α_λ et β_μ, on peut toujours choisir ensuite les arguments de a_λ et b_μ de manière à vérifier la condition IV si δ est assez petit. Pour obtenir des suites α_λ et β_μ vérifiant les trois premières conditions, il suffit d'opérer de proche en proche; supposons déterminés les zéros et les pôles de modules inférieurs à 2^n et choisissons les zéros et les pôles de l'anneau (Γ_n) de

modules supérieurs à 2^n; nous devons prendre au total K zéros et K pôles au plus, si K est la limite supérieure fixée pour ces nombres et il faut les distribuer de manière que $|p - q|$ ne dépasse pas N, ce qui est possible, ces conditions étant supposées vérifiées pour l'anneau (Γ_{n-1}). Il faut, en outre, choisir les modules de manière que $\mathfrak{M}(\alpha)$ et $\mathfrak{M}(\beta)$ ne dépassent pas leurs limites, ce qui est facile, car le nombre $\mathfrak{M}(r)$ varie d'une manière continue ([1]).

Les suites α_λ et β_μ étant déterminées, la fonction $f(z)$ est de la forme

$$f(z) = z^m \frac{G_1(z)}{G_2(z)} e^{H(z)},$$

G_1 et G_2 étant les produits canoniques d'ordre zéro introduits au paragraphe 82, et $H(z)$ une fonction entière qu'on peut toujours supposer nulle pour $z = 0$.

Nous allons d'abord nous occuper des fonctions $f(z)$ dépourvues du facteur exponentiel et prouver que ce sont des fonctions exceptionnelles (J). Nous montrerons ensuite aisément que, pour toute fonction exceptionnelle, $H(z)$ est identiquement nulle.

Considérons donc la fonction

$$f(z) = z^m \frac{G_1(z)}{G_2(z)},$$

et montrons que la suite $f_n(z) = f(2^n z)$ est normale dans l'intérieur de (Γ) : elle sera alors normale dans le domaine fermé

$$\frac{1}{\sqrt{2}} \leqq |z| \leqq \sqrt{2},$$

intérieur à (Γ) et nous avons vu que cela suffit pour que $f(z)$ soit une fonction exceptionnelle.

Nous pouvons écrire

$$f_n(z) = P_n(z)\, Q_n(z)\, R_n(z)$$

([1]) Dans son Mémoire (*loc. cit.*, p. 255), M. Ostrowski indique un procédé graphique simple pour la détermination des suites a_λ et b_μ.

avec

$$P_n(z) = \frac{\prod\left(1 - \frac{2^n z}{a_\lambda}\right)}{\prod\left(1 - \frac{2^n z}{b_\mu}\right)}, \text{ pour } \quad \alpha_\lambda \geqq 2^{n+1} \quad \text{et} \quad \beta_\mu \geqq 2^{n+1};$$

$$Q_n(z) = (2^n z)^m \frac{\prod\left(1 - \frac{2^n z}{a_\lambda}\right)}{\prod\left(1 - \frac{2^n z}{b_\mu}\right)}, \text{ pour } \quad \alpha_\lambda \leqq 2^{n-1} \quad \text{et} \quad \beta_\mu \leqq 2^{n-1};$$

$$R_n(z) = \frac{\prod\left(1 - \frac{2^n z}{a_\lambda}\right)}{\prod\left(1 - \frac{2^n z}{b_\mu}\right)}, \text{ pour } 2^{n-1} < \alpha_\lambda < 2^{n+1} \text{ et } 2^{n-1} < \beta_\mu < 2^{n+1}.$$

La fonction $P_n(z)$ prend dans (Γ) les mêmes valeurs que

$$P(z) = \frac{\prod\left(1 - \frac{z}{a_\lambda}\right)}{\prod\left(1 - \frac{z}{b_\mu}\right)}, \qquad \text{pour } \alpha_\lambda \geqq 2^{n+1} \text{ et } \beta_\mu \geqq 2^{n+1},$$

lorsque z est dans (Γ_n); les zéros et les pôles de $P(z)$ sont à l'extérieur du cercle $|z| < 2^{n+1}$, qui limite l'anneau (Γ_n). Il y a au plus K zéros dans l'anneau (Γ_{n+2}), K zéros dans l'anneau (Γ_{n+4}), etc. Pour les premiers zéros, on a

$$\left|1 - \frac{z}{a_\lambda}\right| \leqq 1 + \frac{2^{n+1}}{2^{n+2}} = 1 + \frac{1}{2},$$

donc le produit des facteurs correspondants figurant dans le produit $\Pi\left(1 - \frac{z}{a_\lambda}\right)$ ne dépasse pas $\left(1 + \frac{1}{2}\right)^K$; de même, le module du produit des facteurs correspondant aux racines contenues dans (Γ_{n+4}) ne dépasse pas $\left(1 + \frac{1}{2^3}\right)^K$, etc. En définitive,

$$\left|\prod\left(1 - \frac{z}{a_\lambda}\right)\right| < \left[\left(1 + \frac{1}{2}\right)\left(1 + \frac{1}{2^3}\right)\cdots\right]^K;$$

le produit du second membre étant évidemment convergent. De même,

$$\left|\prod\left(1 - \frac{z}{b_\mu}\right)\right| > \left[\left(1 - \frac{1}{2}\right)\left(1 - \frac{1}{2^3}\right)\cdots\right]^K,$$

si K est aussi une limite supérieure du nombre des pôles situés dans chaque anneau. On déduit de là

$$\frac{1}{A} < |P_n(z)| < A,$$

A étant une constante supérieure à l'unité.

Passons au produit $Q_n(z)$: s'il y a p_n zéros et q_n pôles, on peut écrire

$$Q_n(z) = \pm (2^n z)^m \frac{\frac{2^n z}{a_1} \cdot \frac{2^n z}{a_2} \cdots \frac{2^n z}{a_{p_n}} \prod\left(1 - \frac{a_\lambda}{2^n z}\right)}{\frac{2^n z}{b_1} \cdot \frac{2^n z}{b_2} \cdots \frac{2^n z}{b_{q_n}} \prod\left(1 - \frac{b_\mu}{2^n z}\right)},$$

pour

$$\alpha_\lambda \leqq 2^{n-1}, \qquad \beta_\mu \leqq 2^{n-1}$$

ou

$$Q_n(z) = e^{i\theta_n} z^{m+p_n-q_n} \mathfrak{M}(2^n) S_n(z).$$

Or, $S_n(z)$ prend dans (Γ) les mêmes valeurs que

$$S(z) = \frac{\prod\left(1 - \frac{a_\lambda}{z}\right)}{\prod\left(1 - \frac{b_\mu}{z}\right)}$$

dans (Γ_n) ; donc

$$\frac{1}{A} < |S_n(z)| < A$$

comme précédemment; d'autre part, $|p_n - q_n|$ étant inférieur à N, le premier facteur de $Q_n(z)$ a un module borné.

Quant à $R_n(z)$, c'est une fraction rationnelle dont les termes sont des polynomes de degrés inférieurs à K.

Soit alors une suite infinie (S) de fonctions $f_n(z)$; si elle contient une suite partielle f_{n_k} de fonctions n'ayant ni zéros ni pôles dans (Γ), considérons cette suite partielle pour laquelle $R_{n_k}(z) \equiv 1$. Chaque terme de cette suite est le produit d'une fonction bornée F_{n_k} par la constante $\mathfrak{M}(2^{n_k})$

$$f_{n_k}(z) = \mathfrak{M}(2^{n_k}) F_{n_k}(z).$$

De la suite F_{n_k}, on peut extraire une suite partielle $F_{n'_k}$ convergeant uniformément dans (Γ), et, de la suite numérique $\mathfrak{M}(2^{n'_k})$, une suite partielle $\mathfrak{M}(2^{n''_k})$ ayant une limite finie ou infinie. Donc la suite $f_{n''_k}(z)$ converge uniformément dans (Γ).

Si la suite (S) n'a qu'un nombre fini de fonctions n'ayant ni zéros ni pôles dans (Γ), supposons qu'elle contienne une suite partielle $f_{n_k}(z)$ n'ayant pas de pôles dans (Γ), mais ayant au moins un zéro. $R_{n_k}(z)$ est alors un polynome évidemment borné puisqu'il contient au plus K facteurs de modules ne dépassant pas ρ. On peut encore écrire

$$f_{n_k}(z) = \mathfrak{M}(2^{n_k})\, F_{n_k}(z),$$

la fonction F_{n_k} étant bornée dans (Γ); nous savons que, dans le cas où f_{n_k} a au moins un zéro dans (Γ), le nombre $\mathfrak{M}(2^{n_k})$ est borné supérieurement. On en déduit comme plus haut une suite partielle convergeant vers une limite, dans (Γ).

On obtient un résultat semblable dans le cas où l'on peut extraire une suite partielle $f_{n_k}(z)$ formée de fonctions n'ayant pas de zéro dans (Γ) : il suffit de remplacer f par $\frac{1}{f}$.

Enfin, si l'on ne peut trouver de suite partielle vérifiant une des hypothèses précédentes, toute suite partielle $f_{n_k}(z)$ est formée de fonctions ayant toutes au moins un zéro et au moins un pôle dans (Γ). Dans ce cas, les nombres $\mathfrak{M}(2^{n_k})$ sont compris entre deux nombres positifs fixes, il en est de même de $|P_{n_k}(z)|$ et de $|Q_{n_k}(z)|$, on peut donc écrire

$$f_{n_k}(z) = R_{n_k}(z)\, F_{n_k}(z)$$

avec

$$F_{n_k} = P_{n_k} Q_{n_k}.$$

Comme $|F_{n_k}|$ est compris entre deux nombres positifs, on peut extraire de la suite F_{n_k}, une suite partielle $F_{n'_k}$, convergeant uniformément vers une fonction F qui n'est ni la constante zéro, ni la constante infinie.

Les zéros et les pôles de R_{n_k} sont contenus dans (Γ) et leur nombre ne peut dépasser K. La fraction rationnelle R_{n_k} est donc le quotient de deux polynomes bornés U_{n_k} et V_{n_k} de degrés ne dépassant pas K. On peut donc extraire de la suite des indices n'_k une suite partielle n''_k telle que les polynomes $U_{n''_k}$ et $V_{n''_k}$ aient respectivement pour limites des polynomes U et V de degrés K au plus. D'ailleurs, comme

$$U_{n_k}(0) = V_{n_k}(0) = 1,$$

on a aussi

$$U(0) = V(0) = 1.$$

Je dis que la suite $f_{n''_k}(z)$ converge uniformément dans (Γ); en effet, soit z_0 un point intérieur à (Γ) qui n'est pas un zéro de $U(z)$, ni un zéro de $V(z)$; alors $R_{n''_k} = \frac{U_{n''_k}}{V_{n''_k}}$ converge uniformément vers $R = \frac{U}{V}$, et le produit $R_{n''_k} F_{n''_k}$, converge vers RF.

Si z_0 est un zéro de U, ce n'est certainement pas un zéro de V; car tout zéro de U est limite de points $\frac{a_\lambda}{2^{n''_k}}$ et tout zéro de V est limite de points $\frac{b_\mu}{2^{n''_k}}$, ces limites ne pourraient être l'une et l'autre égales à $z_0 \neq 0$ que si les rapports correspondants $\frac{a_\lambda}{b_\mu}$ avaient pour limite l'unité, ce qui serait en désaccord avec la propriété IV. Donc, dans le voisinage de z_0, $V_{n''_k}(z)$ a une limite non nulle et $R_{n''_k}$ a une limite nulle en z_0. Il en est de même pour $f_{n''_k}$ puisque le module de $F_{n''_k}$ est borné; et la convergence est uniforme en z_0.

On raisonnerait d'une manière semblable, en remplaçant $f_{n''_k}$ par $\frac{1}{f_{n''_k}}$ lorsque z_0 annule V.

Ainsi, la suite $f_{n''_k}$ converge uniformément autour de chaque point intérieur à (Γ).

En résumé, toute suite partielle de fonctions $f_n(z)$ est génératrice d'une suite partielle convergeant uniformément dans (Γ). La suite $f_n(z)$ est normale et la fonction $f(z)$ est exceptionnelle.

84. Théorème général. — Plaçons-nous maintenant dans le cas général où

$$f(z) = z^m \frac{G_1(z)}{G_2(z)} e^{H(z)};$$

je dis que $f(z)$ ne peut être exceptionnelle que si $H(z) \equiv 0$. Écrivons en effet

$$f(z) = g(z)\,h(z),$$

$$g(z) = z^m \frac{G_1}{G_2}, \qquad h(z) = e^{H(z)}, \qquad h(0) = 1.$$

La fonction $g(z)$ est exceptionnelle comme nous venons de le montrer. La fonction $g - 1$ a donc une infinité de zéros c_1, $c_2, \ldots, c_k, \ldots$. Le zéro c_k est contenu dans l'anneau (Γ_{n_k}). Considérons alors la suite $g_{n_k}(z) = g(2^{n_k} z)$, elle est normale dans (Γ); on peut donc en extraire une suite $g_{n'_k}(z)$ convergeant uniformément dans (Γ) vers une fonction $g_0(z)$ qui n'est ni la constante zéro ni la constante infinie puisque

$$g_{n_k}\left(\frac{c_k}{2^{n_k}}\right) = 1.$$

La fonction $f(z)$ étant supposée exceptionnelle, la suite $f_{n'_k}(z)$ est normale; on peut en extraire une suite partielle $f_{n''_k}$ convergeant uniformément dans (Γ). Traçons un cercle (C) de rayon ρ supérieur à *un* et tel que la fonction limite $g_0(z)$ n'ait ni zéro, ni pôle. sur la circonférence. Sur cette circonférence, le quotient

$$\frac{f_{n''_k}(z)}{g_{n''_k}(z)} = h_{n''_k}(z)$$

converge uniformément, mais la fonction $h(z)$ est entièr et dépourvue de zéro; donc $h_{n''_k}(z)$ converge aussi uniformément pour $|z| \leqq 1 < \rho$. La suite $h_{n''_k}(z)$ est par conséquent normale. Nous savons que $h(z)$ ne peut être qu'un polynome; comme il ne s'annule pas et que $h(0) = 1$, $h(z)$ est la constante *un* et $H(z)$ est identiquement nul [1].

Nous avons donc établi le théorème général de M. Ostrowski :

Pour qu'une fonction méromorphe soit exceptionnelle, il faut et il suffit qu'elle soit de la forme

$$z^m \frac{\prod\left(1 - \frac{z}{a_\lambda}\right)}{\prod\left(1 - \frac{z}{b_\mu}\right)},$$

---

[1] On peut aussi utiliser une proposition de M. Borel. On a, en effet, en remplaçant au besoin $f(z)$ par $f(z) + C$,

$$f(z) \equiv \frac{G_1}{G_2} e^H, \qquad 1 - f(z) \equiv \frac{G}{G_2} e^K,$$

G, G_1, G_2 étant des fonctions entières de genre nul, H et K des polynomes ou des fonctions entières. On en déduit

$$G e^K + G_1 e^H \equiv G_2,$$

identité impossible si H et K ne sont pas des constantes, comme l'a montré M. Borel.

les zéros a_λ *et les pôles* b_μ *satisfaisant aux conditions suivantes :*

I. *La différence entre le nombre des zéros et le nombre des pôles situés dans un cercle ayant son centre à l'origine a un module borné quel que soit le rayon.*

II. *Le nombre des zéros et le nombre des pôles contenus dans un anneau limité par deux cercles ayant leurs centres à l'origine, l'un des rayons étant le double de l'autre, sont bornés quels que soient les rayons.*

III. *Les nombres* $|a_p|^m \dfrac{\displaystyle\prod_{|a_\lambda|<|a_p|} \left|\frac{a_p}{a_\lambda}\right|}{\displaystyle\prod_{|b_\mu|<|a_p|} \left|\frac{a_p}{b_\mu}\right|}$ *et* $|b_q|^{-m} \dfrac{\displaystyle\prod_{|b_\mu|<|b_q|} \left|\frac{b_q}{b_\mu}\right|}{\displaystyle\prod_{|a_\lambda|<|b_q|} \left|\frac{b_q}{b_\lambda}\right|}$ *sont bornés quels que soient* p *et* q.

IV. *Aucune valeur limite des rapports* $\frac{a_\lambda}{b_\mu}$ *n'est égale à l'unité.*

L'exemple le plus simple d'une fonction possédant ces propriétés est fourni par la fonction

$$f(z) = \frac{\displaystyle\prod_{n=0}^{n=\infty}\left(1-\frac{z}{q^n}\right)}{\displaystyle\prod_{n=0}^{n=\infty}\left(1+\frac{z}{q^n}\right)} \qquad (q>1),$$

que nous avons déjà examinée pour $q=2$.

Proposons-nous maintenant de trouver toutes les fonctions $F(z)$ méromorphes et exceptionnelles (J) autour d'un point singulier essentiel. On peut supposer que ce point est à l'infini et que $F(z)$ soit méromophe pour $|z| \geqq R$, et écrire

$$F(z) = \varphi(z)\psi(z),$$

la fonction $\varphi(z)$ étant méromorphe dans tout le plan et admettant les mêmes zéros et les mêmes pôles que $F(z)$ pour $|z| \geqq R$. La fonction $\psi(z)$ est alors régulière en chaque point extérieur au cercle $|z| \leqq R$ et ne s'annule pas. Elle est nécessairement uniforme dans le domaine $|z| > R$. Lorsque z parcourt la circonférence $|z| = R$, l'argument de $\psi(z)$ varie d'une quantité finie multiple de 2π; soit $2\pi p$ cette variation, la fonction $\frac{\psi(z)}{z^p}$ est uniforme et régulière autour du point à l'infini et il en est de même de son logarithme puisque cette fonction ne s'annule pas. Ce logarithme peut être représenté par une série de Laurent

$$\theta(z)+\chi\left(\frac{1}{z}\right),$$

$\theta(z)$ étant une fonction entière et $\chi\left(\frac{1}{z}\right)$ une fonction régulière pour $|z|>R$ qu'on peut supposer nulle à l'infini; on a alors

$$\psi(z)=z^p\, e^{\theta(z)}\, e^{\chi\left(\frac{1}{z}\right)}$$

et

$$F(z)=z^p\, \varphi(z)\, e^{\theta(z)}\, e^{\chi\left(\frac{1}{z}\right)}$$

La fonction

$$f(z)=z^p\, \varphi(z)\, e^{\theta(z)}$$

est méromorphe dans tout le plan; la fonction

$$g(z)=e^{\chi\left(\frac{1}{z}\right)}$$

est holomorphe pour $|z|>R$ et égale à 1 à l'infini; on peut écrire

$$F(z)=f(z)\,g(z).$$

Or, $f(z)$ est une fonction exceptionnelle; en effet,

$$g_n(z)=g(2^n z)$$

a pour limite 1 uniformément dans (Γ); donc la famille $F_n(z)$ et la famille $f_n(z)$ sont normales en même temps et les fonctions $F(z)$ et $f(z)$ sont exceptionnelles en même temps.

Donc, toute fonction exceptionnelle (J) méromorphe autour du point à l'infini est égale au produit d'une fonction méromorphe exceptionnelle (J) par une fonction régulière et égale à l'unité au point à l'infini. Réciproquement, toute fonction ainsi formée est exceptionnelle (J) autour du point à l'infini.

CHAPITRE VII.

SUITES DE FONCTIONS ANALYTIQUES.

SUITES DE FONCTIONS HOLOMORPHES.

85. **Nature de la convergence d'une suite normale ou quasi-normale.** — Nous nous proposons de rechercher des conditions de plus en plus larges permettant d'affirmer qu'une suite infinie de fonctions holomorphes dans un domaine converge uniformément dans ce domaine. Voici d'abord une proposition générale :

Toute suite convergente de fonctions holomorphes appartenant à une famille normale ou quasi-normale converge uniformément.

En d'autres termes, lorsqu'une suite de fonctions holomorphes, appartenant à une famille normale ou quasi-normale dans un domaine (D), admet en chaque point de (D) une limite finie, la convergence de la suite est uniforme dans l'intérieur de (D) : la fonction limite $f(z)$ est donc nécessairement holomorphe. En effet, si la convergence n'était pas uniforme, il existerait un domaine (D′) intérieur à (D), un nombre ε, et une suite infinie de points $z_1, z_2, \ldots, z_n, \ldots$ de (D′) tels que, au point z_n correspondrait une fonction $f_n(z)$ de la suite pour laquelle

$$|f(z_n)-f_n(z_n)| > \varepsilon.$$

Nous pourrions extraire de la suite $f_n(z)$ une autre suite $f_{n'}(z)$, uniformément convergente dans un domaine (D″), contenant (D′) et contenu dans (D), sauf peut-être en un nombre fini de points irréguliers. La limite ne peut être la constante infinie puisque les fonctions de la suite admettent une limite finie en chaque point de (D) : il ne peut donc y avoir de point irrégulier dans (D″) et la convergence est uniforme vers une fonction holomorphe qui coïncide nécessairement avec $f(z)$. On aurait donc, pour n' assez grand,

$$|f(z)-f_{n'}(z)|<\varepsilon,$$

quel que soit z dans (D'), ce qui est contraire à l'hypothèse relative au point $z_{n'}$. La convergence est donc uniforme.

86. Suites qui convergent en une infinité de points intérieurs. — Proposons-nous maintenant de rechercher sur quel ensemble de points intérieurs à (D) une suite $f_n(z)$, extraite d'une famille normale ou quasi-normale, doit converger pour qu'on puisse affirmer la convergence uniforme de cette suite à l'intérieur de (D). D'après le théorème de Stieltjès, il suffit que la suite converge uniformément dans un domaine, si petit soit-il, intérieur à (D) (1). Cette condition peut être élargie :

Si une suite de fonctions, holomorphes dans un domaine (D), *appartenant à une famille normale ou quasi-normale, converge vers une limite finie en une infinité de points admettant au moins un point limite intérieur à* (D), *elle converge uniformément dans l'intérieur de* (D) (2).

Soient $f_n(z)$ la suite considérée, convergeant aux points z_n, et z_0 un point limite des points z_n, intérieur à (D). Il nous suffira, d'après le théorème précédent,de démontrer que cette suite converge vers une limite finie en chaque point de (D). D'abord, toutes les valeurs limites de la suite $f_n(z)$ sont finies. En effet, si en un point z' une des limites de $f_n(z')$ était infinie, on pourrait extraire de la suite $f_n(z)$ une suite partielle $f_{\lambda_n}(z)$ qui, au point z', aurait pour limite la valeur infinie; de cette seconde

---

(1) La démonstration donnée au Chapitre I pour les fonctions bornées s'étend d'elle-même au cas de fonctions appartenant à une famille normale ou quasi-normale.

(2) Lorsque la famille est formée de fonctions bornées dans leur ensemble, le théorème a été démontré par M. Vitali [*Rend. del R. Ist. Lomb.*, (2), 36 (1903), p. 772]. Lorsque la famille est formée de fonctions ayant deux valeurs exceptionnelles, le théorème a été démontré par MM. Carathéodory et Landau, *Beiträge zur Konvergenz von Funktionenfolgen* (*Sitzungsberichte der Kön. Preussischen Akad. der Wissenschaften*, 1911, p. 587).

suite, on pourrait extraire une nouvelle suite partielle $f_{\mu_n}(z)$, convergeant uniformément dans un domaine (D') intérieur à (D) contenant z_0 et z', sauf peut-être en des points irréguliers, vers une fonction finie ou la constante infinie; mais ce dernier cas ne peut se présenter car la limite est finie aux points z_n. Si maintenant la suite $f_n(z)$ n'avait pas une limite en chaque point de (D), il existerait un point z' de (D) pour lequel la suite $f_n(z)$ admettrait au moins deux limites distinctes α et β. Extrayons de la suite $f_n(z)$ une suite partielle

$$f_{\lambda_1}(z), \quad f_{\lambda_2}(z), \quad \ldots, \quad f_{\lambda_n}(z), \quad \ldots$$

dont les valeurs en z' tendent vers α et une suite partielle

$$f_{\mu_1}(z), \quad f_{\mu_2}(z), \quad \ldots, \quad f_{\mu_n}(z), \quad \ldots$$

dont les valeurs en z' tendent vers β.

On peut extraire de la suite $f_{\lambda_n}(z)$ une nouvelle suite convergeant uniformément dans un domaine (D') contenant z' et z_0, car la limite étant finie partout, il ne peut y avoir de point irrégulier; soit $g(z)$ la limite de cette suite. De même, on peut extraire de la suite $f_{\mu_n}(z)$ une nouvelle suite qui converge uniformément dans (D') vers une fonction holomorphe $h(z)$. La fonction $g(z) - h(z)$, holomorphe dans (D'), n'est pas identiquement nulle, puisqu'elle prend en z' la valeur $\alpha - \beta$. Elle devrait s'annuler en une infinité de points z_n voisins du point z_0 intérieur à (D'), ce qui est impossible. Donc, la suite $f_n(z)$ a une limite unique en chaque point intérieur à (D).

87. Théorème de M. Blaschke. — La démonstration précédente repose sur l'impossibilité de l'existence d'une fonction holomorphe dans (D) s'annulant sur un ensemble infini de points complètement intérieurs à (D). Pour étendre le théorème précédent au cas où les points de convergence ont tous leurs points limites sur la frontière du domaine, nous sommes conduits à étudier les conditions d'existence d'une fonction holomorphe non identiquement nulle et s'annulant en tous les points d'un tel ensemble. La question a été traitée par M. Blaschke dans le cas des fonctions bornées; le théorème reste vrai lorsque la convergence des points z_n vers un point frontière z_0 n'est pas trop rapide [1].

Au moyen d'une représentation conforme, nous pouvons supposer que le domaine est un cercle (d) de rayon *un*.

La condition nécessaire et suffisante pour qu'il existe une fonction holomorphe et bornée dans le cercle, s'annulant en une infinité de points z_n dont tous les points limites sont sur la circonférence, est que le produit $\prod_{n=1}^{n=\infty} |z_n|$ soit convergent.

1° La condition est nécessaire : Supposons, en effet, qu'il existe une fonction $f(z)$ holomorphe à l'intérieur de (d), inférieure en tout point intérieur à ce cercle à un nombre fixe M, et s'annulant aux points $z_1, z_2, \ldots, z_n, \ldots$. En la divisant au besoin par une puissance de z nous pouvons supposer qu'elle ne s'annule pas au centre.

Considérons la fonction auxiliaire

$$g_p(z) = \frac{f(z)}{\dfrac{z_1 - z}{1 - z\bar{z}_1} \dfrac{z_2 - z}{1 - z\bar{z}_2} \cdots \dfrac{z_p - z}{1 - z\bar{z}_p}},$$

qui est holomorphe à l'intérieur de (d). Chaque facteur du dénominateur a un module égal à l'unité sur la circonférence (d) : il existe donc une circonférence concentrique et intérieure à la première, de rayon aussi voisin que l'on veut de 1, sur laquelle le module de ce dénominateur est supérieur à $\frac{1}{1+\varepsilon}$; il suffit de prendre une circonférence assez voisine de (d) pour contenir les p cercles

$$\left| \frac{z_i - z}{1 - z\bar{z}_i} \right| = \frac{1}{\sqrt[p]{1+\varepsilon}} \qquad (i = 1, 2, \ldots, p),$$

Sur cette circonférence, et par suite, à l'intérieur, la fonction holomorphe $g_p(z)$ est inférieure en module à $M(1+\varepsilon)$: elle ne peut donc dépasser M en aucun point intérieur à (d). On a alors,

---

[1] *Eine Erweiterung des Satzes von Vitali über Folgen analytischer Funktionen* (*Leipziger Berichte*, 67, 1915, p. 194).

quel que soit p, en tout point de (d),

$$|f(z)| = |g_p(z)| \prod_{n=1}^{n=p} \left| \frac{z_n - z}{1 - z\bar{z}_n} \right| \leqq \mathrm{M} \prod_{n=1}^{n=p} \left| \frac{z_n - z}{1 - z\bar{z}_n} \right|;$$

en particulier, en faisant $z = 0$, on aura, en posant $r_n = |z_n|$,

$$|f(0)| \leqq \mathrm{M} \prod_{n=1}^{n=p} r_n.$$

le produit $\prod_{n=1}^{n=\infty} r_n$ décroît lorsque p augmente et reste supérieur à un nombre positif, puisque $f(0)$ n'est pas nul, il a donc une limite positive, c'est-à-dire que ce produit est convergent : il en est de même de la série dont le terme général est $u_n = 1 - r_n$; et réciproquement.

Il résulte de ce qui précède que la démonstration donnée au paragraphe précédent peut être répétée lorsque le produit $\Pi|z_n|$ est divergent et les fonctions $f_n(z)$ bornées. On obtient ainsi le théorème de M. Blaschke :

Lorsqu'une suite de fonctions holomorphes et bornées dans le cercle $|z| < 1$ converge en une infinité de points z_n intérieurs au cercle et tels que le produit $\Pi|z_n|$ soit divergent, la suite converge uniformément dans l'intérieur de ce cercle.

Si la suite des points de convergence z_n a un point limite z_0 intérieur au cercle, le produit est évidemment divergent et l'on retrouve le théorème du paragraphe 86 pour le cas des fonctions bornées. Si tous les points limites sont sur la circonférence, il suffit que la série $\Sigma(1 - |z_n|)$ soit divergente, c'est-à-dire que $|z_n|$ ne s'approche pas trop vite de l'unité.

2° La condition est suffisante : Supposons $\prod_{n=1}^{n=\infty} |z_n|$ convergent, et considérons le produit infini

$$\prod_{n=1}^{n=\infty} \frac{z - z_n}{z - z'_n};$$

les z'_n sont les affixes de points extérieurs au cercle. Ce produit converge uniformément à l'intérieur du cercle et représente une fonction holomorphe, pourvu que la série $\sum_{n=1}^{n=\infty} |z_n - z'_n|$ soit convergente. En effet, le terme général du produit s'écrit

$$1 + \frac{z'_n - z_n}{z - z'_n}$$

et le produit est uniformément convergent en même temps que la série

$$\sum_{n=1}^{n=\infty} \left| \frac{z'_n - z_n}{z - z'_n} \right|,$$

dont le terme général est inférieur à $\frac{|z'_n - z_n|}{1 - r}$ si z reste à l'intérieur du cercle $|z| = r < 1$. Plus généralement, le produit converge uniformément dans toute région ne contenant à son intérieur ni sur sa frontière aucun z'_n ni aucun de leurs points limites.

Prenons pour z'_n l'image $\frac{1}{\overline{z_n}}$ de z_n par rapport au cercle, et posons $|z_n| = r_n$, il vient

$$z'_n - z_n = \frac{1 - z_n \overline{z_n}}{\overline{z_n}} = \frac{1 - r_n^2}{\overline{z_n}}, \qquad |z'_n - z_n| = \frac{1 - r_n^2}{r_n} = \frac{1 + r_n}{r_n}(1 - r_n),$$

le premier facteur, dès que r_n dépasse $\frac{1}{2}$, reste compris entre 2 et 3. La série $\sum_{n=1}^{n=\infty} |z'_n - z_n|$ est convergente comme la série $\Sigma(1 - r_n)$ et cette dernière série est convergente en même temps que le produit $\prod_{n=1}^{n=\infty} r_n$.

La fonction obtenue

$$g(z) = \prod_{n=1}^{n=\infty} \frac{z - z_n}{z - \frac{1}{\overline{z_n}}} = \prod_{n=1}^{n=\infty} \left(\frac{z - z_n}{1 - z\overline{z_n}} \overline{z_n} \right)$$

est bornée dans tout le cercle (d). En effet, les points z_n et $\frac{1}{\overline{z_n}}$

étant images l'un de l'autre par rapport à ce cercle, le facteur $\frac{z - z_n}{z - \frac{1}{\overline{z}_n}}$ a sur la circonférence un module constant r_n, et son module est inférieur à r_n à l'intérieur du cercle; on a donc, en tout point du cercle,

$$|g(z)| < \Pi r_n.$$

Le produit converge encore en tout point de la circonférence qui n'est pas limite des z_n, et son module est égal à Πr_n.

88. **Extension aux fonctions** N. — Le théorème de M. Blaschke s'étend aux fonctions non bornées mais qui sont, dans le cercle (d), égales au quotient de deux fonctions bornées que l'on peut toujours supposer inférieures à *un* en module. En effet, si deux fonctions de cette nature sont égales aux points z_n, elles coïncident, car leur différence est aussi le quotient de deux fonctions bornées et, le numérateur, étant une fonction bornée qui s'annule aux points z_n pour lesquels le produit $\Pi |z_n|$ est divergent, est identiquement nul.

Par conséquent, toute suite infinie de fonctions de cette nature, appartenant à une famille normale et convergeant aux points z_n, converge uniformément à l'intérieur de (d). Il n'y a rien à changer au raisonnement du paragraphe 84.

En particulier, il suffit de supposer, comme on l'a vu au paragraphe 25, que l'intégrale

$$\int_0^{2\pi} \overset{+}{\log} |f(r e^{i\varphi})| \, d\varphi$$

reste bornée quel que soit r inférieur à *un*, et quelle que soit la fonction de la suite. Le théorème de M. Blaschke est applicable, comme l'ont montré MM. F. et R. Nevanlinna [1].

Le théorème de M. Blaschke est encore applicable à des fonctions qui, sans être bornées, ne prennent pas de valeurs dont les points représentatifs sont situés dans une certaine région du plan com-

---

[1] *Loc. cit.* (p. 42, en note), p. 28. *Voir* aussi Priwaloff, *Eine Erweiterung des Satzes von Vitali über Folgen analytischer Funktionen* (*Math. Zeitschrift,* 1924, p. 149).

plexe. Si a est l'affixe d'un point intérieur à cette région, les fonctions

$$\varphi_n(z) = \frac{1}{f_n(z) - a}$$

sont bornées et la convergence des $f_n(z)$ se déduit de celle des $\varphi_n(z)$. Mais il cesse d'être exact pour une suite de fonctions qui, dans leur ensemble, s'approchent de toute valeur, car on peut toujours construire une fonction $f(z)$ non bornée dans le cercle (d) et s'annulant en une suite de points z_n pour lesquels la série Σu_n est divergente [1].

Le théorème s'applique aussi à une suite de fonctions $f(z)$ qui ne prennent aucune valeur d'un continu linéaire. En effet, M. Fatou a montré qu'on peut toujours trouver deux points α et β de ce continu tels que l'argument de $\frac{f(z)-\alpha}{f(z)-\beta}$ demeure borné. Les fonctions $\varphi_n(z) = e^{i\frac{f_n(z)-\alpha}{f_n(z)-\beta}}$ sont donc bornées en module et le théorème de M. Blaschke est valable pour la suite φ_n : et par conséquent aussi pour la suite f_n [2].

Mais, comme nous le verrons bientôt, le théorème n'est plus valable pour des fonctions n'ayant que deux valeurs exceptionnelles.

89. Extension aux fonctions non bornées. — Nous allons voir comment on peut modifier l'énoncé du théorème de M. Blaschke pour obtenir une proposition applicable aux fonctions non bornées lorsqu'on limite l'ordre de croissance du module de ces fonctions dans le voisinage de la frontière de (d). Supposons, par exemple, que l'on ait

$$\log|f(z)| < \frac{A}{(1-r)^{\sigma}} \qquad (|z| = r < 1),$$

A et p désignant des constantes positives. L'hypothèse $p = 0$ nous conduirait à une fonction bornée.

Soient $z_1, z_2, \ldots, z_n \ldots$ les zéros de $f(z)$ rangés par ordre de

---

(1) *Voir*, par exemple, E. PICARD, *Traité d'Analyse*, t. II, 3e édition, p. 149.

(2) *Voir* J. PRIWALOFF, *Sur les suites de fonctions analytiques* (*Recueil Math. de Moscou*, t. XXXII, 1924, p. 1).

module non décroissant. Posons de nouveau

$$r_n = |z_n|, \qquad u_n = 1 - r_n.$$

Nous allons établir le lemme suivant :

Lorsque

$$\log|f(z)| < \frac{A}{(1-r)^\sigma},$$

la série $\Sigma u_n^{\sigma+1+\varepsilon}$ *est convergente pour toute valeur positive de* ε.

En effet, considérons la fonction auxiliaire

$$f_p(z) = \frac{f(z)}{\dfrac{z-z_1}{r^2 - z\bar{z}_1}\,\dfrac{z-z_2}{r^2-z\bar{z}_2}\cdots\dfrac{z-z_p}{r^2-z\bar{z}_p}} \qquad (r_p \leqq r < 1)$$

sur le cercle $|z| = r$, le module de chaque fraction du dénominateur est égal à $\frac{1}{r}$, on a donc pour $|z| = r$, et par conséquent aussi pour $|z| \leqq r$, car la fonction $f_p(z)$ est holomorphe pour $|z| < 1$,

$$|f_p(z)| < r^p e^{\frac{A}{(1-r)^\sigma}};$$

cette inégalité donne, en faisant $z = 0$ et supposant $f(0) \neq 0$,

$$|f_p(0)| = \frac{|f(0)|\, r^{2p}}{r_1 r_2 \ldots r_p} < r^p e^{\frac{A}{(1-r)^\sigma}},$$

$$r_1 r_2 \ldots r_p > |f(0)|\, r^p e^{-\frac{A}{(1-r)^\sigma}}.$$

Cette inégalité est encore valable quel que soit r compris entre 0 et 1. En effet, on peut l'écrire

$$\frac{r_1}{r}\,\frac{r_2}{r}\cdots\frac{r_p}{r} > |f(0)|\, e^{-\frac{A}{(1-r)^\sigma}};$$

si $r < r_p$, l'inégalité est vraie quand on supprime dans le premier membre les fractions supérieures à l'unité : donc elle reste vraie en gardant ces fractions. Si $r_{p+1} \leqq r$, l'inégalité est vraie quand on ajoute des fractions telles que $\frac{r_{p+1}}{r}$, inférieures à l'unité : donc elle reste vraie si l'on n'introduit pas ces fractions. Nous avons donc, quel que soit le nombre positif r inférieur à l'unité,

$$r_p^p \geqq r_1 r_2 \ldots r_p > |f(0)|\, r^p e^{-\frac{A}{(1-r)^\sigma}}.$$

Nous allons, dans le second membre, introduire la valeur maximum de

$$\varphi(r) = r^p e^{-\frac{A}{(1-r)^\sigma}},$$

c'est la valeur $\varphi(r_0)$ correspondant à la racine réelle r_0, qui annule la dérivée logarithmique de $\varphi(r)$, de l'équation

$$\frac{p}{r} = \frac{\sigma A}{(1-r)^{\sigma+1}}.$$

On a alors

$$p \log r_p > \log \varphi(r_0),$$

en supposant $f(0) = 1$, ce que l'on peut toujours obtenir en divisant au besoin $f(z)$ par une constante. Or,

$$\log \varphi(r_0) = p \log r_0 - \frac{A}{(1-r_0)^\sigma} = p \left[\log r_0 - \frac{1-r_0}{\sigma r_0}\right]$$

et

$$\log \frac{1}{r_p} < \log \frac{1}{r_0} + \frac{1-r_0}{\sigma r_0} = v_p.$$

Le nombre $\log \frac{1}{r_p}$ est supérieur à $u_p = 1 - r_p$, car on a, pour $0 < u \leqq 1$, l'inégalité

$$u < \log \frac{1}{1-u}.$$

Donc

$$u_p < v_p.$$

Étudions la série de terme général v_p; l'équation définissant r_0

$$(1-r_0)^{\sigma+1} = \frac{\sigma A}{p} r_0$$

montre que

$$u_0 = 1 - r_0 = \left(\frac{\sigma A}{p}\right)^{\frac{1}{\sigma+1}} + \dots.$$

Alors

$$v_p = \log \frac{1}{1-u_0} + \frac{u_0}{\sigma(1-u_0)} = \frac{\sigma+1}{\sigma} u_0 + \dots,$$

$$v_p = \frac{h}{p^{\frac{1}{\sigma+1}}} + \dots.$$

La série $\Sigma v_p^{\sigma+1+\varepsilon}$ est convergente; il en est donc de même de la série $\Sigma u_p^{\sigma+1+\varepsilon}$.

On déduit aussitôt de ce lemme le théorème suivant :

Si une suite infinie de fonctions

$$f_1(z),\quad f_2(z),\quad \ldots,\quad f_n(z),\quad \ldots,$$

holomorphes pour $|z| < 1$ *et vérifiant quel que soit* n *l'inégalité*

$$\log|f_n(z)| < \frac{A}{[1-|z|]^\sigma}$$

converge en une infinité de points z_n *pour lesquels la série*

$$\sum_{n=1}^{n=\infty} [1-|z_n|]^{\sigma+1+\varepsilon}$$

est divergente, elle converge uniformément à l'intérieur du cercle $|z| = 1$.

On peut appliquer ce théorème à une suite de fonctions admettant deux valeurs exceptionnelles, 0 et 1 par exemple, dans le domaine (d). On sait que, dans ce cas, on peut prendre $\sigma = 1$ (¹). Il suffit alors que la série $\Sigma u_n^{2+\varepsilon}$ soit divergente. Il en est de même si les fonctions de la suite ne prennent qu'un nombre limité de fois les valeurs 0 et 1. Dans ce dernier cas, M. Valiron a montré récemment qu'il suffisait de supposer que le produit nu_n augmente indéfiniment (²).

Le théorème de M. Blaschke ne s'applique pas sans modification aux fonctions admettant deux valeurs exceptionnelles : montrons-le par un exemple. M. R. Nevanlinna a établi que la fonction modulaire $\lambda(z)$ prend toute valeur différente de 0, 1, ∞, la valeur $\frac{1}{2}$ par exemple, en une suite de points z_n pour lesquels la série Σu_n est divergente (³). La suite de fonctions définie par

$$f_{2n} = \lambda(z), \qquad f_{2n+1} = \frac{1}{2}$$

(¹) *Voir* E. Landau, *Über den Picardschen Satz* (*Vierteljahrsschrift der Naturforschenden Gesellschaft in Zürich*, 1906, p. 295).

(²) G. Valiron, *Remarque sur la convergence des suites de fonctions holomorphes* (*Bulletin des Sc. math.*, 2ᵉ série, t. L, 1926, p. 200).

(³) R. Nevanlinna, *Untersuchungen über den Picard'schen Satz* (*Acta Soc. sc. Fennicæ*, t. L, n° 6, 1924, p. 35).

admet deux fonctions limites distinctes $\lambda(z)$ et $\frac{1}{2}$. Elle converge cependant vers $\frac{1}{2}$ en tous les points z_n [1].

90. **Suites qui convergent sur une partie de la frontière.** — On peut affirmer, dans certaines conditions, qu'une suite de fonctions holomorphes qui converge uniformément sur un arc de la frontière d'un domaine converge uniformément à l'intérieur de ce domaine. Le théorème de Weierstrass en fournit un exemple : si une suite de fonctions, holomorphes dans un domaine (D), converge uniformément sur la frontière rectifiable de ce domaine, elle converge uniformément dans tout le domaine [2].

On peut démontrer une proposition analogue pour les suites qui convergent seulement sur un arc de la frontière supposée formée d'arcs de courbes de Jordan.

Une suite de fonctions holomorphes $f_1(z)$, $f_2(z)$, ..., $f_n(z)$, ..., *bornées dans un domaine* (D) *et uniformément convergentes sur un arc ab de la frontière de* (D), *converge uniformément dans chaque domaine* (D') *intérieur à* (D) *n'ayant d'autres points frontières communs avec lui que ceux d'un arc a'b' intérieur à ab.*

Les fonctions f_n ne sont pas supposées holomorphes sur ab mais elles doivent avoir en chaque point de ab une valeur unique, limite de leurs valeurs aux points intérieurs voisins, et ces valeurs doivent former une fonction continue sur ab. C'est ce que nous exprimerons en disant que ces fonctions sont continues sur ab.

Nous démontrerons d'abord qu'on peut extraire de la suite, une suite partielle uniformément convergente dans le domaine fermé (D'); nous établirons, en second lieu, que la suite elle-même converge uniformément dans ce domaine.

Soit (D_0) (*fig.* 19) un domaine intérieur à (D), contenant le domaine (D') et limité par une courbe (C) allant de a à b. La

---

(1) G. Valiron, *loc. cit.*, p. 203.

(2) Il suffit même que les fonctions de la suite restent bornées dans leur ensemble et convergent sur la frontière (*voir* P. Montel, *Leçons sur les séries de polynomes*, p. 18).

suite $f_n(z)$ étant bornée dans (D), on peut en extraire une suite partielle convergeant uniformément dans tout domaine intérieur, en particulier sur la courbe (C), sauf au voisinage de ses extrémités a et b. Traçons deux arcs de cercles cc' et dd' de

Fig. 19.

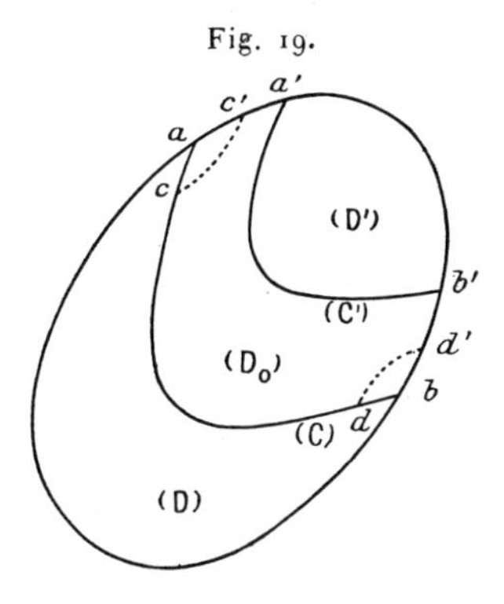

centres a et b et de rayons assez petits pour ne pas empiéter sur (D'). La suite extraite, que nous continuerons à appeler $f_n(z)$, converge uniformément sur le contour $aa'b'ba$; sauf peut-être aux points a et b dans le voisinage desquels les fonctions sont bornées.

Je dis qu'elle converge uniformément dans le domaine obtenu en retranchant de (D_0) les points intérieurs aux secteurs $c'ac$ et $d'bd$. En effet, il suffit d'appliquer à la différence $f_{n+p}(z) - f_n(z)$ les raisonnements du paragraphe 53. On pourra déterminer un entier n_0 tel que, pour $n > n_0$, l'inégalité

$$|f_{n+p}(z) - f_n(z)| < \varepsilon$$

soit vérifiée dans la région considérée et, par conséquent, dans le domaine fermé (D') vers une fonction $f(z)$ continue même sur la frontière de (D').

Montrons que toute autre suite partielle converge vers $f(z)$. Dans le cas contraire, en effet, on pourrait otbtenir une fonction limite $g(z)$ distincte de $f(z)$ et prenant sur $a'b'$ les mêmes valeurs que $f(z)$ puisque la suite donnée converge sur ab. La différence $f(z) - g(z)$ est holomorphe et continue dans (D'); elle prend la valeur zéro sur l'arc $a'b'$. Je dis qu'elle est identiquement nulle. En effet, faisons la représentation conforme de (D') sur un cercle (d'); nous pouvons toujours supposer que la courbe (C'), intérieure à (D), qui définit (D′) est un arc de Jordan, sinon on la remplacerait par une autre courbe intérieure à (D′). A cette courbe correspond un arc (γ') de la circonférence (d') et l'arc restant (γ) correspond aux points de $a'b'$. La fonction déduite de $f(z) - g(z)$ par la représentation conforme prend sur l'arc (γ) la valeur zéro : nous savons qu'elle est identiquement nulle; donc $f(z)$ et $g(z)$ sont identiques.

Nous pouvons maintenant montrer que la suite donnée converge uniformément dans (D′); dans le cas contraire, on pourrait trouver un nombre positif ε_0 et une suite infinie de points z_k intérieurs à (D′) à chacun desquels correspondraient deux entiers n_k et n'_k tels que

$$|f_{n_k}(z_k) - f_{n'_k}(z_k)| > \varepsilon_0.$$

Or, on peut extraire de la suite $f_{n_k}(z)$ une suite partielle $f_{n_{k'}}(z)$ convergeant uniformément vers $f(z)$; et de la suite $f_{n'_{k'}}(z)$, on peut extraire une suite partielle $f_{n'_{k''}}(z)$ convergeant aussi vers $f(z)$. Il en résulte que la suite $f_{n_{k''}}(z) - f_{n'_{k''}}(z)$ converge uniformément vers zéro, et que, par conséquent, lorsque k'' est assez grand, on aura

$$|f_{n_{k''}}(z_{k''}) - f_{n'_{k''}}(z_{k''})| > \varepsilon_0,$$

ce qui est contraire à l'hypothèse.

La proposition est donc entièrement démontrée.

Voici une application du théorème précédent :

Si une fonction $f(z)$, holomorphe et bornée dans un angle AOB, *continue sur le côté* OB, *tend vers zéro quand on se rapproche de* O *sur ce côté, elle tend aussi vers zéro sur un chemin quelconque aboutissant au point* O *et restant intérieur à un angle* A′OB *dont le côté* OA′ *est intérieur à* AOB.

En d'autres termes, la fonction tend uniformément vers zéro, au voisinage de O, dans l'angle A′OB.

Nous appliquerons le procédé de morcellement du plan qui nous a servi pour démontrer le théorème de M. Picard. Traçons (*fig.* 19 *bis*) les arcs de cercles A_0B_0, A_1B_1, ..., A_nB_n, ..., de centre O et de rayons 2, 1, $\frac{1}{2}$, $\frac{1}{2^2}$, ..., $\frac{1}{2^n}$, ... Soit (D_0) le domaine limité par les segments A_0A_3, B_0B_3 et les arcs A_0B_0 et A_3B_3. Menons maintenant dans l'angle BOA′ deux arcs de cercles CE et DF de centre O et de rayons $\frac{3}{2}$ et $\frac{3}{8}$ déterminant le domaine hachuré (D'_0) intérieur à (D) avec lequel il a le segment frontière commun CD. Soient (D_n) et (D'_n) les domaines homothétiques de (D_0) et (D'_0) dans le rapport $\frac{1}{2^n}$. Les fonctions $f_n(z) = f\left(\frac{z}{2^n}\right)$ sont holomorphes et bor-

Fig. 19 *bis*.

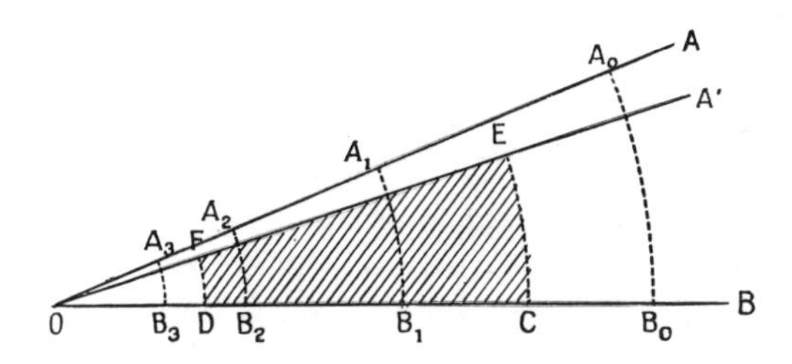

nées dans (D_0); elles sont continues et convergent uniformément dans (D'_0) vers une fonction holomorphe dans ce domaine et continue sur le segment de droite CD où elle prend la valeur zéro. Cette fonction est donc identiquement nulle. Les valeurs des $f_n(z)$ dans (D'_0) représentent les valeurs de $f(z)$ dans les domaines (D'_n) qui, dans le voisinage de O, remplissent l'angle A′OB; il existe donc un cercle de centre O et de rayon assez petit pour que, dans le secteur ainsi déterminé, la fonction $f(z)$ ait un module arbitrairement petit. En particulier, *il est impossible qu'une fonction holomorphe et bornée dans un angle* AOB *et continue sur les côtés, tende vers une limite a sur le rayon* AO *et vers une limite $b \neq a$ sur le rayon* BO. En effet, sur un rayon intérieur, elle devrait tendre à la fois vers a et vers b.

Ce dernier théorème, dû à M. Lindelöf [1] reste vrai si l'on remplace les demi-droites OA et OB par deux courbes de Jordan sans point double, ni point commun autre que O. Nous pouvons en effet réunir ces deux courbes par une troisième joignant un point A de la première à un point B de la seconde. La fonction sera holomorphe et bornée dans le triangle curviligne AOB ainsi défini.

---

[1] *Sur un principe général de l'Analyse et ses applications à la théorie de la représentation conforme* (*Acta. Soc. sc. Fennicæ*, t. XLVI, 1915, p. 7).

Faisons la représentation conforme de ce triangle sur un secteur circulaire $\alpha\omega\beta$ de façon que O et ω se correspondent. Les points des contours se correspondent uniformément d'une manière continue. Nous serons alors ramené au cas précédent.

Nous avons utilisé précédemment ce dernier théorème dans l'étude de la représentation conforme (Chap. IV, § 54), cependant, pour l'établir, nous venons de faire appel, par deux fois, à la théorie de la représentation conforme. Il est facile de montrer que la suite des démonstrations peut être établie sans que les propositions se commandent l'une l'autre : il suffit d'utiliser les résultats classiques sur la représentation conforme des domaines limités par des arcs analytiques. On sait qu'il est possible de représenter, sur un cercle, un domaine simplement connexe limité par un nombre fini d'arcs analytiques et que les points des deux contours se correspondent alors d'une manière biunivoque et continue. Cette proposition demeure exacte lorsque le domaine est limité par une infinité dénombrable d'arcs analytiques dont les points de séparation ont un seul point limite, c'est-à-dire par une ligne polygonale, à côtés analytiques, ayant une infinité de côtés dans le voisinage d'un de ses points.

Nous pouvons alors démontrer le théorème sur la convergence dans le cas des domaines simples limités par des arcs analytiques. Nous pouvons ensuite démontrer le théorème précédent dans le cas où les deux courbes aboutissant en O sont deux lignes polygonales à côtés analytiques ayant au voisinage de O, et de O seulement, une infinité de côtés. Or, c'est dans ce cas particulier que le théorème a été utilisé au Chapitre IV. On peut donc reprendre la suite des théorèmes du Chapitre IV de manière à obtenir les propriétés de la représentation conforme dans le cas le plus général. Nous pouvons alors restituer, aux théorèmes du présent paragraphe, à leur tour, toute leur généralité.

91. **Généralisations.** — Le théorème de convergence précédent comporte une généralisation importante : il suffit, pour assurer la convergence dans l'intérieur de (D), que la suite converge sur un ensemble de points de la frontière, supposée rectifiable, dont la mesure soit positive. Nous allons donc établir la proposition suivante :

Soit

$$f_1(z),\ f_2(z),\ \ldots,\ f_n(z),\ \ldots$$

une suite infinie de fonctions holomorphes et bornées dans l'intérieur d'un domaine (D) *et continues dans ce domaine fermé limité par une courbe rectifiable* (C). *Si la suite converge uniformément sur un ensemble de points de* (C) *dont la mesure est positive, elle converge uniformément dans l'intérieur de* (D).

On peut d'ailleurs supposer simplement que l'ensemble est situé sur un arc rectifiable de (C).

Nous pouvons toujours supposer que le domaine (D) est le cercle de rayon *un*, car on peut être ramené à ce cas en faisant au besoin une représentation conforme. Une telle représentation fait correspondre, à un ensemble de points de (C) de mesure positive, un ensemble de points de la circonférence unité, de mesure également positive (1).

Soient alors E l'ensemble des points de convergence sur la circonférence et M une limite supérieure du module des fonctions de la suite lorsque $|z| \leqq 1$. Étant donné ε, il existe un entier n_0 tel que, pour $n \geqq n_0$, l'inégalité

$$|f_{n+p}(\zeta) - f_n(\zeta)| < \varepsilon$$

soit vérifiée en tous les points de convergence, quel que soit p. Pour les autres points de la circonférence, on a

$$|f_{n+p}(\zeta) - f_n(\zeta)| < 2\mathrm{M}.$$

Désignons par U la fonction harmonique et régulière dans le cercle, égale à $\log|f_{n+p}(\zeta) - f_n(\zeta)|$ en tous les points de la circonférence où cette expression est supérieure à $\log\varepsilon$ et égale à $\log\varepsilon$ aux points où cette expression est inférieure à $\log\varepsilon$. La fonction $\varphi(\zeta)$ ainsi obtenue est continue sur la circonférence (2).

La fonction $\log|f_{n+p}(z) - f_n(z)|$ ne dépasse pas U, en chaque

(1) M. Lusin et J. Priwaloff, *Sur l'unicité et la multiplicité des fonctions analytiques* (*Annales sc. de l'École Normale sup.*, 3e série, t. XLII, 1925, p. 156).

(2) Si $f_{n+p}(\zeta) - f_n(\zeta)$ ne s'annule pas sur la circonférence, on peut prendre

$$\varphi(\zeta) = \log|f_{n+p}(\zeta) - f_n(\zeta)|.$$

point z du cercle puisque cette fonction ne dépasse pas $\varphi(\zeta)$ sur la circonférence. On a donc

$$\log|f_{n+p}(z)-f_n(z)| \leqq \mathrm{U}$$

et

$$\mathrm{U} = \frac{1}{2\pi}\int_0^{2\pi} \varphi(\zeta)\frac{1-r^2}{\rho^2}\,d\varphi \qquad (r = |z|,\ \rho = |\zeta - z|).$$

L'intégrale est la somme de deux intégrales de Lebesgue : l'une, prise sur l'ensemble mesurable E; l'autre sur l'ensemble complémentaire C(E). La première est inférieure à

$$\frac{\log\varepsilon}{2\pi}\int_{\mathrm{E}}\frac{1-r^2}{\rho^2}\,d\varphi = \lambda\log\varepsilon;$$

la seconde est inférieure à

$$\frac{\log(2\mathrm{M})}{2\pi}\int_{\mathrm{C(E)}}\frac{1-r^2}{\rho^2}\,d\varphi = (1-\lambda)\log(2\mathrm{M}).$$

Donc,

$$\mathrm{U} \leqq \lambda\log\varepsilon + (1-\lambda)\log(2\mathrm{M}) = \log\varepsilon^\lambda(2\mathrm{M})^{1-\lambda}$$

et

$$|f_{n+p}(z)-f_n(z)| \leqq \varepsilon^\lambda(2\mathrm{M})^{1-\lambda}.$$

Laissons z fixe : λ n'est pas nul, on a en effet

$$\rho^2 \leqq (1+r)^2$$

et

$$\lambda \geqq \frac{1}{2\pi}\int_{\mathrm{E}}\frac{1-r}{1+r}\,d\varphi = \frac{1-r}{1+r}\,\frac{\text{mes. de E}}{2\pi} > 0.$$

L'inégalité

$$|f_{n+p}(z)-f_n(z)| \leqq \varepsilon^\lambda(2\mathrm{M})^{1-\lambda} \qquad (n \geqq n_0)$$

montre que la suite converge au point z. Soit $f(z)$ la fonction limite. On déduit de l'inégalité précédente, en faisant croître p indéfiniment,

$$|f(z)-f_n(z)| \leqq \varepsilon^\lambda(2\mathrm{M})^{1-\lambda} \qquad (n \geqq n_0).$$

Comme λ reste supérieur à un nombre fixe, lorsque z reste dans un cercle concentrique et intérieur au premier, on voit que la convergence est uniforme à l'intérieur du domaine.

On peut remplacer la condition que les modules des fonctions $f_n(z)$ sont bornés par l'hypothèse plus large que les intégrales

$$\int_0^{2\pi} \overset{+}{\log} |f_n(e^{i\varphi})|\, d\varphi$$

sont, quel que soit n, inférieures à un nombre fixe N. Il suffit de remarquer que cette intégrale est égale à l'intégrale de Lebesgue de $\log |f_n|$ étendue à l'ensemble des points de la circonférence pour lesquels $|f_n|$ est supérieur à *un*. On a alors, en reprenant le calcul précédent, et supposant $\varepsilon < 1$,

$$U \leqq \lambda \log \varepsilon + \frac{1}{2\pi} \int_F \varphi(\zeta) \frac{1-r^2}{\rho^2}\, d\varphi,$$

l'intégrale étant étendue à l'ensemble F des points où $\varphi(\zeta)$ est positif, en négligeant les points pour lesquels $\varphi(\zeta)$ est compris entre $\log \varepsilon$ et zéro. Or

$$\int_F \varphi(\zeta) \frac{1-r^2}{\rho^2}\, d\varphi \leqq \frac{1+r}{1-r} \int_F \log |f_{n+p}(\zeta) - f_n(\zeta)|\, d\varphi,$$

et cette dernière intégrale est, comme on le voit aisément, bornée comme les intégrales

$$\int_0^{2\pi} \overset{+}{\log} |f_n(e^{i\varphi})|\, d\varphi.$$

Donc

$$|f_{n+p}(z) - f_n(z)| < K\varepsilon^\lambda,$$

et la conclusion subsiste.

On peut même se débarrasser de l'hypothèse de la convergence uniforme sur l'ensemble E et de la continuité des fonctions dans le domaine fermé. La condition précédente doit alors être remplacée par la condition

$$\int_0^{2\pi} \overset{+}{\log} |f_n(r\, e^{i\varphi})|\, d\varphi < N \qquad (r < 1).$$

On montre en effet que, dans ce cas, les fonctions $f_n(z)$ ont presque partout sur la circonférence une limite $f_n(\zeta)$ lorsqu'on se déplace sur un rayon. Mais je me bornerai ici à indiquer ce résultat en renvoyant aux Mémoires originaux [1].

---

[1] *Voir* A. Ostrowski, *Jahresbericht der Deutschen Mathematiker Vereinigung*, Bd XXXI, 1922, p. 82; *Über die Bedeutung der Jensenschen Formel für einige Fragen der komplexen Funktionentheorie* (*Acta Litterarum ac Scien-*

92. Théorème des trois cercles, de M. Hadamard. — Dans ce qui précède nous nous sommes presque exclusivement limité aux fonctions qui demeurent bornées dans le domaine où l'on étudie leur convergence. Nous allons voir que le théorème de Stieltjès peut s'étendre aux fonctions non bornées à condition que la rapidité de la convergence dans le noyau où la série converge compensé la croissance du module maximum des fonctions de la suite.

Rappelons d'abord une proposition de M. Hadamard (1) appelée le « théorème des trois cercles ».

Soient $f(z)$ une fonction holomorphe dans l'anneau formé par deux cercles concentriques (C_1), (C_3) de rayons r_1 et r_3 $(r_1 < r_3)$; M_1, M_3, M_2 les modules maxima de $f(z)$ sur les cercles (C_1), (C_3) et le cercle (C_2) de rayon r_2 compris entre r_1 et r_3, on a l'inégalité

$$M_2 \leqq M_1^{\gamma} M_3^{1-\gamma}$$

avec

$$\gamma = \frac{\log \frac{r_3}{r_2}}{\log \frac{r_3}{r_1}}.$$

Cette inégalité peut aussi s'écrire

$$M_1^{-\gamma} M_2 M_3^{\gamma-1} \leqq 1$$

ou

$$\log \frac{r_2}{r_3} \log M_1 + \log \frac{r_3}{r_1} \log M_2 + \log \frac{r_1}{r_2} \log M_3 \leqq 0,$$

c'est-à-dire

$$\begin{vmatrix} \log M_1 & \log r_1 & 1 \\ \log M_2 & \log r_2 & 1 \\ \log M_3 & \log r_3 & 1 \end{vmatrix} \leqq 0.$$

Considérons en effet la fonction

$$\Delta(z) = \begin{vmatrix} \log M_1 & \log r_1 & 1 \\ \log |f(z)| & \log |z| & 1 \\ \log M_3 & \log r_3 & 1 \end{vmatrix};$$

---

tiarum Regiæ Universitatis Hungaricæ Francisco-Josephinæ, t. I. 1923, p. 80). — A. J. Khinchine, *Recueil math. de Moscou*, 1922, p. 147; *Fundamenta mathematicæ*, t. IV, 1923, p. 72.

(1) *Bulletin de la Société Math. de France*, t. XXVI, 1896.

elle est harmonique dans l'anneau $(C_1)(C_3)$, infinie et négative aux zéros de $f(z)$, négative ou nulle sur les circonférences (C_1) et (C_3); on en déduit, en répétant le raisonnement du paragraphe 24, que $\Delta(z)$ est négatif ou nul en tout point de la couronne.

En particulier, plaçons-nous au point z_2 de la circonférence (C_2) en lequel $|f(z)|$ atteint son maximum M_2. Nous aurons

$$\Delta(z_2) \leqq 0,$$

et l'inégalité de M. Hadamard est démontrée.

On voit que le nombre γ décroît de 1 à 0 lorsque r_2 croît de r_1 à r_3. Si, par exemple, $M_1 \leqq M_3$, l'expression

$$M_1^\gamma M_3^{1-\gamma} = M_3 \left(\frac{M_2}{M_3}\right)^\gamma$$

croît lorsque γ décroît, donc l'inégalité de M. Hadamard est valable dans l'anneau

$$r_1 \leqq |z| \leqq r_2;$$

si $M_1 \geqq M_3$, l'inégalité est valable pour

$$r_2 \leqq |z| \leqq r_3.$$

Nous avons vu que l'inégalité peut s'écrire sous une forme symétrique au moyen d'un déterminant :

$$\begin{vmatrix} \log M_1 & \log r_1 & 1 \\ \log M_2 & \log r_2 & 1 \\ \log M_3 & \log r_3 & 1 \end{vmatrix} \leqq 0 \qquad (r_1 \leqq r_2 \leqq r_3).$$

On dit qu'une fonction $y = \varphi(x)$ de la variable réelle x est *convexe* dans un intervalle si l'arc est toujours au-dessous de la corde; elle est concave si l'arc est au-dessus. On voit que la fonction $\log M$ est une fonction convexe de $\log r$ dans l'intervalle $(\log r_1, \log r_3)$.

93. Rapidité de la convergence. Extensions du théorème de Stieltjès. — Considérons maintenant une suite de fonctions holomorphes $f_n(z)$ dans un domaine (D), et convergeant uniformément dans une région intérieure (D_1) vers une fonction holomorphe $f(z)$; nous désignerons par m_n le module maximum de $f(z) - f_n(z)$ dans (D_1). Le nombre m_n tend vers zéro avec $\frac{1}{n}$ et la rapidité de la croissance de $\frac{1}{m_n}$ pourra mesurer la rapidité de la convergence uniforme dans (D_1).

Supposons que $f(z)$ demeure holomorphe dans une région (D'_1) contenant (D_1) et contenue dans (D). Nous pouvons tracer deux cercles ayant pour centre commun un point intérieur à (D_1), le premier (C_1), tout entier dans (D_1), le second (C_3), intérieur à (D'_1). Soit M_n le module maximum de $f_n(z) - f(z)$ dans (D'_1). Si M_n est borné quel que soit n, la suite converge dans (D'_1) d'après le théorème de Stieltjès. Supposons que M_n croisse indéfiniment et traçons un cercle (C_2), de rayon r_2, compris entre les rayons r_1 et r_3 des cercles (C_1) et (C_3); désignons par M_1, M_2, M_3 les modules maxima de $f(z) - f_n(z)$ sur (C_1), (C_2), (C_3), on peut prendre $M_1 = m_n$ sur (C_1) et, comme sur (C_3),

$$|f(z) - f_n(z)| < M_n,$$

on prendra $M_3 = M_n$; on en déduit

$$M_2 \leqq m_n^{\gamma} M_n^{1-\gamma};$$

alors, si M_n ne croît pas trop vite, la suite converge uniformément dans le cercle (C_2). Supposons par exemple que

$$m_n^{\alpha} M_n$$

demeure borné $(\alpha > 0)$. On peut écrire, si $m_n^{\alpha} M_n < A$,

$$M_2 \leqq A^{1-\gamma} m_n^{\gamma - \alpha(1-\gamma)}.$$

Prenons γ assez voisin de 1 pour que $\gamma - \alpha(1-\gamma) > 0$, c'est-à-dire

$$\gamma > \frac{\alpha}{1+\alpha},$$

la convergence est assurée dans le cercle (C_2) correspondant; si M_n croît moins vite par rapport à $\frac{1}{m_n}$ et si, par exemple, le produit

$$\left(\log \frac{1}{m_n}\right)^{-\alpha} M_n$$

demeure borné, inférieur à A, on aura

$$M_2 \leqq A^{1-\gamma} \frac{m_n^\gamma}{\left(\log \frac{1}{m_n}\right)^{(1-\gamma)\alpha}},$$

expression qui tend vers zéro avec m_n, quel que soit γ. La suite converge dans tout le cercle (C_3).

On peut remplacer le noyau de convergence (D_1) par un arc de courbe (L) intérieur à (D); il suffit de faire une représentation conforme du plan dans lequel on a fait la coupure (L) sur l'extérieur d'un cercle pour être ramené au cas précédent. On peut même substituer à cet arc de courbe un ensemble dénombrable de points ayant un point limite intérieur à (D); il faut alors, pour que le résultat demeure valable, faire des hypothèses particulières sur la structure de cet ensemble [1].

Nous allons maintenant déduire de l'inégalité de M. Hadamard un résultat important relatif à la comparaison de la rapidité de la convergence d'une suite de fonctions holomorphes dans deux régions de son domaine de convergence. Pour des fonctions continues non analytiques, la rapidité de la convergence peut varier beaucoup d'une région à l'autre; pour les fonctions analytiques, ces rapidités sont comparables en ce sens que, m_n et m'_n désignant les modules maxima de $f(z) - f_n(z)$ dans les deux régions, le rapport

$$\frac{\log m'_n}{\log m_n}$$

reste compris entre des limites fixes, comme l'a montré M. Ostrowski [2].

Soient (D_1) et (D_2) les deux régions contenues dans l'intérieur du domaine de convergence (D) que nous supposerons simplement connexe, et O un point intérieur à (D_1). Nous pouvons faire une représentation conforme de (D) sur l'intérieur du cercle $(d) : |z| \leqq 1$, le point O correspondant au point $z = 0$. Alors (D_1) et (D_2) correspondent à deux régions (d_1) et (d_2)

---

(1) *Voir* H. Milloux, *Journal de Mathématiques*, 9e série, t. III, 1924, p. 345.

(2) *Ueber vollständige Gebiete gleichmässiger Konvergenz von Folgen analytischer Funktionen* (*Abhandlungen aus dem Math. Seminar der Hamburgischen Universität*, Bd I, 1922, p. 329).

contenues dans (d), la première contenant l'origine. Traçons un cercle (c_1) concentrique à (d) et de rayon r_1 assez petit pour être contenu dans (d_1), un cercle (c_2) de rayon r_2 assez grand pour contenir (d_2) et soit (c_3) le cercle qui limite (d). Appelons $f_n(z)$ les fonctions déduites des premières par la représentation conforme, $f(z)$ leur fonction limite, holomorphe dans le domaine fermé (d). Les nombres m_n et m'_n sont aussi relatifs à $f(z)-f_n(z)$ et aux cercles (c_1) et (c_2). On a

$$m'_n \leq m_n^\gamma \mathrm{M}_n^{1-\gamma},$$

M_n désignant le module maximum de $f(z)-f_n(z)$ dans (d). Or, la convergence étant uniforme, on a, à partir d'un certain rang,

$$|f(z)-f_n(z)|<1,$$

et l'on peut prendre $\mathrm{M}_n=1$. Il en résulte

$$\frac{\log m'_n}{\log m_n}<\gamma.$$

Le nombre γ ne dépend que de la configuration de (D_2); il est indépendant de n. On verrait de même que le rapport inverse est borné.

Par exemple, on ne peut avoir

$$m_n=\frac{1}{n}, \qquad m'_n=\frac{1}{2^n}.$$

94. Séries convergentes de fonctions holomorphes. — Soit $f_n(z)$ une suite de fonctions holomorphes dans un domaine (D) et convergeant en chaque point du domaine vers une limite finie $f(z)$. Nous avons vu que, dans ce cas, l'ensemble E des points où la famille n'est pas normale est un ensemble parfait non dense, continu et d'un seul tenant avec la frontière du domaine. Par conséquent, dans tout domaine, il en existe un autre dans lequel la série converge uniformément et où la fonction limite $f(z)$ est holomorphe. Sur l'ensemble E la fonction $f(z)$ possède la propriété caractéristique des fonctions limites de fonctions continues : elle est ponctuellement discontinue sur cet ensemble et sur tout ensemble parfait contenu dans E [1]. Dans les régions contiguës à E qui peuvent être en infinité dénombrable, la fonction $f(z)$ est analytique, mais les diverses fonctions analytiques ainsi définies peuvent être toutes différentes [2].

Soit P un point de l'ensemble E : la convergence n'est pas uniforme en ce point, puisque la famille n'est pas normale en P. Alors les équations

$$f_n(z) = a$$

ont une infinité de racines dans le voisinage de P, sauf peut-être pour une valeur exceptionnelle. On peut même ajouter que le nombre des racines de chaque équation qui sont voisines de P ne peut rester borné pour toutes les fonctions $f_n(z)$. S'il demeure borné pour une suite partielle $f_n(z)$, cette suite converge uniformément en P et la fonction limite est holomorphe en ce point.

On peut remplacer les constantes par des fonctions holomorphes autour de P. Il ne peut exister deux fonctions $\varphi(z)$ et $\psi(z)$ holomorphes autour de P telles que les équations

$$f_n(z) - \varphi(z) = 0, \qquad f_n(z) - \psi(z) = 0$$

aient un nombre borné de racines voisines de P. Car les fonctions

$$g_n(z) = \frac{f_n(z) - \varphi(z)}{\psi(z) - \varphi(z)}$$

seraient holomorphes dans un anneau assez petit entourant P [ou dans un cercle de centre P si $\psi(0) - \varphi(0)$ n'est pas nul], la convergence de $g_n(z)$ et par conséquent celle de $f_n(z)$ seraient uniformes dans cet anneau; donc le point P serait isolé, ce qui est impossible.

95. Théorème de M. Jentzsch. — Nous avons vu que, autour d'un point P de convergence non uniforme ou de non-convergence d'une suite, les fonctions $f_n(z) - a$ avaient une infinité de racines, sauf peut-être pour une valeur exceptionnelle de a. Il y a

---

(1) *Voir* P. Montel, *Leçons sur les séries de polynomes à une variable complexe*, p. 119.

(2) P. Montel, *Sur les séries de fonctions analytiques* (*Bulletin des Sciences math.*, 2e série, t. XXX, 1906); *Leçons sur les séries de polynomes, etc.*, p. 116.

des cas où l'on peut affirmer que cette exception ne pourra se produire.

Considérons par exemple la suite des polynomes-sections

$$f_n(z) = a_0 + a_1 z + \ldots + a_n z^n$$

d'une série de Taylor admettant un cercle de convergence de rayon fini et non nul. Tous les points extérieurs au cercle de convergence appartiennent à l'ensemble E. Je dis que, dans le voisinage de tout point de la circonférence, les équations

$$f_n(z) - a = 0$$

ont une infinité de racines. Il suffit évidemment de se borner aux zéros de $f_n(z)$, car on peut remplacer $f(z)$ par $f(z) - a$. Nous démontrerons donc le théorème de M. R. Jentzsch (¹) :

Tout point de la circonférence de convergence d'une série de Taylor est un point limite des zéros des polynomes-sections de cette série.

Nous pouvons supposer que le cercle de convergence (C) a pour rayon l'unité. Soit P un point de la circonférence d'affixe z_0; si les polynomes f_n n'ont pas une infinite de zéros dans le voisinage de P, on peut tracer un cercle (γ) de centre P et de rayon 2ε dans lequel ces polynomes ne s'annulent plus à partir d'un certain rang. Dans ce cercle, les fonctions

$$g_n(z) = \sqrt[n]{f_n(z)}$$

sont holomorphes. Je dis que leurs modules sont bornés.

Soient en effet r et R deux nombres positifs tels que

$$r < 1 < R.$$

On a

$$|a_k| < \frac{M}{r^k},$$

M désignant le maximum de $f(z)$ pour $|z| \leqq r$. Donc, pour $|z| \leqq R$,

$$|f_n(z)| < M\left[1 + \frac{R}{r} + \frac{R^2}{r^2} + \ldots + \frac{R^n}{r^n}\right] = M\frac{\left(\frac{R}{r}\right)^{n+1} - 1}{\frac{R}{r} - 1} < \left(\frac{R}{r}\right)^n \frac{MR}{R - r},$$

(¹) *Untersuchungen zur Theorie der Folgen analytischer Funktionen* (*Acta mathematica*, t. 41, 1918, p. 219-251).

par conséquent $\sqrt[n]{|f_n|}$ est borné; il suffit de prendre R supérieur à $1+2\varepsilon$ pour vérifier que $|g_n(z)|$ est borné dans (γ).

Dans la région commune aux cercles (C) et (γ), $f_n(z)$ converge vers $f(z)$ et $|g_n(z)|$ converge vers l'unité; comme la suite $g_n(z)$ est normale, les fonctions limites sont des constantes de module *un* et si l'on choisit, en un point particulier de cette région, la détermination du radical de manière que, en ce point, la limite de $g_n(z)$ soit l'unité, il en sera de même dans toute la région et, par suite, dans tout le cercle (γ). Nous pouvons donc prendre n assez grand pour que

$$|g_n| < 1 + \frac{\varepsilon}{2},$$

ou

$$|f_n| < \left(1 + \frac{\varepsilon}{2}\right)^n,$$

$$|f_{n-1}| < \left(1 + \frac{\varepsilon}{2}\right)^{n-1}$$

et

$$|a_n z^n| = |f_n - f_{n-1}| < 2\left(1 + \frac{\varepsilon}{2}\right)^n$$

pour tout point z intérieur à (γ), en particulier pour le point

$$z = z_0(1+\varepsilon),$$

intérieur à (γ) et extérieur à (C); on aura alors

$$|a_n| < 2\left(\frac{1+\frac{\varepsilon}{2}}{1+\varepsilon}\right)^n,$$

d'où

$$\overline{\lim}\sqrt[n]{|a_n|} \leqq \frac{1+\frac{\varepsilon}{2}}{1+\varepsilon} < 1.$$

La série de Taylor serait donc convergente à l'extérieur du cercle (C), ce qui est impossible.

Dans la suite $f_n(z)$, le rapport des degrés de deux polynomes consécutifs a pour limite l'unité. Le théorème est encore valable pour toute suite partielle $f_{n_k}(z)$ telle que le rapport $\frac{n_{k+1}}{n_k}$ ait pour limite l'unité lorsque k croît indéfiniment, comme l'a montré M. G. Szegö [1].

96. Théorème de M. Ostrowski. — En un point P autour duquel la suite $f_n(z)$ n'est pas normale, cette suite ne peut converger uniformément; mais il peut arriver qu'une suite partielle, extraite de la première, converge uniformément en ce point. Il faut évidemment pour cela que la limite $f(z)$ soit holomorphe autour de P.

Considérons par exemple une série de Taylor possédant une infinité de lacunes. On sait qu'on appelle *lacune* tout groupe de termes consécutifs dont les coefficients sont nuls; soient n_k et n_{k+1} les exposants des termes qui précèdent et suivent immédiatement la lacune : le nombre $n_{k+1} - n_k$ représentera la *largeur* de la lacune et le nombre $\frac{n_{k+1} - n_k}{n_k}$ sera sa *largeur relative*. Supposons que la série possède une infinité de lacunes dont la largeur relative reste supérieure à un nombre positif θ. On peut alors établir le théorème suivant de M. Ostrowski [2] :

Lorsqu'une série de Taylor a une infinité de lacunes dont la largeur relative reste supérieure à un nombre positif, la suite des polynomes-sections terminés au début de ces lacunes converge uniformément autour de chaque point de la circonférence de convergence qui est régulier pour la somme de la série.

La somme $f(z)$ de la série est, par hypothèse, holomorphe dans un cercle (γ) (*fig.* 20) ayant pour centre un point (P) de la circonférence de convergence (C) supposée de rayon *un*. Traçons trois cercles (C_1), (C_2), (C_3) ayant pour centre le point O′ du rayon OP situé à la distance $PO' = \alpha$ du point P et de rayons

$$r_1 = (1 - \alpha)\alpha, \qquad r_2 = (1 + \alpha^2)\alpha, \qquad r_3 = (1 + \alpha)\alpha.$$

Si α est assez petit, ces cercles sont intérieurs à (γ) : en effet,

---

[1] *Fabersche Polynome und nichtfortsetzbare Potenzreihen* (*Math. Annalen*, Bd 87, 1922, p. 90).

[2] *Ueber eine Eigenschaft gewisser Potenzreihen mit unendlich vielen verschwindenden Koefficienten* (*Sitzungsberichte der Preussischen Akad. der Wissenschaften,* Bd XXXIV, 1921, p. 557-565).

lorsque α tend vers zéro, le cercle (C_3) se réduit au point P; il existe donc un nombre α_0 tel que, pour $\alpha < \alpha_0$, le cercle $(C_3$ soit intérieur à (γ).

Lorsque z est dans le cercle (C_3), le module de $f_{n_k}(z)$ a une

Fig. 20.

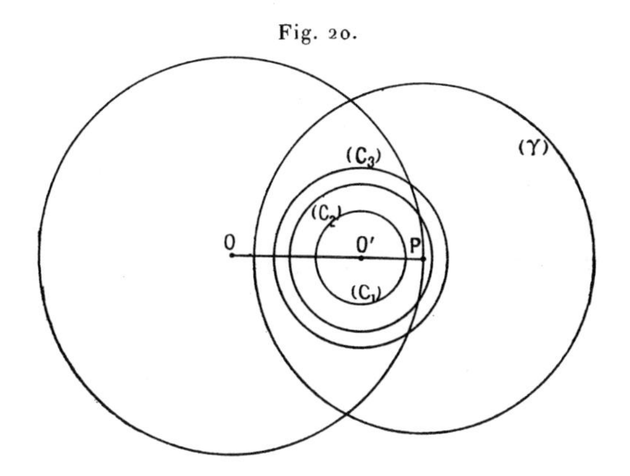

limite supérieure qui a été calculée au paragraphe précédent. On fera ici

$$R = 1 + \alpha^2$$

et l'on prendra

$$r = \frac{1}{1+\alpha^3};$$

alors,

$$|f_{n_k}(z)| < H[(1+\alpha^2)(1+\alpha^3)]^{n_k},$$

H désignant une constante; si M est le module maximum de $f(z)$ dans (γ), on aura, lorsque z est dans (C_3),

$$|f(z) - f_n(z)| \leqq M + H[(1+\alpha^2)(1+\alpha^3)]^{n_k} < H'[(1+\alpha^2)(1+\alpha^3)]^{n_k},$$

H' désignant une nouvelle constante; si l'on appelle M_3 le module maximum de $f(z) - f_n(z)$ sur (C_3) et h le logarithme de H', il vient

$$\log M_3 < n_k \log(1+\alpha^2)(1+\alpha^3) + h.$$

Calculons une limite supérieure de $|f(z) - f_{n_k}(z)|$ lorsque $|z| \leqq R < 1$; si M' est le module maximum de $f(z)$ dans le cercle $|z| \leqq r$ avec $R < r < 1$, on a

$$|a_n| < \frac{M'}{r^n}$$

et

$$f(z)-f_{n_k}(z)=a_{n_{k+1}}z^{n_{k+1}}+a_{n_{k+1}+1}z^{n_{k+1}+1}+\ldots,$$

$$|f(z)-f_{n_k}(z)|\leq M'\left[\left(\frac{R}{r}\right)^{n_{k+1}}+\left(\frac{R}{r}\right)^{n_{k+1}+1}+\ldots\right]=\left(\frac{R}{r}\right)^{n_{k+1}}\frac{M'r}{R-r};$$

en particulier, si z est dans (C_1), on peut prendre

$$R=1-\alpha^2 \qquad \text{et} \qquad r=\frac{1}{1+\alpha^3};$$

si alors M_1 désigne le module maximum de $f(z)-f_{n_k}(z)$ dans le cercle (C_1), on aura

$$\log M_1 < n_{k+1}\log(1-\alpha^2)(1+\alpha^3)+h'.$$

Or, $(1-\alpha^2)(1+\alpha^3)$ est inférieur à l'unité lorsque α est compris entre 0 et 1 : le logarithme est négatif; d'autre part, l'inégalité

$$\frac{n_{k+1}-n_k}{n_k}>\theta$$

entraîne

$$n_{k+1}>(1+\theta)n_k$$

et

$$\log M_1<(1+\theta)n_k\log(1-\alpha^2)(1+\alpha^3)+h'.$$

Appliquons le théorème des trois cercles aux cercles (C_1), (C_2), (C_3) en désignant par M_2 le module maximum de $f(z)-f_{n_k}(z)$ dans (C_2); nous aurons

$$\log\frac{1+\alpha}{1-\alpha}\log M_2<n_k\left[\log\frac{1+\alpha^2}{1-\alpha}\log(1+\alpha^2)(1+\alpha^3)\right.$$
$$\left.+(1+\theta)\log\frac{1+\alpha}{1+\alpha^2}\log(1-\alpha^2)(1+\alpha^3)\right]+h'',$$

en posant

$$h''=h\log\frac{1+\alpha^2}{1-\alpha}+h'\log\frac{1+\alpha}{1+\alpha^2}.$$

Le coefficient de n_k est une fonction continue de α lorsque α est voisin de zéro; son développement en série, au voisinage de $\alpha=0$, est

$$-\theta\alpha^3+\left(2-\frac{\theta}{2}\right)\alpha^4+\ldots.$$

On peut donc choisir α, inférieur à α_0 et assez petit pour que le coefficient de n_k reste inférieur à $-\frac{1}{2}\theta\alpha^3$. Donnons à α une valeur fixe ainsi calculée; l'inégalité

$$\log \frac{1+\alpha}{1-\alpha} \log M_2 < -\frac{1}{2} \theta \alpha^3 n_k + h''$$

montre que M_2 tend vers zéro lorsque k augmente indéfiniment. La suite f_{n_k} converge uniformément dans le cercle (C_2) et, par conséquent, dans un cercle de centre P et de rayon α^3. La proposition est établie.

Supposons en particulier qu'il y ait, après chaque terme non nul de la série, une lacune dont la largeur relative soit bornée inférieurement. Alors, la suite f_{n_k} représente la suite complète des polynomes-sections. Si elle convergeait autour de P, la série de Taylor convergerait hors du cercle de convergence. Donc tous les points de (C) sont singuliers et le cercle de convergence est une coupure. Nous retrouvons un théorème de M. Hadamard.

SUITES DE FONCTIONS MÉROMORPHES.

97. Nature de la convergence d'une suite normale ou quasi-normale. — Nous avons vu qu'une suite de fonctions holomorphes appartenant à une famille normale ou quasi-normale dans un domaine ne peut converger dans ce domaine sans que la convergence soit uniforme, et que la convergence de cette suite pour une infinité de points complètement intérieurs au domaine suffit à assurer la convergence dans l'intérieur de ce domaine.

Nous allons établir des propositions analogues pour les fonctions méromorphes :

Une suite infinie de fonctions méromorphes $f_1(z), f_2(z), \ldots, f_n(z), \ldots$, *appartenant à une famille normale dans un domaine* (D) *et convergeant en chaque point de ce domaine, converge uniformément dans tout domaine intérieur à* (D).

Soit (D′) un domaine intérieur à (D). Si la convergence n'est pas uniforme dans (D′), il existe un point z_0 de (D′) autour duquel la convergence n'est pas uniforme. Appelons $f(z)$ la fonction limite de la suite : on peut supposer que z_0 ne soit pas un pôle de $f(z)$, car on peut remplacer la suite $f_n(z)$ par la suite $\frac{1}{f_n(z)}$, ces deux suites étant uniformément convergentes en même temps.

Puisque la convergence n'est pas uniforme autour de z_0, il y a un nombre ε tel que, dans un cercle de rayon $\frac{1}{p}$ et de centre z_0, il existe un point z_{n_p} et une fonction $f_{n_p}(z)$ de la suite telle que

$$|f(z_{n_p}) - f_{n_p}(z_{n_p})| > \varepsilon.$$

Comme la famille des fonctions $f_{n_p}(z)$ est normale dans (D), on peut extraire de la suite $f_{n_p}(z)$ une suite nouvelle $f_{n'_p}(z)$ qui converge uniformément dans un domaine (D″) intérieur à (D) et contenant (D′). Si p est assez grand, on aurait donc, en tous les points de (D″),

$$|f(z) - f_{n'_p}(z)| < \varepsilon,$$

ce qui contredit l'hypothèse que, pour les points $z_{n'_p}$, on a

$$|f(z_{n'_p}) - f_{n'_p}(z_{n'_p})| > \varepsilon.$$

La convergence est donc uniforme dans (D′).

Le théorème ne s'applique pas aux familles quasi-normales. Par exemple, la suite

$$f_n(z) = \frac{1}{1 + nz}$$

converge en tous les points du plan, mais la convergence n'est pas uniforme autour du point irrégulier $z = 0$.

98. Suites qui convergent en une infinité de points intérieurs. — *Une suite de fonctions méromorphes appartenant à une famille normale qui converge en une infinité de points complètement intérieurs au domaine, converge dans l'intérieur de ce domaine.*

Soient $z_1, z_2, \ldots, z_p, \ldots$ les points où la suite $f_n(z)$ converge, et z_0 un point limite intérieur. Si la suite ne converge pas dans tout l'intérieur du domaine, il y a au moins un point intérieur z' où elle admet deux limites distinctes α et β. Nous pouvons donc extraire de la suite $f_n(z)$ une suite $g_1(z), g_2(z), \ldots, g_n(z), \ldots$ qui, au point z', a pour limite α, et une autre suite $h_1(z), h_2(z), \ldots,$

$h_n(z)$, ... qui, au point z', a pour limite β. Puisque la famille est normale, des suites $g_n(z)$ et $h_n(z)$, nous pouvons extraire deux suites nouvelles qui convergent uniformément à l'intérieur de (D), respectivement vers deux fonctions méromorphes $g(z)$ et $h(z)$. La différence $g(z) - h(z)$ n'est pas identiquement nulle, car elle n'est pas nulle en z'; elle devrait avoir une infinité de zéros voisins du point intérieur z_0, ce qui est impossible, puisque ce point est un point ordinaire ou un pôle. Le théorème est établi.

A chaque critère permettant d'affirmer qu'une famille est normale, les deux théorèmes précédents font correspondre deux énoncés particuliers relatifs à cette famille.

99. Suites convergentes de fonctions méromorphes. — Considérons maintenant une suite convergente de fonctions méromorphes dans un domaine (D). Le théorème démontré pour les séries de fonctions holomorphes est encore valable :

Dans tout domaine intérieur au domaine de convergence, on peut trouver un domaine où la série converge uniformément.

Pour le démontrer, utilisons la représentation des points $f_n(z)$ sur la sphère de Riemann et la notion de distance sphérique. Les fonctions méromorphes dans le domaine (D) sont des fonctions continues sur la sphère. La suite $f_n(z)$ étant convergente pour chaque point z vers une fonction $f(z)$, on peut, étant donné ε, trouver un entier n_0, qui varie avec z, tel que, pour $n > n_0$, l'inégalité

$$|f(z), f_n(z)| \leqq \varepsilon$$

soit vérifiée.

Donnons-nous un nombre fixe $\varepsilon < \pi$; je dis que, dans tout domaine (D_1) intérieur à (D), existe un domaine (D′) pour lequel l'inégalité

$$|f_n(z), f_{n'}(z)| \leqq \varepsilon$$

soit vérifiée quel que soit z dans (D′) et quels que soient n et n' supérieurs à un entier n_0. En effet, ou bien cette inégalité est vérifiée pour (D_1) et le théorème est démontré, ou bien, quel que soit n_0, il existe deux entiers n_1 et n'_1 supérieurs à n_0 et un point z_1 pour lequel

$$|f_{n_1}(z_1), f_{n'_1}(z_1)| > \varepsilon.$$

Les fonctions $f_{n_1}(z)$, $f_{n'_1}(z)$ sont sphériquement continues, et il en est de même de leur distance sphérique $|f_{n_1}(z), f_{n'_1}(z)|$; on peut donc trouver un domaine (D_2) intérieur à (D_1), dans lequel l'inégalité est encore vérifiée. Si, quels que soient n et n' supérieurs à un nombre n_0, l'inégalité

$$|f_n(z), f_{n'}(z)| \leqq \varepsilon$$

est vérifiée dans (D_2), le théorème est démontré; sinon, en prenant n_0 supérieur à n_1 et n'_1, on en conclut qu'il existe deux entiers n_2 et n'_2 supérieurs aux précédents et un point z_2 de (D_2) pour lequel

$$|f_{n_2}(z_2), f_{n'_2}(z_2)| > \varepsilon,$$

et cette inégalité sera encore exacte si l'on remplace z_2 par un point z d'un domaine (D_3) intérieur à (D_2); etc.

En continuant ainsi, ou bien l'on arrivera à un domaine (D_p) pour lequel l'inégalité

$$|f_n(z), f_{n'}(z)| \leqq \varepsilon$$

est vérifiée en tout point à partir d'une certaine valeur des indices et le théorème sera établi; ou bien on définira une suite infinie de domaines emboîtés (D_p) et de couples d'entiers n_p, n'_p, croissant indéfiniment, tels que l'inégalité

$$|f_{n_p}(z), f_{n'}(z)| > \varepsilon$$

soit vérifiée dans (D_p). Je dis que cette seconde hypothèse est impossible. Soit, en effet, z_0 un point commun à tous les (D_p) : la suite converge en z_0, donc il existe un entier n_0 tel que, pour $n > n_0$, $n' > n_0$, on ait

$$|f_n(z_0), f_{n'}(z_0)| \leqq \varepsilon.$$

Or, les nombres n_p, n'_p augmentant indéfiniment, on peut prendre p assez grand pour que $n_p > n_0$, $n'_p > n_0$, et l'on est conduit à une contradiction.

Il existe donc un domaine (D') intérieur à (D_1) pour lequel, à partir d'un certain rang,

$$|f_n(z), f_{n'}(z)| \leqq \varepsilon.$$

Laissons n fixe; la fonction $f_n(z)$ est sphériquement continue;

on peut donc réduire le domaine (D_1) de façon que l'oscillation sphérique de $f_n(z)$ ne dépasse pas ε; soit alors z_0 un point fixe du domaine ainsi réduit (D'); les inégalités

$$|f_n(z), f_n(z_0)| \leqq \varepsilon,$$

$$|f_n(z), f_{n'}(z)| \leqq \varepsilon$$

entraînent

$$|f_{n'}(z), f_n(z_0)| \leqq 2\varepsilon$$

quel que soit n'. Si l'on a pris $\varepsilon < \frac{\pi}{2}$, on voit que les points représentatifs des valeurs de $f_{n'}(z)$ ne pénètrent pas, quel que soit n', dans une région de la sphère de Riemann.

La suite $f_{n'}(z)$ est donc normale dans (D') et par conséquent converge uniformément dans ce domaine vers une fonction méromorphe.

100. Ensemble des points irréguliers. — L'ensemble E des points P du domaine (D) en lesquels la convergence cesse d'être uniforme est un ensemble fermé non dense. C'est l'ensemble des points autour desquels la famille des fonctions $f_n(z)$ n'est pas normale : c'est aussi l'ensemble des points en lesquels l'oscillation sphérique de la famille est égale à π.

Autour de chaque point P, les fonctions $f_n(z)$ prennent dans leur ensemble une infinité de fois toutes les valeurs a, sauf deux au plus. Les points P pour lesquels ces deux valeurs exceptionnelles existent effectivement ne peuvent être des points isolés de E; car si P était isolé, la famille serait quasi-normale autour de P, et P ne pourrait être irrégulier. Par conséquent, si les fonctions $f_n(z)$ admettent deux valeurs exceptionnelles, l'ensemble E est parfait, non dense.

Dans ce qui précède, on peut remplacer les valeurs a par des fonctions méromorphes autour de P. Il y a, au plus, deux fonctions exceptionnelles autour de chaque point P.

L'ensemble E comprend un ensemble parfait E_1 et un ensemble dénombrable. Sur l'ensemble parfait E_1 et sur tout ensemble parfait contenu dans E_1, la fonction limite $f(z)$ est ponctuellement discontinue sphériquement. Il suffit de reprendre, avec la notion de distance sphérique, le raisonnement utilisé dans le cas des fonctions continues finies en chaque point.

La somme $f(z)$ peut être égale, dans les domaines (D'), à des fonctions méromorphes distinctes. La série est alors une expression analytique représentant une infinité dénombrable de fonctions méromorphes ; la somme de cette série peut, même dans ce cas, être une fonction sphériquement continue.

CHAPITRE VIII.

ITÉRATION DES FRACTIONS RATIONNELLES.

101. Conséquents. Antécedents. — Une des applications les plus importantes de la théorie des familles normales se trouve dans l'étude de l'itération des fonctions analytiques et des solutions des équations fonctionnelles qui s'y rattachent. Les Mémoires fondamentaux de M. Kœnigs, parus de 1883 à 1885, sont à l'origine de toutes ces questions ([1]). M. Kœnigs a obtenu l'élément analytique définissant la solution d'une équation fonctionnelle autour de certains points, par l'étude des valeurs limites d'une suite de fonctions itérées. Ce travail a été le point de départ de différentes recherches dues, en particulier, à M. Grévy ([2]) et à M. Leau ([3]). Dans tous ces travaux, on ne fait en général qu'une étude locale de la solution.

Il fallait, comme pour les solutions des équations différentielles, passer de l'étude locale à l'étude de la solution dans tout son domaine d'existence. C'est à ce résultat qu'ont abouti les remarquables travaux de M. Fatou ([4]) et de M. Julia ([5]), qui ont montré tout le parti que l'on pouvait tirer pour cette étude des

---

([1]) Kœniss, *Recherches sur les substitutions uniformes* (*Bulletin des Sciences mathématiques*, 1883); *Recherches sur les équations fonctionnelles* (*Annales sc. de l'École Normale sup.*, 1884); *Nouvelles recherches sur les équations fonctionnelles* (*Annales sc. de l'École Normale sup.*, 1885).

([2]) Grévy, *Sur les équations fonctionnelles* (*Annales sc. de l'École Normale sup.*, 1894).

([3]) Leau, *Étude sur les équations fonctionnelles à une ou plusieurs variables* (*Annales de la Faculté des Sciences de Toulouse*, t. XI, 1897).

([4]) Fatou, *Sur les équations fonctionnelles* (*Bulletin de la Soc. math. de France*, t. XLVII, 1919, p. 161-271; t. XLVIII, 1920, p. 33-94 et 208-314).

([5]) Julia, *Mémoire sur l'itération des fonctions rationnelles* (*Journal de Mathématiques pures et appliquées*, 8e série, t. I, 1918, p. 47-245).

propriétés des familles normales. On doit aussi à Lattès des résultats importants.

Nous allons, dans ce qui suit, nous borner à une étude générale de l'itération des fractions rationnelles afin de donner une première idée de la richesse et de l'élégance des résultats récemment obtenus [1]; nous renverrons aux Mémoires originaux pour une étude plus détaillée de l'itération et de la résolution des équations fonctionnelles qui lui sont liées.

Soit $R(z)$ une fraction rationnelle; remplaçons z par $R(z)$, nous obtiendrons une nouvelle fraction $R[R(z)]$ ou $R_2(z)$ appelée la *première itérée* de $R(z)$; en opérant de même sur $R_2(z)$, nous obtiendrons $R_3(z) = R_2[R(z)]$, etc. On a ainsi une suite infinie de fonctions rationnelles

$$R_1(z) = R(z), \quad R_2(z), \quad \ldots, \quad R_n(z), \quad \ldots,$$

dont chacune est la première itérée de la précédente; ce sont les *itérées successives* de $R(z)$. Remarquons que l'on a

$$R_{m+n}(z) = R_m[R_n(z)] = R_n[R_m(z)].$$

Si l'on pose $z_n = R_n(z)$, on aura

$$z_1 = R(z), \quad z_2 = R(z_1), \quad \ldots, \quad z_n = R(z_{n-1}), \quad \ldots.$$

Les points $z_1, z_2, \ldots, z_n, \ldots$ s'obtiennent en appliquant à z les puissances successives de la substitution $[z|R(z)]$. Ces points z_1, $z_2, \ldots, z_n, \ldots$ s'appellent les *conséquents* successifs du point z; le point z_1 est le *conséquent immédiat*. Inversement, z étant donné, l'équation

$$R_n(z_{-n}) = z$$

admet des racines $z'_{-n}, z''_{-n}, \ldots$ qu'on appelle les *antécédents de rang n* du point z. Les antécédents de rang 1, racines de l'équation

$$R(z_{-1}) = z,$$

s'appellent aussi *antécédents immédiats*.

---

(1) *Voir*, au même point de vue, H. Cremer, *Ueber die Iteration rationaler Funktionen* (*Jahresbericht der Deutschen Math. Vereinigung*, Bd XXXIII, 1925, p. 185-210).

Soit k le degré de la fraction rationnelle

$$R(z) = \frac{P(z)}{Q(z)} = \frac{a_0 z^p + a_1 z^{p-1} + \ldots + a_p}{b_0 z^q + b_1 z^{q-1} + \ldots + b_q} \qquad (a_0 b_0 \neq 0),$$

quotient des deux polynomes premiers entre eux, $P(z)$ et $Q(z)$ de degrés p et q; k est le degré de celui des polynomes qui a le degré le plus élevé ou leur degré commun. Nous supposerons dans la suite $k > 1$, les propriétés de la substitution homographique étant bien connues.

Supposons par exemple $p \geqq q$ et calculons $R_2(z)$:

$$R_2(z) = \frac{P_2(z)}{Q_2(z)} = \frac{a_0 P^p + a_1 P^{p-1} Q + \ldots + a_p Q^p}{Q^{p-q}(b_0 P^q + b_1 P^{q-1} Q + \ldots + b_q Q^q)}.$$

On vérifie aussitôt que $P_2(z)$ et $Q_2(z)$ sont premiers entre eux; le degré de $P_2(z)$ est p^2, celui de $Q_2(z)$ est $2pq - q^2$; donc le degré de $R_2(z)$ est exactement $p^2 = k^2$. De même, le degré de $R_n(z)$ est exactement k^n.

102. Points fixes. Cycles. — Définissons maintenant les points fixes, points qui jouent dans l'itération un rôle fondamental. On appelle *point double* ou *point fixe* de la substitution $[z \mid R_n(z)]$ toute solution de l'équation

$$R_n(z) = z$$

qui est de degré $k^n + 1$. En particulier, les points doubles de la substitution $[z \mid R(z)]$ sont les racines de l'équation de degré $k + 1$

$$R(z) = z.$$

Toute racine de cette équation est d'ailleurs un zéro de $R_n(z) - z$, quel que soit n; plus généralement, un zéro de $R_m(z) - z$ est aussi un zéro de $R_n(z) - z$ lorsque n est multiple de m.

Soit un point double ζ; nous dirons que ce point ζ est un *point double d'ordre m*, si ce n'est pas un point double pour une substitution $[z \mid R_{m'}(z)]$ pour laquelle m' est inférieur à m. Dans la suite

$$\zeta, \quad \zeta_1, \quad \zeta_2, \quad \ldots, \quad \zeta_m, \quad \ldots,$$

ζ_m est alors le premier point qui coïncide avec ζ. La suite des

m premiers termes

$$\zeta,\quad R_1(\zeta),\quad R_2(\zeta),\quad \ldots,\quad R_{m-1}(\zeta)$$

définit le *cycle d'ordre* m relatif à ζ; l'égalité

$$R_m(\zeta) = \zeta$$

entraîne

$$R_m(\zeta_1) = R_{m+1}(\zeta) = R_1(\zeta) = \zeta_1;$$

donc ζ_1 est aussi un point double; il en est de même de $\zeta_2, \ldots, \zeta_{m-1}$. Ces points doubles sont tous d'ordre m. Puisque la suite infinie ζ_m est périodique, il suffit, pour le vérifier, de montrer que les termes de la période sont distincts. Or, si l'on avait

$$\zeta_h = \zeta_{h+k} \qquad (h+k < m),$$

on en déduirait

$$R_{m-h-k}(\zeta_h) = R_{m-h-k}(\zeta_{h+k})$$

ou

$$\zeta_{m-k} = \zeta,$$

ce qui est impossible.

Les seuls conséquents de ζ qui coïncident avec lui sont les points ζ_n dont l'indice est multiple de m. Donc, si ζ est un point double d'une substitution $[z, R_n(z)]$, n est divisible par l'ordre m de ζ. Les racines de l'équation

$$R_n(z) = z$$

se répartissent en cycles dont l'ordre est un diviseur de n.

Soit ζ un point double d'ordre 1, on a

$$R(z) = \zeta + s(z-\zeta) + a(z-\zeta)^r + \ldots \qquad (a \neq 0,\ r > 1).$$

On en déduit

$$R_2(z) = \zeta + s^2(z-\zeta) + as(1+s^{r-1})(z-\zeta)^r + \ldots$$

et

$$R_n(z) = \zeta + s^n(z-\zeta)$$
$$+ as^{n-1}[1 + s^{r-1} + s^{2(r-1)} + \ldots + s^{(n-1)(r-1)}](z-\zeta)^r + \ldots.$$

On a donc, en désignant par S_{r-1} la somme entre crochets,

$$R_n(z) - z = (s^n - 1)(z-\zeta) + as^{n-1}S_{r-1}(z-\zeta)^r + \ldots,$$
$$R(z) - z = (s-1)(z-\zeta) + a(z-\zeta)^r + \ldots.$$

ζ est racine simple de $R(z) = z$ et de $R_n(z) = z$, si s n'est pas une racine de l'unité; lorsque $s = 1$, $S_{r-1} = n$; l'on a

$$R_n(z) - z = na(z-\zeta)^r + \ldots,$$
$$R(z) - z = a(z-\zeta)^r + \ldots,$$

et ζ est racine d'ordre de multiplicité r pour les deux équations. Supposons maintenant que s soit une racine de l'unité différente de 1, et une racine primitive de $s^\nu = 1$ $(\nu > 1)$. Si n n'est pas multiple de ν, ζ est racine simple pour les deux équations; si n est multiple de ν, ζ est racine simple de $R(z) = z$ et racine d'ordre r ou d'ordre supérieur à r de $R_n(z) = z$, suivant que S_{r-1} est différent de zéro ou nul, c'est-à-dire suivant que $r - 1$ est multiple de ν ou n'est pas multiple de ν. Les nombres ν correspondant aux racines de $R(z) = z$ pour lesquelles s est une racine primitive de $s^\nu = 1$ sont en nombre limité; si m est un nombre premier, différent de ceux des nombres ν qui peuvent être premiers, les zéros de $R(z) - z$ appartiennent à $R_m(z) - z$ avec le même ordre de multiplicité; il y a donc $k^m - k$ racines de l'équation

$$R_m(z) - z = 0$$

qui sont d'ordre m et se partagent en $\frac{k^m - k}{m}$ cycles d'ordre m; par conséquent, il existe des cycles d'ordre aussi élevé que l'on veut.

Nous avons supposé que ζ n'était pas le point à l'infini, mais on peut toujours, en effectuant sur z et z_1 une même transformation homographique, admettre que le point à l'infini n'est pas un point double du premier ordre.

D'ailleurs, quand le point à l'infini est un point double du premier ordre, on a $p > q$. Lorsque $p = q + 1$,

$$z_1 = R(z) = \frac{z}{s} + \alpha_0 + \frac{\alpha_1}{z} + \ldots$$

et, en remplaçant z par $\frac{1}{z'}$ et z_1 par $\frac{1}{z'_1}$,

$$z'_1 = sz' + \beta z'^2 + \ldots.$$

Le point $z' = 0$ est un point double du premier ordre pour la transformation déduite de $\frac{1}{R\left(\frac{1}{z}\right)}$; lorsque $p = q + r$ $(r > 1)$, on a

$$z_1 = z^r \varphi\left(\frac{1}{z}\right),$$

$\varphi\left(\frac{1}{z}\right)$ étant holomorphe à l'infini et différent de zéro, et z'_1 est holomorphe à l'origine qui est un zéro d'ordre r pour cette fonction.

D'une manière générale, nous considérerons le point à l'infini comme un point ordinaire, en nous plaçant au besoin sur la sphère de Riemann sur laquelle le point représentatif de $R(z)$ est une fonction continue de z. Les définitions et les propriétés que nous introduirons seront d'ailleurs valables pour le point à l'infini; on pourra les déduire des mêmes éléments à l'origine par la substitution de z à $\frac{1}{z}$ et de z_1 à $\frac{1}{z_1}$.

103. Multiplicateurs. Domaine d'attraction. — Soit ζ un point double de la transformation $[z \mid R(z)]$; le coefficient s de $z-\zeta$ dans le développement de $R(z)-\zeta$ est égal à $R'(\zeta)$.

Nous appellerons *multiplicateur* d'un point double ζ d'ordre m le nombre $R'_m(\zeta)=s$, coefficient de $z-\zeta$ dans le développement de $R_m(z)-\zeta\left(\text{ou } \frac{1}{R'_m(\zeta)}, \text{ si } \zeta \text{ est le point à l'infini}\right)$.

Si $|s|<1$, le point est appelé *point double attractif;*
Si $|s|>1$, il est appelé *point double répulsif;*
Si $|s|=1$, il est appelé *point double mixte* ou *indifférent.*

Le nombre s ne change pas lorsqu'on fait sur z et z_m une même transformation homographique, ou plus généralement une transformation conforme dans le voisinage de ζ. Nous pourrons donc toujours supposer que ζ est à distance finie.

Soient $\zeta, \zeta_1, \zeta_2, \ldots, \zeta_{m-1}$ le cycle correspondant au point ζ d'ordre m. Calculons les multiplicateurs correspondant à ces différents points doubles d'ordre m. On a

$$R'_m(z)=\frac{d\,R(z_{m-1})}{dz}=R'(z_{m-1})\,R'_{m-1}(z)$$
$$=R'(z_{m-1})\,R'(z_{m-2})\,R'_{m-2}(z)=\ldots;$$

donc

$$\begin{aligned}
R'_m(\zeta) &= R'(\zeta)\,R'(\zeta_1)\ldots R'(\zeta_{m-1}),\\
R'_m(\zeta_1) &= R'(\zeta_1)\,R'(\zeta_2)\ldots R'(\zeta),\\
&\ldots\ldots\ldots\ldots\ldots\ldots\ldots\ldots,\\
R'_m(\zeta_{m-1}) &= R'(\zeta_{m-1})\,R'(\zeta)\ldots R'(\zeta_{m-2}).
\end{aligned}$$

Tous les multiplicateurs sont donc égaux.

Étudions d'abord un point double attractif d'ordre *un*. Puisque $R'(\zeta)$ a un module inférieur à 1, on peut tracer un cercle (γ) de centre ζ, dans lequel $\left|\frac{R(z)-\zeta}{z-\zeta}\right|$ restera inférieur à un nombre σ inférieur à 1. On aura alors

$$|R(z)-\zeta| < \sigma\, |z-\zeta|,$$

d'où

$$|R_n(z)-\zeta| < \sigma^n |z-\zeta|.$$

Ainsi, la suite $R_n(z)$ converge uniformément vers ζ lorsque n croît indéfiniment. Les conséquents de chaque point z du cercle (γ) viennent s'accumuler au point ζ. L'ensemble des points du plan pour lesquels $R_n(z)$ a pour limite ζ forme le *domaine d'attraction* de ζ. Il est constitué en général par une infinité dénombrable de domaines ouverts. Ce domaine d'attraction contient certainement un domaine connexe à l'intérieur duquel est ζ; ce dernier domaine s'appelle le *domaine immédiat d'attraction* de ζ.

Considérons maintenant un point double attractif ζ d'ordre m pour $R(z)$; c'est un point d'ordre *un* pour $R_m(z)$.

On peut répéter pour la suite R_{pm} $(p=1, 2, \ldots)$ ce que nous venons de dire; les fonctions $R_{pm}(z)$ ont pour limite ζ lorsque z est dans (γ); la suite $R_{pm+1}(z)$ a pour limite ζ_1; etc. La suite $R_{pm+m-1}(z)$ a pour limite ζ_{m-1}. Nous dirons que $R_n(z)$ converge uniformément vers le cycle. Soit (Δ) le domaine immédiat d'attraction de ζ; les domaines immédiats d'attraction de $\zeta_1, \zeta_2, \ldots, \zeta_{m-1}$ sont les conséquents $(\Delta_1), (\Delta_2), \ldots, (\Delta_{m-1})$ de (Δ). L'ensemble de ces m domaines forme le *domaine immédiat d'attraction* du cycle. On définirait de même le domaine d'attraction total.

104. Limitation du nombre des cycles attractifs. — Dans le domaine immédiat d'attraction (Δ_0) d'un cycle se trouve nécessairement un point critique de la fonction algébrique $R_{-1}(z)$ inverse de $R(z)$. En effet, supposons qu'il n'en soit pas ainsi: traçons un petit cercle (γ) de centre ζ et intérieur à (Δ); considérons la branche de $R_{-1}(z)$ déterminée par la condition initiale

$$R_{-1}(\zeta) = \zeta_{m-1};$$

m étant l'ordre du cycle; les points de $R_{-1}(z)$ restent dans le domaine d'attraction (Δ_0), car le domaine connexe qui correspond à (γ) contient le point ζ_{m-1} intérieur à (Δ_0) et tous les conséquents de $R_{-1}(z)$ convergent uniformément vers ζ, puisque les conséquents immédiats sont dans (γ). Définissons de même

$$R_{-2}(z) = R_{-1}[R_{-1}(z)]$$

par la condition $R_{-2}(\zeta) = \zeta_{m-2}$; etc. Toutes ces fonctions

$$R_{-1}(z), \quad R_{-2}(z), \quad \ldots, \quad R_{-n}(z), \quad \ldots$$

sont uniformes et méromorphes dans (γ). Elles ne prennent d'ailleurs jamais la valeur d'un autre point double ζ', car si l'on avait $R_{-n}(z') = \zeta'$, on en déduirait que le point $z' = R_n(\zeta')$, qui est aussi un point double, se trouverait dans (γ); mais aucun conséquent d'un point intérieur à (γ) ne coïncide avec lui, sauf le point ζ. Or, il y a des cycles d'ordre aussi élevé qu'on le veut; donc il y a plus de trois valeurs qui ne sont jamais prises par les fonctions de la suite. Elles forment donc une famille normale dans (γ). Mais cela est impossible, car le point ζ attractif pour $R(z)$ avec le multiplicateur s est répulsif pour $R_{-1}(z)$ avec le multiplicateur $\frac{1}{s}$. C'est un point double de la substitution $[z | R_{-m}(z)]$. Nous avons vu précédemment [1] que l'on a

$$R_{-pm}(z) = \zeta + \frac{1}{s^p}(z - \zeta) + \ldots .$$

Par conséquent la suite des dérivées $R'_{-pm}(\zeta)$ augmente indéfiniment. La suite $R_{-pm}(z)$ ne peut être normale dans (γ), puisque la limite de $R_{-pm}(\zeta)$ est ζ et que celle de $R'_{-pm}(\zeta)$ est infinie.

Donc, dans le domaine d'attraction immédiat d'un cycle, se trouve un point critique de $R_{-1}(z)$. Le nombre de ces points est limité, car ces points sont les valeurs de $R(z)$ correspondant aux zéros de $R'(z)$, zéros dont le nombre ne dépasse pas $2(k-1)$.

Les domaines d'attraction de deux cycles distincts sont évidemment distincts, par conséquent le nombre des cycles attractifs ne

---

[1] Le calcul fait à la page 216 est valable pour une fonction non rationnelle, holomorphe autour de ζ.

peut dépasser le nombre des points critiques de $R_{-1}(z)$. Ainsi :

Le nombre des points doubles attractifs est limité.

105. Rapports entre l'itération et les équations fonctionnelles. — Montrons, sur un exemple simple, comment l'étude de l'itération est liée à la résolution des équations fonctionnelles. Soit ζ un point double attractif d'ordre *un* de la substitution $[z \mid R(z)]$.

Nous avons vu que, s étant le multiplicateur, on peut écrire

$$R(z) = \zeta + s(z-\zeta) + a(z-\zeta)^r + \ldots \qquad (r > 1).$$

On en déduit que, dans un cercle (γ) de centre ζ et assez petit, on a

$$|R(z) - \zeta| < \sigma |z - \zeta| \qquad (\sigma < 1)$$

et

$$|R(z) - \zeta - s(z-\zeta)| < A |z-\zeta|^r,$$

σ et A étant des constantes. Nous supposerons maintenant $s \neq 0$.

Considérons alors la fraction rationnelle

$$F_n(z) = \frac{R_n(z) - \zeta}{s^n};$$

je dis que la suite $F_n(z)$ converge uniformément vers une fonction holomorphe dans (γ). On peut écrire, en posant $z_0 = z$,

$$F_n(z) = (z-\zeta) \prod_{h=0}^{h=n-1} \frac{R(z_h) - \zeta}{s(z_h - \zeta)};$$

et la convergence de $F_n(z)$ revient à celle du produit infini

$$\prod_{h=0}^{h=\infty} \frac{R(z_h) - \zeta}{s(z_h - \zeta)};$$

ce produit est convergent ou divergent en même temps que la série dont le terme général est

$$\frac{R(z_h) - \zeta}{s(z_h - \zeta)} - 1 = \frac{R(z_h) - \zeta - s(z_h - \zeta)}{s(z_h - \zeta)}.$$

Le module de ce terme général est inférieur à

$$u_h = \frac{A}{|s|} |z_h - \zeta|^{r-1},$$

et cette série u_h est convergente puisque

$$\frac{u_{h+1}}{u_h} < \sigma^{r-1} < 1.$$

Donc les fonctions $F_n(z)$, qui sont holomorphes dans (γ), ont pour limite une fonction holomorphe $F(z)$. Or, on a

$$F_n[R(z)] = \frac{R_{n+1}(z) - \zeta}{s^n} = s\, F_{n+1}(z),$$

et, en faisant croître n indéfiniment,

$$F[R(z)] = s\, F(z).$$

La fonction $F(z)$ vérifie donc l'équation de Schröder; c'est la fonction de Kœnigs définie par son élément dans (γ).

Comme

$$F_n(\zeta) = 0, \qquad F'_n(\zeta) = 1,$$

on a

$$F(\zeta) = 0, \qquad F'(\zeta) = 1.$$

106. Limitation du nombre des cycles mixtes. — Soit maintenant ζ un point double mixte d'ordre *un*. C'est une racine de l'équation $R(z) - z = 0$; elle est simple lorsque $R'(\zeta) = s$ est différent de 1; multiple, si $s = 1$. L'étude de la suite $R_n(z)$ dans le voisinage d'un point double mixte a été d'abord entreprise par M. Leau et complétée dans les travaux récents que nous avons cités.

Dans le voisinage d'un point double ζ d'ordre *un* pour lequel $s = 1$, il y a des régions d'attraction et des régions de répulsion pour chacune desquelles ζ est un point frontière.

Si z est un point situé dans une région d'attraction, les conséquents z_n ont pour limite ζ; s'il est dans une région de répulsion, une suite infinie d'antécédents z_{-n} a pour limite ζ. On a des résultats analogues pour un cycle indifférent d'ordre quelconque pour lequel le multiplicateur est égal à *un* ou à une racine de l'unité.

L'étude des cycles mixtes dont le multiplicateur est de la forme $e^{i\alpha\pi}$, α étant un nombre incommensurable, est beaucoup plus difficile.

Nous appellerons *cycle indifférent rationnel*, un cycle dont le multiplicateur a un argument commensurable avec π.

Autour d'un point ζ, point double indifférent rationnel d'ordre m, la suite $R(z)$ ne peut être normale. En effet, si s est racine irréductible de l'équation $s^\nu = 1$, ζ est un point double pour la transformation $[z \mid R_\mu(z)]$ $(\mu = m\nu)$ de multiplicateur s^ν ou 1. On a alors

$$R_\mu(z) = z + a(z-\zeta)^r + \ldots,$$
$$R_{n\mu}(z) = z + na(z-\zeta)^r + \ldots,$$

et la suite $R_{n\mu}$, extraite de R_n, n'est pas normale autour de ζ puisque $R_{n\mu}(z)$ a pour limite ζ, tandis que sa dérivée d'ordre r augmente indéfiniment.

M. Fatou a démontré que le nombre des cycles mixtes est limité. Nous allons donner sa démonstration dont le principe est le suivant : si une substitution rationnelle de degré k possède N cycles mixtes au moins, on peut en déduire une substitution rationnelle, de même degré k, possédant au moins $\frac{N}{2}$ cycles attractifs. Comme le nombre de ces derniers ne peut dépasser $2(k-1)$, on voit que N ne dépasse pas $4(k-1)$, et la proposition est établie.

Soit donc $R(z)$ une fraction rationnelle à laquelle correspondent N cycles dont les multiplicateurs ont pour modules l'unité; introduisons un paramètre t et formons une fraction rationnelle $R(z, t)$ de degré k telle que $R(z, 0) = R(z)$ et que $R(z, 1)$ soit une fraction rationnelle n'ayant aucun cycle mixte. On peut prendre par exemple

$$R(z, t) = (1-t)\,R(z) + tz^2.$$

Soit ζ un point double appartenant à un cycle indifférent de $R(z)$. ζ est racine d'une équation $R_m(z) = z$, et l'on a

$$s = R'_m(\zeta) \qquad \text{avec} \qquad |s| = 1.$$

Considérons l'équation

$$R_m(z, t) - z = 0$$

qui admet pour $t = 0$ la racine ζ; lorsque t est voisin de zéro, elle a une racine $\zeta(t)$ qui pour $t = 0$ se réduit à ζ. La dérivée du premier membre est $R'_m(z, t) - 1$ qui, pour $t = 0$, se réduit à $s - 1$; si $s \neq 1$, $\zeta(t)$ est une fonction holomorphe de t autour de $t = 0$; si $s = 1$, $\zeta(t)$ est une fonction algébrique de t, développable autour de $t = 0$ en série de puissances de $t^{\frac{1}{r}}$, r étant un entier. Le multiplicateur $s(t) = R'_m[\zeta(t), t]$ est une fonction de t qui se réduit à s pour $t = 0$ et qui est holomorphe en t ou en $t^{\frac{1}{r}}$, suivant que s est différent de *un* ou égal à *un*. Cette fonction $s(t)$ n'est pas une constante, puisque $|s(0)| = 1$ et $|s(1)| \neq 1$.

Nous pouvons répéter ce qui précède pour chacun des N cycles mixtes considérés en admettant, ce qui est légitime, que tous ces points soient à distance finie. Nous obtiendrons ainsi N fonctions $s(t)$ développables autour de $t = 0$ suivant les puissances croissantes de t ou d'une racine $t^{\frac{1}{r}}$; aucune de ces fonctions n'est une constante.

Par un changement de paramètre, en remplaçant par exemple t par une puissance de la variable u qui soit multiple commun des dénominateurs r, les fonctions $s(t)$ deviendront des fonctions de la nouvelle variable, holomorphes autour de l'origine. Nous pouvons encore appeler t cette nouvelle variable, et nous aurons les N développements

$$\begin{aligned} s_1(t) - s_1(0) &= A_1 t^{p_1} + \ldots, \\ s_2(t) - s_2(0) &= A_2 t^{p_2} + \ldots, \\ &\ldots\ldots\ldots\ldots, \\ s_N(t) - s_N(0) &= A_N t^{p_N} + \ldots, \end{aligned}$$

$p_1, p_2, \ldots, p_N$ étant des entiers; on a d'ailleurs

$$|s_1(0)| = |s_2(0)| = \ldots = |s_N(0)| = 1.$$

Nous allons montrer qu'on peut donner à $t = \rho e^{i\theta}$ une valeur voisine de zéro telle que $\frac{N}{2}$ au moins des nombres $s_i(t)$ aient des modules inférieurs à l'unité.

Soient $s(t)$ une des fonctions précédentes; Q le point d'affixe $s(t)$; P le point d'affixe $s(0) = s$; Q' le point d'affixe $s + A t^p$. Nous supprimons les indices pour abréger. Le point P est sur le cercle (C) de centre origine et de rayon *un*. Le vecteur PQ est la somme des vecteurs PQ' et Q'Q. Supposons que l'on ait trouvé une valeur $t_0 = \rho_0 e^{i\theta_0}$ pour laquelle au moins $\frac{N}{2}$ segments PQ' soient intérieurs à (C), je dis qu'on pourra trouver une valeur de t, de même argument et de module inférieur, $t = \rho e^{i\theta_0}$, $\rho < \rho_0$, de manière que les points Q répondent à l'énoncé.

En effet, considérons un segment PQ'; il est extérieur ou intérieur au cercle (C), mais non tangent; on peut tracer deux demi-droites ayant PQ' comme bissectrice et limitant un petit angle dont un secteur voisin du sommet P est aussi extérieur ou intérieur à (C). Soit ε la tangente du plus petit demi-angle ainsi formé.

Le rapport $\frac{QQ'}{PQ'}$ est infiniment petit avec ρ; on peut donc prendre ρ inférieur à ρ_0 et assez petit pour que tous les rapports correspondant aux N fonctions $s(t)$ soient inférieurs à ε. Lorsque ρ varie de o à ρ_0, les points Q' se déplacent sur les bissectrices; on voit donc que les points Q correspondant à la valeur choisie de ρ auront, par rapport au cercle (C), les mêmes positions relatives que les points Q'. Le nombre des points Q intérieurs au cercle sera le même que le nombre des points Q'.

Tout revient donc à déterminer θ_0 de façon que au moins $\frac{N}{2}$ vecteurs PQ' soient intérieurs au cercle; θ_0 ainsi déterminé, on peut prendre pour ρ_0 une valeur arbitraire assez petite.

Désignons par 2^h la plus haute puissance de 2 qui divise l'un des exposants $p_1, p_2, \ldots, p_N$.

En chaque point P, menons la tangente au cercle et l'étoile formée par les demi-droites qui font avec cette tangente des angles multiples de $\frac{\pi}{2^h}$. Lorsque le point Q' décrit un rayon de cette étoile, l'argument θ de t peut prendre un certain nombre de valeurs. Désignons par θ' une des valeurs en nombre fini qui correspondent ainsi à toutes les étoiles relatives à tous les points P.

Nous prendrons

$$\theta_0 = \theta_1 + \theta_2;$$

θ_1 est un nombre différent de tous les θ' : soit φ l'argument de PQ' correspondant à $\theta = \theta_1$. θ_2 est donné par l'égalité

$$\theta_2 = \pi\left(a_1 + \frac{a_2}{2} + \ldots + \frac{a_h}{2^h}\right),$$

les nombres $a_1, \ldots, a_h$ étant égaux à o ou à 1 et déterminés comme il suit.

Groupons les points P pour lesquels l'exposant p est divisible par 2^h, on a alors

$$p = 2^h(2\lambda + 1);$$

pour $\theta = \theta_0$, l'argument de PQ', pour un point de cette catégorie, est

$$\varphi + \pi a_h$$

à un multiple de 2π près.

Si la moitié ou plus de la moitié du nombre de ces segments PQ' sont intérieurs au cercle, nous prendrons $a_h = 0$; si plus de la moitié de ce nombre sont extérieurs au cercle, nous prendrons $a_h = 1$; chaque segment PQ' se changera en son symétrique par rapport à P et l'on aura plus de la moitié du nombre des nouveaux segments qui seront intérieurs.

a_h ainsi déterminé, groupons les points P pour lesquels l'exposant p est divisible par 2^{h-1} sans l'être par 2^h; on a ici

$$p = 2^{h-1}(2\lambda + 1);$$

pour $\theta = \theta_0$, l'argument de PQ' est

$$\varphi + \frac{2\lambda + 1}{2}\pi a_h + \pi a_{h-1} = \varphi' + \pi a_{h-1},$$

à un multiple de 2π près. La direction φ' n'est pas tangente au cercle en P, sinon la direction φ appartiendrait à l'étoile relative à P, ce qui est impossible. Si plus de la moitié ou la moitié du nombre des points P de cette catégorie fournit des directions φ' intérieures au cercle, on prendra $a_{h-1} = 0$; sinon, on prendra $a_{h-1} = 1$.

Pour la catégorie suivante, on aura

$$p = 2^{h-2}(2\lambda + 1)$$

et l'argument

$$\varphi + \frac{2\lambda + 1}{2^2}\pi a_h + \frac{2\lambda + 1}{2}\pi a_{h-1} + \pi a_{h-2} = \varphi' + \pi a_{h-2},$$

à un multiple de 2π près; la direction φ' n'est pas tangente au cercle en P; on raisonnera de la même manière, et ainsi de suite.

Finalement θ_2, et par suite θ_0, sont déterminés, et le problème est résolu.

107. Points fixes répulsifs. — Considérons maintenant un point double répulsif ζ; s'il est d'ordre *un*, on a

$$R'(\zeta) = s, \qquad \text{avec } |s| > 1;$$

dans un cercle (γ) de centre ζ et de rayon assez petit, on aura

$$\left| \frac{R(z) - \zeta}{z - \zeta} \right| > \sigma > 1.$$

L'inégalité

$$|z_1 - \zeta| > \sigma \; |z - \zeta|$$

entraîne

$$|z_n - \zeta| > \sigma^n |z - \zeta|;$$

donc les points z_1, z_2, ..., d'abord intérieurs au cercle (γ), s'éloignent de ζ et sortent du cercle pour n assez grand.

Si ζ est un point d'ordre m, on définit de même un cycle répulsif.

Comme il y a des cycles d'ordre aussi élevé que l'on veut et que le nombre des cycles attractifs ou mixtes est limité, on voit que le nombre des points doubles répulsifs est illimité.

D'ailleurs il y a toujours au moins un point double d'ordre *un* qui est répulsif ou indifférent. En effet, si l'équation

$$R(z) - z = 0$$

a une racine double ζ, on a

$$R'(\zeta) = s = 1,$$

et ce point est mixte. Sinon, cette équation a $k + 1$ racines distinctes que l'on peut toujours supposer à distance finie. La fraction rationnelle $\frac{1}{R(z) - z}$ a $k + 1$ pôles simples à distance finie, et le résidu pour chaque pôle ζ est

$$\frac{1}{R'(\zeta) - 1} = \frac{1}{s - 1}.$$

A l'infini, $R(z)$ a une valeur finie, sinon le point à l'infini serait double; on a donc, dans le voisinage de l'infini,

$$\frac{1}{R(z) - z} = -\frac{1}{z} + \frac{\alpha}{z^2} + \ldots;$$

le résidu à l'infini est donc $+1$ et, comme la somme des résidus est nulle,

$$\sum \frac{1}{s-1} + 1 = 0.$$

Faisons la transformation $s' = \frac{1}{1-s}$, qui change le cercle $|s| \leqq 1$ en le demi-plan des s' situé à droite de la droite (L) parallèle à l'axe des ordonnées et d'abscisse $\frac{1}{2}$.

L'égalité

$$\Sigma s' = 1$$

ou

$$\frac{\Sigma s'}{k+1} = \frac{1}{k+1} < \frac{1}{2}$$

montre que le centre de gravité des points s' est à gauche de (L); donc il y a au moins un de ces points à gauche de (L) et, pour ce point, $|s|$ est supérieur à 1.

En un point répulsif, la suite $R_n(z)$ ne peut être normale; en effet, si ce point est d'ordre *un*, on a

$$R(z) = \zeta + s(z-\zeta) + a(z-\zeta)^r + \ldots \qquad |s| > 1,$$
$$R_n(z) = \zeta + s^n(z-\zeta) + \ldots;$$

$R'_n(\zeta)$ augmente indéfiniment et $R(\zeta)$ reste égal à ζ : la suite ne peut être normale en ζ.

Si ζ appartient à un cycle d'ordre m, on voit, par le même calcul, que la suite R_{mn} ne peut être normale.

En un point ζ', limite de points répulsifs ζ, la suite $R_n(z)$ n'est évidemment pas normale.

108. Exemples d'itération. — Voici quelques exemples d'itération. Soit $R(z) = z^2$, on a

$$R_n(z) = z^{2^n};$$

les points doubles d'ordre *un* sont racines de $z^2 = z$: on obtient les points attractifs 0 et ∞ avec un multiplicateur nul et le point répulsif 1 de multiplicateur 2. Les cycles sont donnés par l'équation

$$z^{2^n-1} - 1 = 0;$$

comme

$$R'_n(z) = 2^n z^{2^n-1};$$

le multiplicateur d'un point d'ordre n est 2^n. Tous les cycles sont répulsifs. Tous les points répulsifs sont situés sur le cercle $|z|=1$ et partout denses sur cette circonférence qui forme l'ensemble dérivé de l'ensemble des points répulsifs. L'intérieur $|z|<1$ est le domaine d'attraction du point O, puisque z^n a pour limite o; l'extérieur est le domaine d'attraction du point à l'infini.

Soit encore

$$R(z) = z^{-2};$$

on a

$$R_n(z) = z^{(-2)^n}.$$

Les points doubles de la transformation $[z|z^{-2}]$ sont racines de $z^3 - 1 = 0$. Ils sont répulsifs, car le multiplicateur est -2 pour chacun d'eux. Les cycles d'ordre 2 sont donnés par les racines de

$$z^4 = z$$

qui ne vérifient pas $z^3 = 1$. Ce sont o et ∞. Le multiplicateur est nul. L'origine et le point à l'infini forment un cycle d'ordre 2 dont le domaine d'attraction est formé par l'intérieur du cercle et l'extérieur du cercle qui sont conséquents l'un de l'autre. Ces deux régions sont séparées par la circonférence $|z|=1$ qui est l'ensemble dérivé de l'ensemble de tous les autres points doubles, tous répulsifs.

Pour $R(z) = z^2 + z$, le point double d'ordre *un* $z = 0$ a pour multiplicateur 1; c'est un point double mixte, racine double de l'équation $R(z) - z = 0$ qui admet en outre, comme toujours quand $R(z)$ est un polynome, une racine infinie correspondant à un multiplicateur nul.

Pour $z_1 = R(z) = z^2 + 4$, on a toujours le point à l'infini comme point double attractif. Il n'y a pas d'autre cycle attractif. Pour le voir, on peut remplacer z par $\frac{1}{z}$ et z_1 par $\frac{1}{z_1}$; la substitution obtenue

$$z_1 = \frac{z^2}{4z^2 + 1}$$

a un point attractif à l'origine. Pour $|z| \leqq \frac{1}{3}$, on a

$$\left|\frac{z_1}{z}\right| \leqq \frac{\frac{1}{3}}{1 - \frac{4}{9}} = \frac{3}{5};$$

donc le cercle $|z| \leqq \frac{1}{3}$ appartient au domaine immédiat d'attraction de $z=0$. Donc l'extérieur du cercle $|z|=3$ appartient au domaine immédiat d'attraction du point à l'infini pour

$$R(z) = z^2 + 4.$$

Ce domaine contient les deux points critiques 4 et ∞ de la fonction inverse $R_{-1}(z) = \sqrt{z-4}$. Donc il n'y a aucun autre cycle attractif.

109. Ensemble $\mathfrak{F}$ des points irréguliers. — Considérons maintenant l'ensemble $\mathfrak{F}$ des points irréguliers autour desquels la suite $R_n(z)$ n'est pas normale. Un tel ensemble existe toujours et comprend une infinité de points. Nous avons vu en effet que les points ζ qui appartiennent à des cycles répulsifs font partie de $\mathfrak{F}$ et que leur nombre est illimité.

On peut d'ailleurs se rendre compte directement que la suite $R_n(z)$ ne peut être normale dans tout le plan fermé. S'il en était ainsi, toute suite partielle extraite des $R_n(z)$ serait génératrice d'une suite $R_\nu(z)$ convergeant uniformément dans tout le plan vers une fonction limite $R_0(z)$ méromorphe dans tout le plan, le point à l'infini compris : $R_0(z)$ serait une fraction rationnelle de degré k_0 qui pourrait être identique à une constante finie ou infinie. Soit a une valeur quelconque si $R_0(z)$ n'est pas une constante, et distincte de $R_0(z)$ dans le cas où $R_0(z)$ est une constante. L'équation $R_0(z)=a$ a k_0 racines; donc l'équation $R_\nu(z)=a$ a aussi k_0 racines lorsque ν est assez grand; mais cela est impossible, car cette équation a exactement k^ν racines, et ce nombre croît indéfiniment avec ν.

Autour d'un point ζ appartenant à $\mathfrak{F}$, la suite $R_n(z)$ n'est pas normale : cela veut dire qu'il existe au moins une suite partielle extraite de la suite R_n et ne donnant naissance à aucune suite convergeant uniformément autour de ζ. Mais on peut démontrer un résultat plus complet : *aucune suite partielle extraite de la suite* $R_n(z)$ *ne peut être normale en un point de* $\mathfrak{F}$.

Supposons en effet qu'il existe une suite $R_{n'}(z)$, extraite de la suite $R_n(z)$, et contenant une suite $R_{n''}(z)$ convergeant uniformément autour de ζ. Puisque la suite $R_n(z)$ n'est pas normale en ζ, les fonctions $R_n(z)$ prennent, dans leur ensemble, toutes les valeurs, sauf deux au plus, dans un cercle (γ) de centre ζ et de rayon arbitrairement petit. Choisissons deux cycles d'ordre au moins égal à 3 et dont aucun point double n'est à l'infini. Soient ζ_i et ζ'_j les points doubles de ces deux cycles. A partir d'un certain rang, $R_n(z)$ prend une valeur ζ_i et une valeur ζ'_j puisqu'il y a plus de deux ζ_i et plus de deux ζ'_j. A partir de ce rang, tous les $R_n(z)$ prennent au moins une valeur ζ_i et une valeur ζ'_j dans le cercle (γ); il en est donc de même des $R_{n''}(z)$. La limite $f(z)$ de cette dernière suite devrait, en ζ, être égale à la fois à un ζ_i et à un ζ'_j, car la suite converge uniformément en ζ. Comme cela est impossible, la proposition est démontrée.

110. Invariance de l'ensemble $\mathcal{F}$. — Si un point ζ appartient à $\mathcal{F}$, le point $\zeta_1 = R(\zeta)$ lui appartient aussi, car si la suite $R_{n'}(z)$ convergeait autour de ζ_1, la suite $R_{n'+1}(z)$ convergerait autour de ζ. De même, si ζ appartient à $\mathcal{F}$, chacun des antécédents

$$\zeta_{-1} = R_{-1}(\zeta)$$

appartient à $\mathcal{F}$, car si la suite $R_{n'}(z)$ convergeait autour de ζ_{-1}, la suite $R_{n'-1}(z)$ convergerait autour de ζ. Donc :

L'ensemble $\mathcal{F}$ est invariant par la transformation $R(z)$ *et par la transformation inverse* $R_{-1}(z)$.

111. Structure de l'ensemble $\mathcal{F}$. — Décrivons un petit cercle (γ) ayant pour centre un point ζ de $\mathcal{F}$. A l'intérieur de (γ) les fonctions $R_n(z)$ prennent dans leur ensemble une infinité de fois toute valeur, sauf peut-être deux valeurs exceptionnelles.

Supposons que la suite admette autour de ζ une seule valeur exceptionnelle α. Aucun antécédent de α ne peut être différent de α, sinon cet antécédent serait une seconde valeur exceptionnelle. Par une transformation linéaire effectuée sur z et z_1, amenons le point α à l'infini. Aucun antécédent du point à l'infini ne sera à distance finie, donc $R(z)$ n'a aucun pôle à distance finie : c'est un polynome. Réciproquement, si $R(z)$ est un polynome, la valeur infinie est exceptionnelle autour de chaque point de $\mathcal{F}$. Le point à l'infini est un point double attractif dont le multiplicateur est nul.

S'il y a deux valeurs exceptionnelles α et β autour de ζ, tout antécédent de l'une ou l'autre ne peut être que α ou β. Au moyen d'une transformation homographique, amenons α et β à être le point à l'infini et l'origine. $R(z)$ n'a, à distance finie, d'autre pôle que zéro; donc le dénominateur est de la forme z^q; de même $R(z)$ n'a pas, à distance finie, d'autre zéro que l'origine, donc le numérateur est z^p. $R(z)$ se réduit donc à $z^{\pm k}$. Réciproquement, si $R(z) = z^{\pm k}$, les valeurs 0 et ∞ sont exceptionnelles autour de tout point de $\mathfrak{F}$. Si $R = z^k$, les points 0 et ∞ sont des points attractifs de multiplicateurs nuls; si $R = z^{-k}$, ces points forment un cycle attractif de multiplicateur nul.

En résumé, toute valeur exceptionnelle pour un point de $\mathfrak{F}$ est exceptionnelle pour tous les points; cette valeur est l'affixe d'un point double attractif de multiplicateur nul. S'il y a une valeur exceptionnelle unique, $R(z)$ se réduit à un polynome par une transformation homographique à coefficients constants; s'il y a deux valeurs exceptionnelles, $R(z)$ se réduit à z^k par une transformation homographique.

En d'autres termes : *autour de chaque point de $\mathfrak{F}$, il y a une infinité d'antécédents de tout point du plan, sauf peut-être de deux points exceptionnels.* En particulier, aucun point de $\mathfrak{F}$ n'étant exceptionnel, puisque les points exceptionnels sont attractifs, autour de chaque point de $\mathfrak{F}$, il y a des antécédents de tous les points de $\mathfrak{F}$.

Ainsi, en général, les équations $R_n(z) = a$ admettent, quel que soit a, une infinité de racines dans le cercle (γ). Nous allons voir qu'il en est de même pour les équations

$$R_n(z) = f(z),$$

$f(z)$ désignant une fonction méromorphe dans (γ).

En effet, nous savons d'abord qu'il ne peut exister que deux fonctions distinctes $f(z)$ et $g(z)$ telles que ces équations n'aient aucune racine dans un cercle (γ) assez petit. Nous allons voir qu'il n'existe aucune fonction exceptionnelle non constante.

Considérons d'abord la fonction particulière $f(z) \equiv z$. Si ζ n'est pas un point critique de la fonction inverse $R_{-1}(z)$, prenons une branche de cette fonction méromorphe autour de ζ; si z est exceptionnelle, il en est de même de $R_{-1}(z)$, car si pour $z = z'$, on avait

$$R(z') = R_{-1}(z'),$$

on en déduirait

$$R_2(z') = z'$$

et z ne serait pas une fonction exceptionnelle.

S'il n'y a pas d'autre fonction exceptionnelle dans (γ), on a nécessairement

$$R_{-1}(z) = z \qquad \text{ou} \qquad z = R(z)$$

et la fraction rationnelle serait identique à z, hypothèse toujours écartée.

S'il y a deux fonctions exceptionnelles z et $g(z)$, on a nécessairement

$$g(z) = R_{-1}(z),$$
$$z = R_{-1}[g(z)],$$

en supposant que l'antécédent $R_{-1}(\zeta)$ ne soit pas un point critique de la fonction $R_{-1}(z)$, c'est-à-dire que ζ ne soit pas un point critique de $R_{-2}(z)$. On déduit alors de ces équations $R_2(z) = z$, ce qui est impossible.

Supposons maintenant que ζ soit un point critique pour $R_{-1}(z)$ ou $R_{-2}(z)$. Comme ζ a une infinité d'antécédents autour de chaque point de $\mathfrak{F}$, choisissons un antécédent ζ' qui n'est critique ni pour $R_{-1}(z)$, ni pour $R_{-2}(z)$. Alors z n'est pas une fonction exceptionnelle pour le point ζ'; soit z' une solution de l'équation $R_n(z) = z$, voisine de ζ'; si $\zeta = R_p(\zeta')$, posons $z = R_p(z')$, z est voisin de ζ et l'égalité

$$R_n(z') = z'$$

entraîne

$$R_{n+p}(z') = R_n(z) = R_p(z') = z;$$

donc z n'est pas exceptionnelle pour ζ.

Ainsi, autour de chaque point de $\mathfrak{F}$, les équations

$$R_n(z) = z$$

ont, dans leur ensemble, une infinité de racines. Ces racines sont des affixes de points doubles répulsifs. Donc :

Tout point de $\mathfrak{F}$ est limite de points doubles répulsifs.

$\mathcal{F}$ n'admet pas de point isolé; d'autre part, il est évidemment fermé, par conséquent :

L'ensemble $\mathcal{F}$ est parfait.

Tout point répulsif ou limite de points répulsifs appartient à $\mathcal{F}$. Et réciproquement, tout point de $\mathcal{F}$ est limite de points répulsifs. Par suite :

L'ensemble parfait $\mathcal{F}$ coïncide avec l'ensemble dérivé des points doubles répulsifs.

Ces propriétés dérivent du fait que z n'est pas une fonction exceptionnelle. Montrons, plus généralement, qu'il n'y a pas de fonction exceptionnelle non constante. En effet, supposons qu'il y ait autour de ζ une fonction exceptionnelle non constante $f(z)$. Prenons un point ζ' de $\mathcal{F}$ situé dans (γ) tel que $f(\zeta')$ ne soit pas un point critique de $R_{-1}(z)$ ni qu'aucun antécédent immédiat de $f(\zeta')$ ne soit critique pour $R_{-1}(z)$. Cela est possible puisque les points critiques sont en nombre fini, et qu'il y a une infinité de points ζ' dans (γ). Traçons un cercle (γ') de centre ζ' et intérieur à (γ). Dans le cercle (γ'), $f(z)$ et $R_{-1}[f(z)]$ sont méromorphes et exceptionnelles. On ne peut avoir

$$R_{-1}[f(z)] = f(z),$$

sinon l'égalité

$$f(z) = R[f(z)]$$

exigerait que $f(z)$ fût constante. Donc

$$R_{-1}[f(z)] = g(z)$$

est une seconde fonction exceptionnelle. Comme $g(\zeta')$, antécédent immédiat de $f(\zeta')$, n'est pas critique, la fonction

$$R_{-1}[g(z)] = R_{-2}[f(z)]$$

est exceptionnelle; on ne peut avoir

$$R_{-1}[g(z)] = g(z),$$

puisque $g(z)$ n'est pas une constante; donc

$$R_{-1}[g(z)] = f(z),$$

c'est-à-dire que

$$R_2[f(z)] = f(z).$$

Mais cela aussi est impossible si $f(z)$ n'est pas une constante.

Ainsi, autour de chaque point de $\mathcal{F}$, les équations

$$R_n(z) = f(z)$$

ont une infinité de racines si $f(z)$ n'est pas une constante.

112. Homogénéité de l'ensemble $\mathcal{F}$. — Soient ζ un point de $\mathcal{F}$ et (γ) un petit cercle de centre ζ, je dis que les conséquents (γ_n) de ce cercle couvrent, si n est assez grand, tout ensemble fermé $\mathcal{E}$ ne contenant aucun point exceptionnel.

Prenons un point répulsif ζ' voisin de ζ dans le cercle (γ) et traçons un cercle (γ') de centre ζ', complètement intérieur à (γ). Il suffit de montrer que (γ'_n), qui est une partie de (γ_n), recouvre $\mathcal{E}$ si n est assez grand. Soit m l'ordre du cycle auquel ζ' appartient. On peut prendre (γ') assez petit pour que (γ') soit contenu dans (γ'_m) car l'égalité

$$|R_m(z) - \zeta'| > \sigma |z - \zeta'| \qquad (\sigma > 1),$$

valable dans le voisinage de ζ', montre que le contour limitant (γ'_m) est extérieur à (γ'). Dans ces conditions, (γ'_{2m}) contient (γ'_m), car, si un point de (γ'_m) n'appartenait pas à (γ'_{2m}), son antécédent d'ordre m, qui est dans (γ'), n'appartiendrait pas à l'antécédent d'ordre m de (γ'_{2m}), c'est-à-dire à (γ'_m). Donc, la suite

$$(\gamma'), \quad (\gamma'_m), \quad (\gamma'_{2m}), \quad \ldots, \quad (\gamma'_{hm}), \quad \ldots$$

est formée de domaines emboîtés.

Tout point α de $\mathcal{E}$ appartient à un domaine (γ'_{hm}) si h est assez grand car la valeur α, n'étant pas exceptionnelle pour $[z|R(z)]$, n'est pas exceptionnelle pour $[z \mid R_m(z)]$. En effet, supposons que la suite $R_{hm}(z)$ admette une valeur exceptionnelle unique qu'on peut supposer être l'infini : alors $R_m(z)$ est un polynome ; il en est de même de $R(z)$, car si $R(z)$ était une fraction irréductible, $R_m(z)$ serait une fraction irréductible. Si $R_{hm}(z)$ admet deux valeurs exceptionnelles qu'on peut supposer être o et ∞, $R_m(z)$ est de la forme $z^{\pm k}$ et l'on en déduit aussitôt que $R(z)$ est de la même forme.

Tout point α de $\mathcal{E}$ appartenant à un domaine (γ'_{hm}) et l'ensemble $\mathcal{E}$ étant fermé, il résulte du théorème de Borel-Lebesgue qu'il suffit d'un nombre fini de domaines (γ'_{hm}) pour recouvrir $\mathcal{E}$

tout entier. Soit (γ'_n) le plus grand d'entre eux, il contient les précedents, donc (γ'_n) et par suite (γ_n) recouvrent $\mathcal{E}$.

En particulier, considérons l'ensemble f des points de $\mathcal{F}$ intérieurs à (γ); il existe un conséquent (γ_n) de (γ) qui recouvre entièrement $\mathcal{F}$ puisque $\mathcal{F}$ ne contient aucun point exceptionnel. La substitution $[z\,|\,R_n(z)]$ fait correspondre aux points de f des points de $\mathcal{F}$ et réciproquement, puisque $\mathcal{F}$ est invariant par les transformations $[z\,|\,R(z)]$ et $[z\,|\,R_{-1}(z)]$. Ainsi, il existe une fraction rationnelle $R_n(z)$, itérée de $R(z)$, qui fait correspondre $\mathcal{F}$ et une partie de $\mathcal{F}$ aussi réduite que l'on veut. Nous exprimerons ce fait en disant : $\mathcal{F}$ a dans toutes ses parties la même structure ou encore $\mathcal{F}$ a une *structure homogène.*

Si, par exemple, $\mathcal{F}$ contient une partie continue, $\mathcal{F}$ est continu.

113. Exemples d'ensembles $\mathcal{F}$. — Quels sont les différents aspects que peut présenter la structure de $\mathcal{F}$?

D'abord, si $\mathcal{F}$ contient un point intérieur ζ, tous les points du plan appartiennent à $\mathcal{F}$. En effet, $\mathcal{F}$ contient tous les points d'un cercle (γ) assez petit de centre ζ; les conséquents des points de (γ) sont des points de $\mathcal{F}$ et recouvrent tout le plan sauf peut-être deux points exceptionnels, mais, comme $\mathcal{F}$ est fermé, cette hypothèse ne peut se présenter. Donc, $\mathcal{F}$ *contient tous les points du plan.*

Voici un exemple de ce cas dû à S. Lattès [1]. Soit $\wp u$ la fonction de Weierstrass; $\wp(2u)$ est une fonction rationnelle de $\wp u$

$$\wp(2u) = \frac{(\wp^2 u + 1)^2}{4\,\wp u(\wp^2 u - 1)}.$$

Considérons la suite des itérées $R_n(z)$ de

$$R(z) = \frac{(z^2+1)^2}{4z(z^2-1)};$$

soient ζ un point quelconque du plan et η une racine de $\wp u = \zeta$; la relation $z = \wp u$ fait correspondre au petit cercle (γ) de centre ζ du plan des z un domaine (Γ) du plan des u entourant le point η; on a

$$R_n(z) = R_n(\wp u) = \wp(2^n u);$$

la fonction $R_n(z)$ prend dans (γ) les mêmes valeurs que $\wp(2^n u)$

(1) *Comptes rendus de l'Académie des Sciences de Paris,* t. 166, 1918, p. 28.

dans (Γ), c'est-à-dire les mêmes valeurs que pu dans le domaine (Γ_n) déduit de (Γ) par une homothétie dont le rapport est 2^n. Ce domaine (Γ_n) recouvre un nombre de parallélogrammes de périodes qui croît indéfiniment avec n, donc $R_n(z)$ prend dans (γ) toute valeur a, un nombre de fois qui croît indéfiniment avec n. Il en résulte que la suite $R_n(z)$ n'est pas normale car, si une suite partielle $R_\nu(z)$ convergeait uniformément dans (γ) vers une fonction méromorphe $f(z)$, les équations $R_\nu(z) = a$ auraient, à partir d'un certain rang, le même nombre fini de racines que l'équation $f(z)=a$, tandis que ce nombre croît indéfiniment avec ν.

Dans l'exemple précédent, on voit qu'il n'existe aucun cycle attractif.

Si $\mathcal{F}$ ne contient pas tous les points du plan, cet ensemble n'a aucun point intérieur. L'ensemble $\mathcal{F}$ peut alors être un ensemble parfait continu, un ensemble parfait partout discontinu, ou un ensemble parfait ayant autour de chaque point une partie continue et une partie discontinue. Ces trois cas peuvent effectivement se présenter; le premier correspond par exemple à $R(z) = z^{\pm 2}$.

114. Distribution des domaines d'attraction. — L'ensemble $\mathcal{F}$ partage le plan en domaines formant en général une infinité dénombrable. L'étude de ces domaines est en liaison intime avec celle des domaines d'attraction des cycles attractifs. M. Fatou, utilisant à la fois les propriétés de la représentation conforme et celles des familles normales, a fait une étude approfondie de ces domaines et de leurs frontières. Je me borne à signaler quelques-uns des remarquables résultats de cette étude en renvoyant aux mémoires originaux pour une analyse plus détaillée.

Si le domaine immédiat d'attraction d'un point double attractif du premier ordre ou d'un point mixte du premier ordre dont le multiplicateur est l'unité contient un morceau isolé appartenant à une courbe analytique, la frontière de ce domaine est un cercle ou un arc de cercle, et cette frontière se confond avec $\mathcal{F}$.

Dans le cas où $\mathcal{F}$ n'est pas un arc de cercle, cet ensemble ne peut jamais contenir un arc isolé d'une courbe simple de Jordan possédant une tangente en chaque point. Dans certains cas, il n'existe de tangente en aucun point de la frontière.

CHAPITRE IX.

FAMILLES DE FONCTIONS DE PLUSIEURS VARIABLES.

FAMILLES NORMALES DE FONCTIONS DE DEUX VARIABLES.

115. Fonctions analytiques de deux variables complexes. — Nous nous limiterons à l'étude des familles de fonctions holomorphes de deux variables complexes z et z'. Nous supposerons que le point $z = x + iy$, $z' = x' + iy'$ a pour coordonnées x, y, x', y' dans un espace à quatre dimensions rapporté à des coordonnées cartésiennes rectangulaires et qu'il demeure à l'intérieur d'une certaine région de cet espace limitée par une hypersurface fermée : nous prendrons souvent pour cette région l'intérieur d'une hypersphère de rayon R, c'est-à-dire l'ensemble des points dont les coordonnées vérifient l'inégalité

$$|z|^2 + |z'|^2 \leqq R^2,$$

c'est-à-dire

$$x^2 + y^2 + x'^2 + y'^2 \leqq R^2$$

ou l'intérieur d'un hypercylindre défini par les inégalités

$$|z| \leqq R, \qquad |z'| \leqq R',$$

c'est-à-dire

$$x^2 + y^2 \leqq R^2, \qquad x'^2 + y'^2 \leqq R'^2.$$

Nous aurons aussi à considérer, dans cet espace, des surfaces ou ensembles de points dépendant de deux paramètres et des lignes ou ensembles de points dépendant d'un paramètre. Une surface est l'intersection de deux hypersurfaces; en particulier, un plan est l'intersection de deux hyperplans

$$a x + b y + c x' + d y' + e = 0,$$
$$a' x + b' y + c' x' + d' y' + e' = 0.$$

Une surface est appelée caractéristique lorsqu'elle est représentée par l'équation

$$F(z, z') = 0,$$

dans laquelle F est une fonction analytique de (z, z') : cette équation peut être remplacée par les deux équations obtenues en égalant à zéro la partie réelle et la partie imaginaire de F. En particulier, un plan caractéristique est représenté par une équation

$$\alpha z + \alpha' z' + \beta = 0,$$

dans laquelle α, α', β sont des nombres complexes.

On peut aussi représenter une surface caractéristique par les équations

$$z = g(t), \qquad z' = h(t),$$

$g(t)$ et $h(t)$ étant des fonctions analytiques de la variable complexe t.

Considérons une fonction $f(z, z')$ analytique en (z, z') à l'intérieur d'une région (V) de l'espace à quatre dimensions. Nous dirons que cette fonction est holomorphe ou régulière au point (z_0, z'_0), lorsqu'elle est représentable autour de ce point, c'est-à-dire dans une petite hypersphère ayant ce point comme centre, par une série double en $z - z_0$ et $z' - z'_0$, absolument convergente :

$$f(z, z') = \sum_{p=0}^{\infty} \sum_{q=0}^{\infty} a_{p,q}(z - z_0)^p (z' - z'_0)^q;$$

on peut aussi écrire

$$f(z, z') = \sum_{q=0}^{\infty} a_q(z)(z' - z'_0)^q, \qquad f(z, z') = \sum_{p=0}^{\infty} b_p(z')(z - z_0)^p,$$

les fonctions $a_q(z)$ et $b_p(z')$ étant respectivement holomorphes autour de z_0 et de z'_0 et les séries étant absolument convergentes.

Une fonction $f(z, z')$ est dite méromorphe au point (z_0, z'_0), si elle peut être représentée autour de ce point par le quotient de deux fonctions holomorphes, le dénominateur étant nul en (z_0, z'_0) :

$$f(z, z') = \frac{g(z, z')}{h(z, z')}.$$

Si

$$g(z_0, z'_0) \neq 0 \qquad \text{avec} \qquad h(z_0, z'_0) = 0,$$

le point (z_0, z'_0) est appelé pôle de la fonction $f(z, z')$.

Si

$$g(z_0, z'_0) = h(z_0, z'_0) = 0,$$

on sait, d'après un théorème classique de Weierstrass, que chacune de ces fonctions peut se mettre sous la forme d'un produit de deux facteurs dont l'un ne s'annule pas en (z_0, z'_0) et l'autre est un polynome en z', si, comme on peut toujours le supposer, ces fonctions ne sont pas identiquement nulles pour $z = z_0$. Si ces polynomes n'ont pas de facteur commun, le point (z_0, z'_0) est un point d'indétermination pour $f(z, z')$. Par exemple, la fonction

$$f(z, z') = \frac{\alpha z + \beta z'}{\gamma z + \delta z'} \qquad (\alpha\delta - \beta\gamma \neq 0)$$

admet l'origine comme point d'indétermination; tout nombre complexe est une valeur limite pour (z, z') lorsque z et z' tendent vers zéro par des chemins convenables.

Occupons-nous maintenant des familles normales de fonctions holomorphes de plusieurs variables dont l'étude a été entreprise par M. Julia [1].

116. Familles normales de fonctions holomorphes. — Soit une famille de fonctions $f(z, z')$ holomorphes dans un domaine (V) à quatre dimensions. Nous dirons que cette famille est normale dans l'intérieur de (V) ou, plus brièvement, normale dans (V), si toute suite infinie de fonctions de cette famille est génératrice d'une suite convergeant uniformément dans tout domaine (V') intérieur à (V) vers une fonction limite finie ou infinie. Nous dirons que la famille est normale en un point P, si elle est normale dans une hypersphère de centre P. Une famille normale dans (V) est normale en chaque point P intérieur à (V). Réciproquement, une famille normale en chaque point P intérieur à (V) est normale dans (V) : on le démontre, comme dans le cas d'une variable, en appliquant le théorème de Borel-Lebesgue pour l'espace à quatre dimensions : il suffit de remplacer les cercles utilisés dans le plan par des hypersphères ou des hypercylindres.

---

[1] *Sur les familles de fonctions analytiques de plusieurs variables* (*Acta mathematica*, t. 47, 1925, p. 53-115).

Nous dirons que les fonctions $f(z, z')$ d'une famille de fonctions continues dans (V) sont également continues dans ce domaine, si, à chaque nombre ε, on peut faire correspondre un nombre $\delta(\varepsilon)$ tel que, lorsque la distance de deux points (z_1, z'_1) et (z_2, z'_2) du domaine est inférieure à δ, on ait

$$|f(z_2, z'_2) - f(z_1, z'_1)| < \varepsilon.$$

On peut d'ailleurs, au lieu de l'inégalité

$$|z_2 - z_1|^2 + |z'_2 - z'_1|^2 < \delta^2,$$

adopter les deux inégalités simultanées

$$|z_2 - z_1| < \frac{\delta}{\sqrt{2}}, \qquad |z'_2 - z'_1| < \frac{\delta}{\sqrt{2}}.$$

Si les valeurs des fonctions $f(z, z')$ sont bornées en un point (z_0, z'_0) de (V), il en est de même dans tout domaine (V′) intérieur à (V).

Une famille de fonctions $f(z, z')$ également continues dans (V) est une famille normale : on le démontre en suivant exactement la même voie qu'au paragraphe **12**, le quadrillage du plan étant remplacé par un réseau de cubes dans l'espace à quatre dimensions.

117. Fonctions bornées dans leur ensemble. — Une famille de fonctions $f(z, z')$ holomorphes et bornées dans leur ensemble dans un domaine (V) est une famille normale. Il suffit de montrer que ces fonctions sont également continues dans tout domaine (V′) complètement intérieur à (V). Désignons par ρ la distance non nulle de la frontière de (V) à celle de (V′). Tout point (z_1, z'_1) du domaine (V′) peut être pris comme centre d'un hypercylindre

$$|z - z_1| < \rho, \qquad |z' - z'_1| < \rho,$$

tout entier à l'intérieur de (V). Si (z_2, z'_2) est un point intérieur à l'hypercylindre de rayon $\frac{\rho}{2}$, on a

$$f(z_1, z'_1) = -\frac{1}{4\pi^2}\int_{(\gamma)}\int_{(\gamma')}\frac{f(\zeta, \zeta')\,d\zeta\,d\zeta'}{(\zeta - z_1)(\zeta' - z'_1)},$$

$$f(z_2, z'_2) = -\frac{1}{4\pi^2}\int_{(\gamma)}\int_{(\gamma')}\frac{f(\zeta, \zeta')\,d\zeta\,d\zeta'}{(\zeta - z_2)(\zeta' - z'_2)},$$

les intégrales étant étendues aux cercles (γ) :

$$|\zeta - z_1| = \rho,$$

et (γ') :

$$|\zeta' - z'_1| = \rho.$$

On déduit de ces égalités

$$f(z_2, z'_2) - f(z_1, z'_1) = -\frac{1}{4\pi^2}\int_{(\gamma)}\int_{(\gamma')} f(\zeta, \zeta')\left[\frac{1}{(\zeta - z_2)(\zeta' - z'_2)} - \frac{1}{(\zeta - z_1)(\zeta' - z'_1)}\right] d\zeta\, d\zeta'$$

ou

$$f(z_2, z'_2) - f(z_1, z'_1) = -\frac{1}{4\pi^2}\int_{(\gamma)}\int_{(\gamma')} f(\zeta, \zeta')\frac{(z_2 - z_1)(\zeta' - z'_2) + (z'_2 - z'_1)(\zeta - z_1)}{(\zeta - z_1)(\zeta - z_2)\times(\zeta' - z'_1)(\zeta' - z'_2)} d\zeta\, d\zeta'$$

et, par conséquent,

$$|f(z_2, z'_2) - f(z_1, z'_1)| \leqq \frac{6\,\mathrm{M}}{\rho}[|z_2 - z_1| + |z'_2 - z'_1|],$$

M désignant la borne supérieure du module des fonctions.

Le second membre est inférieur à $\varepsilon < 6\mathrm{M}$ si l'on prend

$$\delta(\varepsilon) = \frac{\rho\varepsilon}{12\,\mathrm{M}}$$

et

$$|z_2 - z_1| < \delta, \qquad |z'_2 - z'_1| < \delta.$$

L'égale continuité est établie, et la famille est normale. Toute fonction limite est holomorphe dans l'intérieur de (V).

118. Accumulation des valeurs. — Considérons une suite infinie de fonctions $f_n(z, z')$ holomorphes dans (V) et convergeant uniformément dans ce domaine vers la fonction $f_0(z, z')$. Si au point (z_0, z'_0) on a $f_0(z, z') = a$, je dis que les équations $f_n(z, z') = a$ ont, à partir d'un certain rang, des racines dans tout domaine, si petit soit-il, contenant le point (z_0, z'_0), à moins que $f_0(z, z')$ ne soit identique à a.

On peut, au moyen d'un changement d'origines, toujours supposer que z_0, z'_0 et a sont nuls. Ainsi, on a

$$f_0(0, 0) = 0,$$

et, comme $f_0(z, z')$ n'est pas identiquement nulle, il y a, aussi près qu'on le veut de $(0, 0)$, des points (z_1, z'_1) tels que

$$f_0(z_1, z'_1) \neq 0.$$

Considérons la surface caractéristique

$$z = tz_1, \qquad z' = tz'_1, \qquad |t| \leqq 1,$$

et la suite des fonctions holomorphes de t dans le cercle $|t| \leqq 1$,

$$F_n(t) = f_n(tz_1, tz'_1);$$

cette suite converge uniformément dans le cercle, la limite

$$F_0(t) = f_0(tz_1, tz'_1)$$

n'est pas identiquement nulle car $F_n(1)$ a pour limite $f_0(z_1, z'_1)$ qui est différent de zéro. Or $F_0(0) = 0$; donc, d'après le théorème du paragraphe 9, les fonctions $F_n(t)$ ont, pour n assez grand, des zéros dans un cercle arbitrairement petit de centre $t = 0$. Ainsi, les fonctions $f_n(z, z')$ ont toutes, à partir d'un certain rang, des zéros, sur la caractéristique précédente, aussi rapprochés qu'on le veut de l'origine.

On peut d'ailleurs remplacer cette caractéristique par une caractéristique quelconque dictincte de

$$f_0(z, z') = 0.$$

119. Fonctions admettant une région exceptionnelle. — Considérons maintenant la famille des fonctions $f(z, z')$ holomorphes dans (V) dont les valeurs représentées sur la sphère de Riemann laissent toujours à découvert une région de cette sphère. Si cette région contient le pôle nord, les fonctions sont bornées et forment une famille normale. Sinon, il existe un nombre a tel que

$$|f(z, z') - a| > \rho.$$

Je dis que cette famille est normale. En effet, la famille des fonctions

$$\varphi(z, z') = \frac{1}{f(z, z') - a}$$

est formée de fonctions holomorphes et bornées dans (V). Soit $\varphi_n(z, z')$ une suite infinie de fonctions $\varphi(z, z')$ convergeant vers la fonction limite $\varphi_0(z, z')$. Si $\varphi_0(z, z')$ est la constante zéro, $\frac{1}{\varphi_n} = f_n - a$ converge uniformément vers l'infini et $f_n(z, z')$ converge uniformément vers l'infini. Si $\varphi_0(z, z')$ n'est pas la constante infinie, cette fonction n'a pas de zéro dans (V) puisque $\varphi_n(z, z')$ ne s'annule pas. La fonction

$$f = a + \frac{1}{\varphi}$$

est holomorphe dans (V) et l'on a

$$f_n - f = \frac{1}{\varphi_n} - \frac{1}{\varphi} = \frac{\varphi - \varphi_n}{\varphi\varphi_n}.$$

Or, dans un domaine (V') intérieur à (V), $|\varphi|$ a un minimum non nul α; prenons n assez grand pour que

$$|\varphi - \varphi_n| < \varepsilon \qquad \text{avec} \qquad \varepsilon < \frac{\alpha}{2},$$

alors on aura

$$|\varphi_n| > \frac{\alpha}{2}$$

et

$$|f_n - f| < \frac{2\varepsilon}{\alpha^2},$$

donc la suite f_n converge uniformément dans (V'), et par suite dans l'intérieur de (V).

120. Fonctions admettant deux valeurs exceptionnelles. — Les fonctions $f(z, z')$ holomorphes dans le domaine (V) et admettant deux valeurs exceptionnelles forment une famille normale.

Il suffit de démontrer que ces fonctions forment une famille normale autour de chaque point. On peut toujours prendre ce point comme origine et supposer que les valeurs exceptionnelles sont zéro et *un*. Nous allons montrer que la famille est normale dans un hypercylindre ayant l'origine comme centre.

Considérons une suite infinie de fonctions $f(z, z')$ et choisissons une suite partielle $f_n(z, z')$ telle que les nombres $|f_n(0, 0)|$ aient une borne supérieure finie α; on peut supposer que cette borne est finie, sinon on remplacerait f_n par $\frac{1}{f_n}$, ces deux suites étant normales en même temps.

Je dis que les fonctions f_n sont bornées dans le voisinage de l'origine. Soit, en effet,

$$f_n(z, z') = a_0^n(z) + z' a_1^n(z) + \ldots$$

le développement de $f_n(z, z')$ valable autour de $z = z' = 0$. Les fonctions

$$a_0^n(z) = f_n(z, 0)$$

ne prennent jamais la valeur zéro ni la valeur *un*, et l'on a

$$|a_0^n(0)| = |f_n(0, 0)| < \alpha,$$

donc, pour $|z| < r$, r étant convenablement choisi,

$$|a_0^n(z)| < \Omega(\alpha) = \alpha'.$$

Considérons maintenant les fonctions $f_n(z, z')$ de la variable z' dans lesquelles z a une valeur fixe de module inférieur à r. On a

$$|f_n(z, 0)| = |a_0^n(z)| < \alpha',$$

on en déduit, pour $|z'| < r$,

$$|f_n(z, z')| < \Omega(\alpha').$$

Donc la suite est normale dans l'hypercylindre $|z| < r$, $|z'| < r$. La famille est normale en chaque point intérieur à (V), elle est donc normale dans l'intérieur du domaine (V).

121. Suites normales convergeant en une infinité de points. — Lorsqu'une suite infinie de fonctions holomorphes d'une variable z appartient à une famille normale dans un domaine, la convergence pour un ensemble convenable (E) de points du domaine entraîne la convergence uniforme dans tout le domaine, comme il résulte des théorèmes de Weierstrass, de Stieltjès, de M. Vitali et de M. Blaschke. Des propositions semblables sont-elles applicables aux suites de fonctions holomorphes de deux variables z et z'?

Soit une suite infinie de fonctions $f_n(z, z')$, holomorphes, appartenant à une famille normale dans un domaine (V) et convergeant en tous les points d'un ensemble (E) de ce domaine. Pour voir si la suite converge uniformément dans l'intérieur de (V), essayons d'établir, comme nous l'avons fait dans le cas d'une variable, que toute suite partielle, extraite de la suite f_n, est génératrice d'une suite nouvelle convergeant uniformément dans (V) vers une même fonction $f_0(z, z')$. Or, la suite étant normale, deux suites partielles quelconques sont génératrices de deux suites nouvelles convergeant vers deux fonctions holomorphes égales en tous les points de (E). Leur différence est nulle en ces points et holomorphe dans (V). Pour que ces fonctions limites soient identiques, il suffit que l'ensemble (E) soit tel que toute fonction holomorphe $f(z, z')$ admettant ces points comme zéros soit identiquement nulle.

Il en est certainement ainsi si l'ensemble (E) comprend tous les points d'un hypervolume (v), si petit soit-il, intérieur à (V). En effet, en un point P intérieur à (v), toutes les dérivées de $f(z, z')$ sont nulles et la série de Taylor correspondante est identiquement nulle. Par prolongement analytique, on en déduit que $f(z, z')$ est nulle à l'intérieur de (V). Ainsi, le théorème de Stieltjès est encore applicable.

Il n'en est pas de même pour celui de M. Vitali; la suite peut converger en tous les points d'un ensemble (E) ayant au moins un point limite intérieur à (V), sans converger uniformément dans (V), si l'ensemble (E) est arbitraire. Par exemple, la suite

$$f_{2n} = z + \frac{1}{2n}, \qquad f_{2n+1} = zz' + \frac{1}{2n+1}$$

converge vers zéro en tous les points de la surface caractéristique $z = 0$, sans converger uniformément autour du point $z = z' = 0$.

Soient P_0 un point limite de (E) intérieur à (V) et Π le plan caractéristisque passant par P_0 et un point P de (E). Les plans Π admettent un ensemble de plans limites Π_0 lorsque le point P a pour limite P_0. Si cet ensemble comprend un nombre infini de plans limites distincts Π_0, nous dirons que le point P_0 est d'ordre infini. On obtient alors la proposition suivante :

Si une suite normale de fonctions $f_n(z, z')$ holomorphes dans un domaine (V) *converge en tous les points d'un ensemble* (E) *ayant au moins un point limite d'ordre infini intérieur à* (V), *la suite converge uniformément dans le domaine* (V).

Prenons le point P_0 comme origine et considérons une infinité dénombrable de plans Π_0, définis par les équations

$$z' = m_h z \qquad (h = 1, 2, \ldots),$$

on peut supposer que tous les nombres m_h sont finis. Désignons par (z_k, z'_k) avec $k = 1, 2, \ldots$ une suite infinie de points P de (E) ayant P_0 pour point limite et tels que les plans caractéristiques

$$z'_k z - z_k z' = 0$$

aient pour limite le plan

$$z = m z';$$

l'égalité

$$f(z_k, z'_k) - f(0, 0) = z_k \left(\frac{\partial f}{\partial z}\right)_0 + z'_k \left(\frac{\partial f}{\partial z'}\right)_0 + \ldots = 0,$$

$f(z, z')$ désignant une fonction holomorphe en P_0 et nulle aux points P, donne, en faisant croître k indéfiniment,

$$\left(\frac{\partial f}{\partial z}\right)_0 + m \left(\frac{\partial f}{\partial z'}\right)_0 = 0.$$

En particulier, pour $m = m_1$ et $m = m_2$, on a

$$\left(\frac{\partial f}{\partial z}\right)_0 + m_1 \left(\frac{\partial f}{\partial z'}\right)_0 = 0,$$

$$\left(\frac{\partial f}{\partial z}\right)_0 + m_2 \left(\frac{\partial f}{\partial z'}\right)_0 = 0;$$

donc

$$\left(\frac{\partial f}{\partial z}\right)_0 = 0, \qquad \left(\frac{\partial f}{\partial z'}\right)_0 = 0.$$

Supposons démontré que toutes les dérivées d'ordre $p - 1$ sont nulles en P_0 et montrons qu'il en est de même pour les dérivées d'ordre p. On a, dans notre hypothèse,

$$f(z_k, z'_k) - f(0, 0) = \frac{1}{p!} \left(z_k \frac{\partial}{\partial z} + z'_k \frac{\partial}{\partial z'}\right)^{(p)} f(0, 0) + \ldots = 0;$$

on en déduit

$$\left(\frac{\partial}{\partial z} + m \frac{\partial}{\partial z'}\right)^{(p)} f(0, 0) = 0.$$

En développant, et remplaçant m par $m_1, m_2, \ldots, m_{p+1}$,

$$\left(\frac{\partial^p f}{\partial z^p}\right)_0 + C_p^1 m_1 \left(\frac{\partial^p f}{\partial z^{p-1}\,\partial z'}\right)_0 + \ldots + m_1^p \left(\frac{\partial^p f}{\partial z'^p}\right)_0 = 0,$$
$$\left(\frac{\partial^p f}{\partial z^p}\right)_0 + C_p^1 m_2 \left(\frac{\partial^p f}{\partial z^{p-1}\,\partial z'}\right)_0 + \ldots + m_2^p \left(\frac{\partial^p f}{\partial z'^p}\right)_0 = 0,$$
$$\ldots\ldots\ldots\ldots\ldots\ldots\ldots\ldots\ldots\ldots,$$
$$\left(\frac{\partial^p f}{\partial z^p}\right)_0 + C_p^1 m_{p+1} \left(\frac{\partial^p f}{\partial z^{p-1}\,\partial z'}\right)_0 + \ldots + m_{p+1}^p \left(\frac{\partial^p f}{\partial z'^p}\right)_0 = 0.$$

Comme les nombres $m_1, m_2, \ldots, m_{p+1}$ sont différents, ces équations entraînent

$$\left(\frac{\partial^p f}{\partial z^p}\right)_0 = \left(\frac{\partial^p f}{\partial z^{p-1}\,\partial z'}\right)_0 = \ldots = \left(\frac{\partial^p f}{\partial z'^p}\right)_0 = 0.$$

Toutes les dérivées étant nulles quel que soit p, la fonction $f(z, z')$ est identiquement nulle et le théorème est démontré.

122. Ensemble des points irréguliers. — Proposons-nous maintenant d'étudier la structure de l'ensemble (F) des points en lesquels une famille de fonctions de deux variables, holomorphes dans le domaine (V), n'est pas normale. Cet ensemble est évidemment fermé. M. Julia [1] a montré qu'il est parfait et ne comprend aucune partie isolée dans l'intérieur de (V).

Démontrons d'abord que (F) n'admet pas de point isolé. Supposons qu'il existe un tel point que nous prendrons comme origine O des coordonnées. Nous pouvons trouver r et r' assez petits pour que l'hypercylindre (H)

$$|z| \leqq r, \qquad |z'| \leqq r'$$

ne contienne que le seul point O de l'ensemble (F). La famille n'étant pas normale en O, il existe une suite infinie de fonctions de cette famille qui n'est pas normale en O et dont par conséquent aucune suite partielle ne converge uniformément dans l'hypercylindre (H). On peut extraire, de cette suite infinie, une suite partielle

$$f_1(z, z'), \quad f_2(z, z'), \quad \ldots, \quad f_n(z, z'), \quad \ldots$$

---

[1] *Loc. cit.*, p. 68.

qui converge uniformément en tout point de (H) sauf au point O. En particulier, cette suite converge uniformément sur la surface

$$|\zeta| = r, \qquad |\zeta'| = r'.$$

Supposons que la fonction limite ne soit pas la constante infinie et traçons, dans les plans complexes des z et des z', les circonférences (γ) et (γ') représentées par les équations précédentes. On a, pour n assez grand, et quel que soit l'entier p,

$$|f_{n+p}(\zeta, \zeta') - f_n(\zeta, \zeta')| < \varepsilon,$$

ε étant choisi arbitrairement. L'égalité

$$f_{n+p}(z, z') - f_n(z, z') = -\frac{1}{4\pi^2}\int_{(\gamma)}\int_{(\gamma')} \frac{f_{n+p}(\zeta, \zeta') - f_n(\zeta, \zeta')}{(\zeta - z)(\zeta' - z')}\, d\zeta\, d\zeta'.$$

montre que, si l'on suppose $|z| < \frac{r}{2}$, $|z'| < \frac{r'}{2}$,

$$|f_{n+p}(z, z') - f_n(z, z')| < 4\varepsilon.$$

Il résulte de cette inégalité que la suite f_n convergerait uniformément au point O, ce qui est contraire à l'hypothèse. Donc, les fonctions f_n ont pour limite la constante infinie.

Je dis que, quelle que soit la constante a, les fonctions

$$f_n(z, z') - a$$

ont au moins un zéro à partir d'un certain rang, dans tout hypercylindre (H). Dans le cas contraire, il existerait un hypercylindre (H) dans lequel une infinité de fonctions $f_n - a$ ne s'annuleraient pas. La suite correspondante des fonctions holomorphes

$$\frac{1}{f_n - a}$$

convergerait uniformément vers zéro sur la surface $|\zeta| = r$, $|\zeta'| = r'$: la convergence serait uniforme dans l'hypercylindre, et la suite en question convergerait uniformément vers l'infini autour du point O. On pourrait extraire, de la suite f_n, une suite convergeant uniformément dans (H), ce qui est contraire à l'hypothèse.

Nous pouvons donc supposer que chaque fonction de la suite f_n a un zéro au moins dans (H), en supprimant au besoin quelques fonctions au début de la suite. Soit $(z_n^0, z_n'^0)$ un zéro de $f_n(z, z')$.

L'équation

$$f_n(z, z') = 0$$

définit z' comme fonction de z à partir des valeurs initiales z_n^0, z'^0_n. Cette fonction

$$z' = g_n(z)$$

n'a dans le domaine (H) que des points critiques algébriques et peut être prolongée dans le cercle (γ) tout entier. Je dis que, lorsque z reste à l'intérieur de (γ), z' reste à l'intérieur de (γ'), au moins à partir d'une certaine valeur de n. Dans le cas contraire en effet, il existerait une infinité de valeurs de z formant une suite $z_{n'}$ telle que les points $z'_{n'}$ correspondants seraient tous situés sur (γ'). On pourrait en extraire une suite partielle $z_{n''}$ ayant pour limite un point z_0 telle que la suite correspondante $z'_{n''}$ ait pour limite un point z'_0 avec les conditions

$$|z_0| \leqq r, \qquad |z'_0| = r'.$$

En ce point (z_0, z'_0) la suite $f_{n''}(z, z')$ converge uniformément vers l'infini. Mais il y a, dans le voisinage de ce point, une infinité de zéros des fonctions $f_{n''}$: ce sont les points ($z_{n''}$, $z'_{n''}$). Il y a donc contradiction, et les points z' restent dans le cercle (γ').

Soit alors z_0 un point du cercle (γ) distinct de l'origine : on peut choisir une suite infinie $z'_{n'}$ de points $g_n(z_0)$ correspondants qui aient pour limite un point z'_0 du cercle (γ'). Autour de ce point, la suite $f_{n'}(z_0, z')$ a une infinité de zéros, elle ne peut donc converger uniformément vers l'infini. Or ce point est distinct du point O puisque z_0 n'est pas nul. Il y a donc un point (z_0, z'_0), distinct de l'origine, en lequel la suite n'est pas normale, ce qui contredit l'hypothèse.

Par conséquent le point O n'est pas isolé.

123. Structure de l'ensemble (F). — Examinons la démonstration précédente : elle comprend deux parties indépendantes. Dans la première, on déduit, du fait que O est un point isolé de l'ensemble (F), qu'il existe une suite convergeant uniformément vers l'infini, sauf en O. Dans la seconde partie, on déduit, de l'existence d'une suite convergeant uniformément vers l'infini sur la surface définie par les cercles (γ) et (γ'), que, à chaque point z_0 du cercle (γ), correspond un point z'_0 au moins de (γ') tel que le point (z_0, z'_0) appartienne à (F). On n'utilise ainsi qu'une partie de la conclusion obtenue dans la première partie, et l'on obtient un résultat valable chaque fois qu'on aura une suite convergeant uniformément vers l'infini sur la surface (γ), (γ').

En voici un exemple important : supposons que, dans le plan $z = 0$, le point $z' = 0$ soit le seul point appartenant à (F). La famille est alors normale en tous les points $(0, z'_0)$ tels que z'_0 soit situé sur une circonférence (γ') : $|z'| = r'$ arbitrairement petite. En chacun de ces points, la famille est normale dans un hypercylindre

$$|z| \leqq \rho, \qquad |z' - z'_0| \leqq \rho$$

convenablement choisi; d'après le théorème de Borel-Lebesgue, on peut recouvrir la circonférence (γ') au moyen d'un nombre fini de cercles

$$|z' - z'_0| \leqq \rho.$$

Soit r le plus petit des nombres ρ; en tous les points de l'hypersurface

$$|z| \leqq r, \qquad |z'| = r'$$

la famille est normale. On en déduit, comme précédemment, que l'origine ne peut appartenir à (F) s'il n'existe pas une suite infinie convergeant uniformément vers l'infini dans l'hypersurface précédente. Et la conclusion subsiste. Donc :

Si une famille de fonctions holomorphes de deux variables est normale en tous les points $z = 0$, $z' \neq 0$ voisins de l'origine et n'est pas normale à l'origine, quelque petit que soit le nombre r', on peut lui faire correspondre un nombre r de manière que, à un point z_0 arbitrairement choisi dans le cercle $|z| \leqq r$, corresponde au moins un point z'_0 dans le cercle $|z'| \leqq r'$ tel que la famille ne soit pas normale au point (z_0, z'_0).

Ce résultat va nous permettre d'établir le théorème suivant : *L'ensemble* (F) *ne peut contenir un ensemble parfait, isolé de la frontière de* (V) *et à distance finie.*

Si cet ensemble isolé existait, étant donné un point A dans l'espace à quatre dimensions, la distance AP de A à un point de cet ensemble partiel passerait par un maximum fini pour un point O de l'ensemble (F) situé à l'intérieur de (V). Nous allons montrer que cela est impossible et, plus généralement, que AP ne peut passer par un maximum relatif.

Supposons qu'un tel maximum ρ existe : prenons le point O comme origine des coordonnées (x, y, x', y') et l'axe Ox passant par le point A dont les coordonnées seront $(\rho, 0, 0, 0)$. Dans le voisinage de O, les points P de l'ensemble (E) sont à une distance AP du point A qui est inférieure ou égale à ρ. Soit $(0, 0, \gamma, \delta)$ un point M du plan $z = 0$; sa distance au point A est donnée par l'égalité

$$\overline{AM}^2 = \rho^2 + \gamma^2 + \delta^2.$$

Donc, $AM > \rho$ si M est distinct de O. Le plan $z = 0$ ne contient pas de point de (F), dans le voisinage de O, qui soit distinct de O. D'après le théorème précédent, quel que soit le nombre $z = \alpha + i\beta$ voisin de zéro, il existe un nombre $z' = \gamma + i\delta$ tel que le point $M(\alpha, \beta, \gamma, \delta)$ appartienne à (F), mais

$$\overline{AM}^2 = (\rho - \alpha)^2 + \beta^2 + \gamma^2 + \delta^2$$

est supérieur à ρ^2 si α est négatif et M n'appartient pas à (F). Cette contradiction démontre le théorème.

Ainsi, *l'ensemble* (F) *est parfait, continu et d'un seul tenant avec la frontière du domaine* (V). Il possède les mêmes propriétés que l'ensemble correspondant des points où une famille de fonctions holomorphes d'une variable n'est pas normale, lorsque les valeurs de ces fonctions sont bornées en chaque point. Pour les fonctions de plusieurs variables, cette restriction disparaît.

Je renverrai au Mémoire de M. Julia pour les généralisations et les applications que l'on peut tirer des résultats qui précèdent.

FAMILLES DE FONCTIONS UNIFORMISANTES.

124. Théorème de M. Picard. — Considérons une relation algébrique

$$F(x, y) = 0,$$

de genre p et soit (a_0, b_0) un point ordinaire de la surface de

Riemann correspondante. Supposons que l'on ait résolu la relation au moyen des deux fonctions

$$x = f(z) = a_0 + a_1 z + \ldots,$$
$$y = g(z) = b_0 + b_1 z + \ldots$$

méromorphes dans le cercle (C), $|z| < R$. On a

$$F(a_0, b_0) = 0, \qquad b_1 = -a_1 \frac{F'_{a_0}}{F'_{b_0}}.$$

Nous dirons que les deux fonctions $f(z)$, $g(z)$ uniformisent la relation pour le cercle (C) ou encore qu'elles forment un couple uniformisant pour le cercle (C).

M. Picard a démontré au sujet des couples d'uniformisation une proposition fondamentale relative au cas où le genre p est supérieur à l'unité [1] : il existe alors un nombre R_0, ne dépendant que de a_0 et de a_1, tel que, à l'intérieur de tout cercle de rayon supérieur à R_0, une des deux fonctions x et y au moins cesse d'être méromorphe.

Rappelons brièvement la démonstration. Lorsque le genre est plus grand que *un*, on peut exprimer x et y comme fonctions méromorphes d'un paramètre u dont le module ne dépasse pas l'unité. Un domaine limité par des arcs de cercle et contenu tout entier dans le cercle $|u| \leqq 1$ correspond point par point à la surface de Riemann définie par la relation algébrique. La fonction $u(x, y)$ est holomorphe en chaque point (x, y) de cette surface et ses différentes déterminations se déduisent de l'une d'elles par des transformations homographiques.

Si, dans la fonction $u(x, y)$, nous remplaçons x et y par les fonctions $f(z)$ et $g(z)$, nous obtenons une fonction

$$u(z) = u[f(z), g(z)]$$

holomorphe autour de chaque point du cercle (C). Cette fonction

---

(1) *Sur les couples de fonctions uniformes d'une variable correspondant aux points d'une courbe algébrique de genre supérieur à l'unité* (*Rendiconti del Circolo matematico di Palermo*, t. XXXIII, 1912, p. 1-5). — *Sur les systèmes de deux fonctions uniformes d'une variable liées par une relation algébrique* (*Bull. de la Soc. math. de France*, t. XL, 1912, p. 201-205). — *Comptes rendus des séances de l'Ac. des Sc. de Paris*, 15 janvier 1912.

est donc holomorphe dans ce cercle et son module reste inférieur à l'unité. La famille des fonctions $u(z)$ est une famille normale dans le cercle (C). Si l'on fixe la valeur a_0, il en est de même de la valeur

$$u(0) = u(a_0, b_0) = u_0;$$

les fonctions u correspondantes forment une famille normale et bornée. Si l'on fixe aussi la valeur a_1 supposée non nulle, on a

$$u_1 = u'(0) = \frac{a_1}{F'_{b_0}} \frac{D(u, F)}{D(a_0, b_0)} \neq 0.$$

On en déduit, par un raisonnement classique, que le rayon R ne peut dépasser la limite $\frac{1}{|u_1|} = \frac{\Omega(a_0)}{|a_1|}$, Ω étant un nombre positif, fonction de a_0 seul.

On peut aussi remarquer que les fonctions $u(z)$ formant une famille normale, il en est de même des fonctions

$$x[u(z)] = f(z), \qquad y[u(z)] = g(z)$$

qui forment un système de fonctions méromorphes. Si l'on fixe a_0 et $a_1 \neq 0$, la famille normale des fonctions $f(z)$ correspondantes montre que le rayon R est borné par une limite de la forme $\frac{\Omega(a_0)}{|a_1|}$ (1).

On peut assujettir les fonctions $f(z)$ et $g(z)$ à d'autres conditions : supposons par exemple que ces fonctions fassent correspondre à deux valeurs fixes de z, 0 et $z_0 \neq 0$, deux points distincts (a_0, b_0) et (a'_0, b'_0) de la surface de Riemann. Nous supposerons que ce sont des points ordinaires. La fonction $u(z)$ prendra ici, pour $z = 0$ et $z = z_0$, deux valeurs différentes $u(a_0, b_0)$ et $u(a'_0, b'_0)$; comme la famille des $u(z)$ est une famille normale dans (C), on en déduit que R a une limite supérieure ne dépendant que de z_0, a_0, a'_0.

Lorsque les coefficients de $f(z)$ et de $g(z)$ sont arbitraires, les couples uniformisants pour un cercle (C) forment toujours deux familles normales de fonctions méromorphes. On en déduit, comme l'a montré M. Picard, que le théorème de M. Vitali s'applique à ces familles : la convergence d'une suite infinie de systèmes f_n, g_n,

(1) P. Montel, *Sur les familles normales de fonctions analytiques* (*Ann. sc. de l'École Normale supérieure*, 3e série, t. XXXIII, 1916, p. 295).

en une infinité de points ayant au moins un point limite à l'intérieur de (C), entraîne la convergence uniforme de cette suite dans l'intérieur de (C). On pourrait aussi étendre à cette famille de couples le théorème de M. Blaschke relatif au cas où les points limites des points de convergence sont tous sur la circonférence (C). Il suffit de remarquer que la suite correspondante des fonctions holomorphes et bornées $u_n(z)$ converge uniformément dans ce cercle, c'est-à-dire dans le domaine fermé formé par un cercle concentrique quelconque intérieur.

Les résultats précédents supposent essentiellement que le genre de la relation algébrique soit supérieur à l'unité. Lorsque le genre est égal à *un*, x et y peuvent être représentés par des fonctions d'un paramètre u, méromorphes en tout point à distance finie : x et y sont des fonctions doublement périodiques de u. Lorsque le genre est égal à zéro, x et y peuvent être représentés par des fonctions de u, méromorphes dans le plan complexe tout entier, c'est-à-dire des fractions rationnelles.

Nous allons voir qu'il est alors nécessaire d'introduire des couples de valeurs exceptionnelles pour les couples de fonctions uniformisantes, si l'on veut obtenir des résultats correspondant aux théorèmes établis lorsque le genre est plus grand que *un*.

125. Cas d'une relation algébrique de genre un. — Supposons d'abord que la relation soit de genre *un*. Les fonctions

$$x = f(z) = a_0 + a_1 z + \ldots,$$
$$y = g(z) = b_0 + b_1 z + \ldots$$

vérifient la relation algébrique lorsque z est intérieur au cercle (C), $|z| < R$. Nous supposons en outre que, lorsque z est intérieur à (C), le point (x, y) ne coïncide jamais avec un point déterminé (a, b) de la surface de Riemann. Nous dirons que (a, b) est un point exceptionnel pour le couple.

La relation peut être résolue au moyen de fonctions doublement périodiques d'un paramètre u de telle sorte qu'un parallélogramme des périodes corresponde point par point à la surface de Riemann. Soit u_0 une valeur de u correspondant au point (a, b); les autres s'en déduisent par l'addition d'une période. $u(x, y)$ est holomorphe en tout point de la surface de Riemann; la fonction

$$u(z) = u[f(z), g(z)]$$

est holomorphe dans le cercle (C) où elle ne prend ni la valeur u_0, ni une autre valeur u_1 différant de la première par une période. La famille des fonctions $u(z)$ est une famille normale; il en est de même des familles des fonctions méromorphes $f(z)$, $g(z)$.

Si l'on fixe a_0 et $a_1 \neq 0$, on en déduit comme précédemment une limite supérieure pour R, ne dépendant que de a_0, a_1, a, b :

Il existe un nombre R_0 *ne dépendant que de* a_0, a_1, a, b, *tel que, dans tout cercle de centre origine et de rayon supérieur à* R_0, *ou bien l'une des fonctions* x *et* y *cesse d'être méromorphe, ou bien le point* (x, y) *coïncide avec le point* (a, b).

En particulier, faisons l'hypothèse que $f(z)$ ne prenne jamais une valeur particulière fixe a que l'on peut, en effectuant au besoin une transformation homographique sur x, supposer être la valeur infinie; la fonction $f(z)$ est alors holomorphe dans le cercle (C) :

Il existe un nombre R'_0, *ne dépendant que de* a_0 *et de* a_1, *tel que, dans tout cercle de centre origine et de rayon supérieur à* R'_0, *ou bien* x *cesse d'être holomorphe, ou bien* y *cesse d'être méromorphe.*

Supposons maintenant que le point (x, y) puisse coïncider avec un point déterminé (a, b) de la surface de Riemann, mais que cela ne puisse pas se produire plus de k fois. Soient

$$u_0, \quad u_1, \quad u_2, \quad \ldots, \quad u_k, \quad u_{k+1}$$

$k+2$ valeurs de u, différant deux à deux par des périodes, et correspondant à ce point (a, b). Aucune fonction $u(z)$ ne peut prendre plus de k de ces valeurs lorsque z est dans le cercle (C) : il y a donc au moins deux valeurs de la suite que la fonction ne prend pas. Soit alors une suite infinie de fonctions $u(z)$, il existe deux valeurs particulières de la suite, u' et u'', qui sont exceptionnelles pour une suite infinie $u_n(z)$ extraite de la première, puisque le nombre des couples de valeurs choisies dans la suite $u_0, \ldots, u_{k+1}$ est fini. La suite $u_n(z)$ est alors normale. Donc la famille des $u(z)$ est normale et les résultats du paragraphe précédent sont applicables.

Il existe un nombre R_k, *ne dépendant que de* a_0, a_1, a, b, *tel que, à l'intérieur de tout cercle de centre origine et de rayon supérieur à* R_k, *ou bien l'une des fonctions* x *et* y *cesse d'être méromorphe, ou bien le point* (x, y) *passe plus de* k *fois par le point* (a, b).

Il existe un nombre R'_k, *ne dépendant que de* a_0 *et* a_1, *tel que, à l'intérieur de tout cercle de centre origine et de rayon supérieur à* R'_k, *ou bien la fonction* x *a plus de* k *pôles, ou bien la fonction* y *cesse d'être méromorphe.*

Bien entendu, au lieu de fixer les valeurs a_0 et a_1, on peut assujettir les fonctions $f(z)$ et $g(z)$ à la condition que le point (x, y) coïncide, pour $z = 0$, avec le point (a_0, b_0) et, pour $z = z_0 \neq 0$, avec un autre point (a'_0, b'_0) de la surface de Riemann.

Enfin, dans les conditions précédentes, les familles $f(z)$, $g(z)$ étant normales, on peut étendre les théorèmes de M. Vitali et de M. Blaschke aux suites infinies de ces systèmes.

126. Cas d'une relation algébrique de genre zéro. — Supposons maintenant que la relation algébrique soit de genre zéro. On peut exprimer x et y en fonctions rationnelles d'un paramètre u et le plan des u tout entier correspond point par point à la surface de Riemann. La fonction $u(x, y)$ est rationnelle, la fonction $u(z)$ méromorphe dans le cercle (C). Il faut introduire ici trois points exceptionnels (a, b), (a', b'), (a'', b''); alors, la fonction $u(z)$ ne prend aucune des valeurs u_0, u'_0, u''_0 qui correspondent à ces points et l'on obtient une limite supérieure pour le rayon R.

Il existe un nombre R_0 *ne dépendant que de* $a, b, a', b', a'', b'', a_0, a_1$ *tel que, à l'intérieur de tout cercle de centre origine et de rayon supérieur à* R_0, *ou bien l'une des fonctions* x *et* y *cesse d'être méromorphe, ou bien le point* (x, y) *coïncide avec l'un des points* (a, b), (a', b') ou (a'', b'').

On peut aussi supposer que, dans le cercle (C), le point (x, y) ne passe pas plus de p fois par le point (a, b), ni plus de q fois par le point (a', b'), ni plus de r fois par le point (a'', b''), avec $p \leqq q \leqq r$. Dans ce cas, la famille des fonctions $u(z)$ est quasi-normale dans le cercle (C), et il faut fixer ses $p + q + 2$ premiers coefficients pour que R ait une limite supérieure. Cela revient à fixer les coefficients a_0, a_1, ..., a_{p+q+1} de $x=f(z)$; et le nombre R_0 dépend ici de p, q, r et de ces $p+q+2$ coefficients. Il est nécessaire en outre que ces coefficients n'appartiennent pas à une fraction rationnelle de z, afin que $u(z)$ ne puisse être une fraction rationnelle. Cela exige qu'un déterminant Δ formé avec les coefficients a_0, ..., a_{p+q+1} soit différent de zéro [1].

Ici encore, on peut modifier beaucoup la nature des conditions imposées à $f(z)$ et étendre les théorèmes relatifs aux suites convergentes.

---

(1) P. MONTEL. *Sur les familles quasi-normales de fonctions analytiques* (*Bulletin de la Soc. math. de France,* t. LII, 1924, p. 112).

CHAPITRE X.

FAMILLES COMPLEXES ET APPLICATIONS.

FAMILLES COMPLEXES NORMALES.

127. **Combinaisons exceptionnelles.** — Dire que la fonction $f(z)$, holomorphe dans un domaine (D), admet une valeur exceptionnelle a dans ce domaine revient à dire que l'expression $f(z) - a$, ou encore, que la combinaison linéaire à coefficients constants

$$\lambda_0 + \lambda f(z),$$

dans laquelle $\lambda_0 = -a\lambda$, ne s'annule pas dans (D). Nous dirons aussi que la fonction $f(z)$ admet la combinaison exceptionnelle

$$\lambda_0 + \lambda f(z) \qquad (\lambda \neq 0).$$

Considérons maintenant un système (f) de ν fonctions

$$f_1(z), \quad f_2(z), \quad \ldots, \quad f_\nu(z),$$

holomorphes dans un domaine (D), et formons une combinaison du premier degré à coefficients constants :

$$F \equiv \lambda_0 + \lambda_1 f_1 + \ldots + \lambda_\nu f_\nu ;$$

nous dirons que le système des ν fonctions admet la *combinaison exceptionnelle* F, si cette fonction F ne s'annule pas dans (D).

Le système (f) admettra ν *combinaisons exceptionnelles distinctes*

$$\begin{array}{c} \lambda_0^1 + \lambda_1^1 f_1 + \ldots + \lambda_\nu^1 f_\nu, \\ \lambda_0^2 + \lambda_1^2 f_1 + \ldots + \lambda_\nu^2 f_\nu, \\ \ldots\ldots\ldots\ldots\ldots\ldots\ldots, \\ \lambda_0^\nu + \lambda_1^\nu f_1 + \ldots + \lambda_\nu^\nu f_\nu, \end{array}$$

lorsque le déterminant

$$\delta = \begin{vmatrix} \lambda_1^1 & \lambda_2^1 & \dots & \lambda_\nu^1 \\ \lambda_1^2 & \lambda_2^2 & \dots & \lambda_\nu^2 \\ \dots & \dots & \dots & \dots \\ \lambda_1^\nu & \lambda_2^\nu & \dots & \lambda_\nu^\nu \end{vmatrix}$$

est différent de zéro.

Dans le cas d'une fonction unique $f(z)$, deux combinaisons exceptionnelles

$$\lambda_0 + \lambda f(z),$$
$$\mu_0 + \mu f(z)$$

sont distinctes lorsque le déterminant $\lambda_0\mu - \lambda\mu_0$ n'est pas nul. Nous dirons que $\nu + 1$ *combinaisons exceptionnelles*

$$\begin{array}{l} \lambda_0^1 \;\; + \lambda_1^1 \;\; f_1 + \dots + \lambda_\nu^1 \;\; f_\nu, \\ \lambda_0^2 \;\; + \lambda_1^2 \;\; f_1 + \dots + \lambda_\nu^2 \;\; f_\nu, \\ \dots\dots\dots\dots\dots\dots\dots\dots, \\ \lambda_0^{\nu+1} + \lambda_1^{\nu+1} f_1 + \dots + \lambda_\nu^{\nu+1} f_\nu \end{array}$$

sont *distinctes* pour un système de ν fonctions, lorsque le déterminant

$$\Delta = \begin{vmatrix} \lambda_1^0 & \lambda_1^1 & \dots & \lambda_\nu^1 \\ \lambda_0^2 & \lambda_1^2 & \dots & \lambda_\nu^2 \\ \dots & \dots & \dots & \dots \\ \lambda_0^{\nu+1} & \lambda_1^{\nu+1} & \dots & \lambda_\nu^{\nu+1} \end{vmatrix}$$

est différent de zéro.

En résumé, pour que ν combinaisons exceptionnelles soient distinctes, il ne faut pas que l'une d'elles soit une combinaison linéaire des autres, à coefficients constants. Pour que $\nu + 1$ combinaisons exceptionnelles soient distinctes, il faut qu'aucune d'elles ne soit une combinaison linéaire et homogène des autres. Les lettres $f_1, f_2, \dots, f_\nu$ jouent ici le rôle de variables indépendantes.

128. Fonctions entières. Nombre maximum de combinaisons exceptionnelles. — Supposons que le domaine (D) comprenne le plan tout entier : les fonctions $f_1, f_2, \dots, f_\nu$ sont des fonctions entières, et il en est de même de toute combinaison linéaire de ces fonctions.

Une combinaison exceptionnelle n'admettra pas de zéro ; si elle en a un nombre fini, elle sera exceptionnelle à l'extérieur d'un cercle contenant tous ses zéros : elle se réduira à un polynome $P(z)$ ou au produit d'un polynome $P(z)$ par une fonction entière dépourvue de zéros $e^{Q(z)}$, $Q(z)$ étant une fonction entière. Nous dirons que la combinaison exceptionnelle est du *premier type* lorsque c'est un polynome, et qu'elle est du *second type* lorsqu'elle est transcendante.

Si toutes les fonctions $f_1, f_2, \ldots, f_\nu$ ne sont pas des polynomes, il existe au plus $\nu - 1$ combinaisons exceptionnelles distinctes du premier type. Car, s'il existait ν combinaisons distinctes du premier type, on aurait

$$\begin{aligned}
\lambda_0^1 + \lambda_1^1 f_1 + \ldots + \lambda_\nu^1 f_\nu &= P_1(z), \\
\lambda_0^2 + \lambda_1^2 f_1 + \ldots + \lambda_\nu^2 f_\nu &= P_2(z), \\
\ldots\ldots\ldots\ldots\ldots\ldots&\ldots\ldots, \\
\lambda_0^\nu + \lambda_1^\nu f_1 + \ldots + \lambda_\nu^\nu f_\nu &= P_\nu(z),
\end{aligned}$$

$P_1(z), P_2(z), \ldots, P_\nu(z)$ étant des polynomes, le déterminant δ des coefficients de $f_1, \ldots, f_\nu$ n'étant pas nul. En résolvant le système des équations précédentes par rapport à $f_1, f_2, \ldots, f_\nu$, on en déduirait que toutes ces fonctions sont des polynomes, ce qui est contraire à l'hypothèse.

Je dis maintenant que le nombre des combinaisons exceptionnelles distinctes du second type ne peut dépasser ν. Supposons en effet qu'il existe $\nu + 1$ combinaisons exceptionnelles distinctes du second type

$$\begin{aligned}
F_1 &\equiv \lambda_0^1 + \lambda_1^1 f_1 + \ldots + \lambda_\nu^1 f_\nu = P_1(z)\, e^{Q_1(z)}, \\
F_2 &\equiv \lambda_0^2 + \lambda_1^2 f_1 + \ldots + \lambda_\nu^2 f_\nu = P_2(z)\, e^{Q_2(z)}, \\
\ldots&\ldots\ldots\ldots\ldots\ldots\ldots\ldots\ldots\ldots, \\
F_{\nu+1} &\equiv \lambda_0^{\nu+1} + \lambda_1^{\nu+1} f_1 + \ldots + \lambda_\nu^{\nu+1} f_\nu = P_{\nu+1}(z)\, e^{Q_{\nu+1}(z)},
\end{aligned}$$

$P_1(z), \ldots, P_{\nu+1}(z)$ étant des polynomes; $Q_1(z), \ldots, Q_{\nu+1}(z)$ des fonctions entières dont aucune n'est une constante. Les combinaisons étant supposées distinctes, le déterminant Δ est différent de zéro; en éliminant $f_1, f_2, \ldots, f_\nu$ entre les égalités précédentes, on obtient

$$\begin{vmatrix}
 & & & P_1 e^{Q_1} \\
 & \delta & & P_2 e^{Q_2} \\
 & & & \cdots\cdots \\
\cdots & \cdots & \cdots & P_\nu e^{Q_\nu} \\
\lambda_1^{\nu+1} & \ldots & \lambda_\nu^{\nu+1} & P_{\nu+1} e^{Q_{\nu+1}}
\end{vmatrix} = \Delta$$

ou

$$A_1 P_1 e^{Q_1} + A_2 P_2 e^{Q_2} + \ldots + A_{\nu+1} P_{\nu+1} e^{Q_{\nu+1}} = \Delta;$$

$A_1, A_2, \ldots, A_{\nu+1}$ sont des constantes. Comme Δ n'est pas nul, une telle identité est impossible d'après un théorème établi par M. Émile Borel ([1]).

Nous pouvons donc énoncer la proposition suivante :

THÉORÈME. — *Soient ν fonctions entières dont l'une au moins n'est pas un polynome :*

Le nombre total des combinaisons exceptionnelles ne peut dépasser $2\nu - 1$. Il ne peut exister plus de $\nu - 1$ combinaisons distinctes du premier type, ni plus de ν combinaisons distinctes du second type.

Supposons que $\nu + 1$ combinaisons du second type ne soient pas distinctes, c'est-à-dire que Δ soit nul. Si les ν premières sont distinctes, c'est-à-dire si δ est différent de zéro, l'élimination de $f_1, f_2, \ldots, f_\nu$ conduit à l'identité

$$A_1 P_1 e^{Q_1} + A_2 P_2 e^{Q_2} + \ldots + A_{\nu+1} P_{\nu+1} e^{Q_{\nu+1}} \equiv 0,$$

et le nombre $A_{\nu+1}$, égal à $\pm \delta$, est différent de zéro. Cette identité est impossible à moins que l'une des différences $Q_i - Q_{\nu+1}$ ne soit constante, c'est-à-dire que le quotient de deux combinaisons exceptionnelles ne soit une fraction rationnelle.

Le théorème précédent comporte des extensions, que l'on peut établir en suivant la même voie, lorsqu'on fixe l'ordre maximum des fonctions entières supposées d'ordre fini. Supposons que les fonctions $f_1, f_2, \ldots, f_\nu$ soient d'ordre ρ au plus et que l'une d'elles soit effectivement d'ordre ρ. Nous pouvons reprendre les raisonnements qui précèdent en désignant par $P_1, P_2, \ldots, P_{\nu+1}$ des fonctions entières dont l'ordre apparent est inférieur à ρ.

129. Classe d'un système de fonctions. — Substituons aux fonctions $f_1(z), f_2(z), \ldots, f_\nu(z)$ les fonctions $g_1(z), g_2(z), \ldots,$

([1]) É. BOREL, *Sur les zéros des fonctions entières* (*Acta mathematica*, t. XX, 1896-1897, p. 357-396).

$g_\nu(z)$ définies par une substitution à coefficients constants :

$$\begin{aligned} g_1 &= \alpha_0^1 + \alpha_1^1 f_1 + \ldots + \alpha_\nu^1 f_\nu, \\ g_2 &= \alpha_0^2 + \alpha_1^2 f_1 + \ldots + \alpha_\nu^2 f_\nu, \\ &\ldots\ldots\ldots\ldots\ldots\ldots\ldots\ldots, \\ g_\nu &= \alpha_0^\nu + \alpha_1^\nu f_1 + \ldots + \alpha_\nu^\nu f_\nu, \end{aligned}$$

dans laquelle le déterminant

$$D = \begin{vmatrix} \alpha_1^1 & \ldots & \alpha_\nu^1 \\ \ldots & \ldots & \ldots \\ \alpha_1^\nu & \ldots & \alpha_\nu^\nu \end{vmatrix}$$

est supposé différent de zéro. Nous dirons que les deux systèmes $f_1, f_2, \ldots, f_\nu$ et $g_1, g_2, \ldots, g_\nu$ appartiennent à la même classe. Une *classe* de systèmes de ν fonctions holomorphes dans un domaine (D) est formée par l'ensemble des systèmes déduits de l'un d'entre eux par une substitution linéaire quelconque à coefficients constants dont le déterminant n'est pas nul.

Si, dans une combinaison exceptionnelle

$$\lambda_0 + \lambda_1 f_1 + \ldots + \lambda_\nu f_\nu$$

relative au système (f), on remplace $f_1, f_2, \ldots, f_\nu$ par leurs valeurs en fonction de $g_1, g_2, \ldots, g_\nu$ tirées des équations précédentes, on obtient une combinaison

$$\mu_0 + \mu_1 g_1 + \ldots + \mu_\nu g_\nu$$

relative au système (g) et qui est aussi exceptionnelle. Donc :

Le nombre des combinaisons exceptionnelles demeure le même pour tous les systèmes appartenant à une même classe.

Supposons en particulier que l'un des systèmes admette ν combinaisons exceptionnelles distinctes $F_1, F_2, \ldots, F_\nu$. Les fonctions $F_1, F_2, \ldots, F_\nu$ appartiennent à la même classe et n'ont pas de zéros dans le domaine considéré.

130. **Tableaux triangulaires de combinaisons.** — Un cas particulièrement important pour les applications que nous avons en vue est celui où le système admet 2ν combinaisons exceptionnelles dans le domaine (D), ces combinaisons pouvant être disposées

suivant deux tableaux triangulaires. Soient

$$F_1 \equiv \lambda_0^1 + \lambda_1^1 f_1, \qquad G_1 \equiv \mu_0^1 + \mu_1^1 f_1,$$
$$F_2 \equiv \lambda_0^2 + \lambda_1^2 f_1 + \lambda_2^2 f_2, \qquad G_2 \equiv \mu_0^2 + \mu_1^2 f_1 + \mu_2^2 f_2,$$
$$\cdots\cdots\cdots, \qquad \cdots\cdots\cdots,$$
$$F_\nu \equiv \lambda_0^\nu + \lambda_1^\nu f_1 + \lambda_2^\nu f_2 + \ldots + \lambda_\nu^\nu f_\nu, \qquad G_\nu \equiv \mu_0^\nu + \mu_1^\nu f_1 + \mu_2^\nu f_2 + \ldots + \mu_\nu^\nu f_\nu$$

ces 2ν combinaisons. Nous supposons que les ν combinaisons de chaque tableau triangulaire soient distinctes : il en résulte qu'aucun des nombres

$$\lambda_1^1, \quad \lambda_2^2, \quad \ldots, \quad \lambda_\nu^\nu, \quad \mu_1^1, \quad \mu_2^2, \quad \ldots, \quad \mu_\nu^\nu$$

n'est nul : on peut les supposer tous égaux à l'unité. Nous supposons aussi que deux combinaisons situées sur la même ligne horizontale ne sont pas identiques, à un facteur constant près. Dans ces conditions, nous conviendrons de dire que le système (f) admet 2ν combinaisons exceptionnelles formant *deux tableaux triangulaires distincts*.

Nous écrirons désormais les combinaisons de ces tableaux en affectant du coefficient *un* la dernière fonction qui figure dans chaque combinaison. Dans ces conditions, pour chaque valeur de z, nous appellerons *écart* des deux tableaux le plus petit des modules des nombres

$$F_1 - G_1, \quad F_2 - G_2, \quad \ldots, \quad F_\nu - G_\nu.$$

Par hypothèse, cet écart n'est pas nul quel que soit z dans (D), sinon deux combinaisons de même rang seraient identiques.

Si nous effectuons sur les fonctions $f_1, f_2, \ldots, f_\nu$ une substitution linéaire réversible à coefficients constants et de forme triangulaire

$$g_1 = \alpha_0^1 + f_1,$$
$$g_2 = \alpha_0^2 + \alpha_1^2 f_1 + f_2,$$
$$\cdots\cdots\cdots;$$
$$g_\nu = \alpha_0^\nu + \alpha_1^\nu f_1 + \ldots + f_\nu,$$

le système (g) ainsi obtenu admettra 2ν combinaisons exceptionnelles formant aussi deux tableaux triangulaires distincts.

En particulier, la substitution qui fait passer de $f_1, f_2, \ldots, f_\nu$ à $F_1, F_2, \ldots, F_\nu$ conduit à un système (F) dont les fonctions n'ont pas de zéros dans (D) et admettent ν combinaisons exceptionnelles formant un tableau triangulaire. Dans ce cas, tous les coefficients λ dont les indices sont différents sont égaux à zéro.

131. Définition d'une famille complexe normale. — Considérons une famille comprenant une infinité de systèmes (f) de ν fonctions $f_1, f_2, \ldots, f_\nu$, holomorphes dans un domaine (D). On dira que cette famille de systèmes (f) est *normale dans le domaine* (D) lorsque la famille des fonctions f_μ qui correspondent à un indice fixe ($\mu = 1, 2, \ldots, \nu$) est normale dans ce domaine. Nous dirons aussi que cette famille normale de systèmes est une *famille complexe normale* dans le domaine.

Soit (g) le système déduit de (f) par une substitution linéaire réversible à coefficients constants : à la famille des systèmes (f) correspond ainsi une famille de systèmes (g). Comme les systèmes (f) et (g) appartiennent à la même classe, on dira que les familles de systèmes (f) et (g) sont des familles de systèmes appartenant à la même classe : ces familles sont évidemment normales en même temps lorsque les fonctions de l'une de ces familles sont bornées. Mais il n'en est plus de même lorsque certaines des fonctions f_μ augmentent indéfiniment. Prenons par exemple le système des deux fonctions

$$f_1 = z^n + 2^n, \qquad f_2 = -2^n;$$

lorsque n prend toutes les valeurs entières et positives, nous avons une famille de systèmes qui est normale pour $|z| < 2$ puisque chacune des suites des fonctions f_1 ou f_2 augmente indéfiniment. Si nous formons la combinaison

$$g = f_1 + f_2 = z^n,$$

la famille des fonctions g n'est pas normale pour $|z| < 2$, car z^n tend vers zéro pour $|z| < 1$ et augmente indéfiniment pour $|z| > 1$.

Lorsque $\nu = 1$, la notion de famille complexe normale se confond avec la notion habituelle de famille normale. Dans ce cas particulier, toute famille de fonctions f qui admettent, dans le domaine (D), deux combinaisons exceptionnelles distinctes, c'est-à-dire deux valeurs exceptionnelles, est une famille normale.

Lorsque ν est supérieur à 1, l'existence d'un nombre quelconque ou même d'une infinité de combinaisons exceptionnelles ne permet pas toujours de conclure que la famille des systèmes est une famille normale. Il suffit de le montrer sur un exemple.

Prenons $\nu = 2$, et la famille complexe définie par

$$f_1 = z^n, \qquad f_2 = 2^n,$$

dans le domaine $|z| \leqq \frac{3}{2}$, pour toutes les valeurs de l'entier positif n. Cette famille n'est pas normale dans le domaine considéré. Cependant, il existe une infinité de combinaisons exceptionnelles de la forme

$$\lambda_0 + \lambda_1 z^n + 2^n.$$

Cherchons en effet les racines de l'équation

$$\lambda_0 + \lambda_1 z^n + 2^n = 0,$$

en supposant

$$|\lambda_0| < \frac{1}{2}, \qquad 0 < |\lambda_1| < 1.$$

On a

$$z^n = -\frac{2^n + \lambda_0}{\lambda_1},$$

$$|z^n| = \frac{|2^n + \lambda_0|}{|\lambda_1|} > |2^n + \lambda_0| = 2^n \left| 1 + \frac{\lambda_0}{2^n} \right|;$$

or,

$$\left| 1 + \frac{\lambda_0}{2^n} \right| > 1 - \frac{1}{2^{n+1}} > \frac{3}{4} > \left(\frac{3}{4}\right)^n$$

et

$$|z^n| > \left(\frac{3}{2}\right)^n, \qquad |z| > \frac{3}{2}$$

Mais nous pouvons énoncer un théorème permettant d'affirmer que la famille complexe est normale lorsqu'il existe 2ν combinaisons exceptionnelles d'un type particulier.

132. Critère d'une famille complexe normale. — *Une famille de systèmes (f) de ν fonctions holomorphes dans un domaine* (D) *est normale dans ce domaine lorsqu'elle admet 2ν combinaisons exceptionnelles formant deux tableaux triangulaires distincts si :*

1° *les fonctions sont bornées en un point de* (D);

2° *l'écart des tableaux en un point de* (D) *reste supérieur à un nombre positif.*

Supposons $\nu = 3$ pour simplifier l'écriture et soient

$$\begin{array}{ll} \lambda_0 + f_1, & \mu_0 + f_1, \\ \lambda'_0 + \lambda'_1 f_1 + f_2, & \mu'_0 + \mu'_1 f_1 + f_2, \\ \lambda''_0 + \lambda''_1 f_1 + \lambda''_2 f_2 + f_3, & \mu''_0 + \mu''_1 f_1 + \mu''_2 f_2 + f_3 \end{array}$$

les combinaisons exceptionnelles. Posons

$$\begin{array}{lll} \lambda_0 = \varphi_1, & \lambda'_0 + \lambda'_1 f_1 = \varphi_2, & \lambda''_0 + \lambda''_1 f_1 + \lambda''_2 f_2 = \varphi_3, \\ \mu_0 = \psi_1, & \mu'_0 + \mu'_1 f_1 = \psi_2, & \mu''_0 + \mu''_1 f_1 + \mu''_2 f_2 = \psi_3. \end{array}$$

Les combinaisons peuvent s'écrire

$$\begin{array}{ll} \varphi_1 + f_1, & \psi_1 + f_1, \\ \varphi_2 + f_2, & \psi_2 + f_2, \\ \varphi_3 + f_3, & \psi_3 + f_3\,; \end{array}$$

l'écart est le plus petit des modules des différences

$$\varphi_1 - \psi_1, \quad \varphi_2 - \psi_2, \quad \varphi_3 - \psi_3,$$

dont aucune n'est identiquement nulle puisque, en un point fixe z_0, cet écart est supérieur à un nombre positif α.

Les fonctions f_1 forment une famille normale puisqu'elles admettent les valeurs exceptionnelles φ_1 et ψ_1 qui sont distinctes puisque $|\varphi_1 - \psi_1| > \alpha$. Donnons-nous une suite infinie de systèmes (f); de la suite correspondante des f_1, on peut extraire une suite partielle

$$f_1^{n_1}, \quad f_1^{n_2}, \quad \ldots, \quad f_1^{n_k}, \quad \ldots$$

convergeant uniformément, dans l'intérieur de (D), vers une fonction limite finie $f_1^\star$. Cette fonction est bornée puisque toutes les fonctions sont bornées en un point fixe de (D). Posons

$$\varphi_2^\star = \lambda'_0 + \lambda'_1 f_1^\star, \qquad \psi_2^\star = \mu'_0 + \mu'_1 f_1^\star.$$

La fonction $\varphi_2^\star - \psi_2^\star$ est la limite de la suite des fonctions $\varphi_2^{n_k} - \psi_2^{n_k}$ correspondant aux fonctions $f_1^{n_k}$; elle n'est pas identiquement nulle puisque sa valeur en z_0 a un module supérieur à α. Elle a donc un nombre fini de zéros dans tout domaine (D′) intérieur à (D). Les fonctions

$$g = \frac{f_2 + \psi_2}{f_2 + \varphi_2}$$

sont holomorphes dans (D') et ne prennent pas la valeur zéro. Elles ne prennent qu'un nombre limité de fois la valeur *un* : en effet, les zéros de $\varphi_2 - \psi_2$ ont pour limites les zéros de $\varphi_2^\star - \psi_2^\star$ et, lorsque k est assez grand, la fonction $\varphi_2^{n_k} - \psi_2^{n_k}$ a exactement autant de zéros que $\varphi_2^\star - \psi_2^\star$ dans l'intérieur de (D'). Il résulte de ce qui précède que les g forment une famille normale dans (D') et, par conséquent, dans (D); les fonctions f_2 forment donc aussi une famille normale dans (D) et cette famille est bornée à l'intérieur de (D) puisque les valeurs de f_2 ont des modules bornés en un point fixe de (D). De la suite

$$f_2^{n_1},\quad f_2^{n_2},\quad \ldots,\quad f_2^{n_k},\quad \ldots,$$

on peut extraire une suite partielle

$$f_2^{n'_1},\quad f_2^{n'_2},\quad \ldots.\quad f_2^{n'_k},\quad \ldots$$

convergeant uniformément, à l'intérieur de (D), vers une fonction finie $f_2^\star$. Posons

$$\varphi_3^\star = \lambda''_0 + \lambda''_1 f_1^\star + \lambda''_2 f_2^\star, \qquad \psi_3^\star = \mu''_0 + \mu''_1 f_1^\star + \mu''_2 f_2^\star.$$

On verrait comme précédemment que la fonction $\varphi_3^\star - \psi_3^\star$ n'a qu'un nombre fini de zéros dans (D') et qu'il en est de même pour les fonctions $\varphi_3^{n'_k} - \psi_3^{n'_k}$. Les fonctions

$$h = \frac{f_3 + \psi_3}{f_3 + \varphi_3}$$

forment alors une famille normale dans (D); il en est de même des fonctions f_3 qui forment une famille normale et bornée puisqu'elles ont des valeurs dont le module est borné en un point fixe de (D). De la suite $f_3^{n'_k}$, on peut extraire une suite partielle $f_3^{n''_k}$ convergeant uniformément dans (D) vers une fonction limite $f_3^\star$. Comme les suites $f_1^{n''_k}$ et $f_2^{n''_k}$ convergent nécessairement vers les fonctions $f_1^\star$ et $f_2^\star$, on voit que la suite donnée de systèmes (f) a donné naissance à une suite partielle de systèmes $\left(f^{n''_k}\right)$ de trois fonctions $f_1^{n''_k}$, $f_2^{n''_k}$, $f_3^{n''_k}$ convergeant uniformément vers le système $(f^\star)$ des trois fonctions $f_1^\star, f_2^\star, f_3^\star$. La proposition est établie.

FAMILLES COMPLEXES PARTICULIÈRES.

133. Systèmes de trois fonctions holomorphes toujours inégales. — Considérons deux fonctions $f_1(z)$, $f_2(z)$, holomorphes dans un domaine. Si ces fonctions admettent deux combinaisons exceptionnelles distinctes

$$F_1 = \lambda_0 + \lambda_1 f_1 + \lambda_2 f_2,$$
$$F_2 = \mu_0 + \mu_1 f_1 + \mu_2 f_2,$$

nous pouvons substituer aux fonctions f_1 et f_2 les fonctions F_1 et F_2 qui sont de la même classe. Si les fonctions f_1 et f_2 admettent une troisième combinaison exceptionnelle, nous en déduirons pour F_1 et F_2 une combinaison exceptionnelle

$$\nu_0 + \nu_1 F_1 + \nu_2 F_2;$$

et, comme on peut remplacer F_1 par $\nu_1 F_1 = g_1$ et F_2 par $\nu_2 F_2 = g_2$, nous aurons finalement un système de fonctions g_1, g_2, admettant les combinaisons exceptionnelles

$$g_1, \quad g_2, \quad g_1 + g_2 + \nu_0;$$

elles seront distinctes si $\nu_0 \not\equiv 0$. Dans ce cas, les fonctions g_1 et g_2 ne peuvent être des fonctions entières. Pour chaque couple de fonctions g_1, g_2, il existe un cercle de centre origine tel que, à l'extérieur de ce cercle, ou bien l'une des fonctions g_1 et g_2 cesse d'être holomorphe, ou une des fonctions g_1, g_2, $g_1 + g_2 + \nu_0$ admet un zéro.

Si ν_0 est nul, les trois combinaisons ne sont pas distinctes; mais nous avons vu que, dans ce cas, les fonctions g_1 et g_2 ne peuvent être entières, à moins que le rapport $\frac{g_1}{g_2}$ ne soit une constante. Il est évident en effet qu'en prenant $g_1 = e^x$, $g_2 = 2e^x$, on obtient un système admettant les trois combinaisons exceptionnelles g_1, g_2, $g_1 + g_2$.

Lorsque le rapport $\frac{g_2}{g_1}$ n'est pas une constante, c'est-à-dire, en posant

$$g_1 = \alpha_0 + \alpha_1 z + \ldots,$$
$$g_2 = \beta_0 + \beta_1 z + \ldots,$$

lorsque

$$\alpha_0\beta_1 - \alpha_1\beta_0 \neq 0,$$

il existe un nombre R tel que, à l'intérieur d'un cercle de rayon supérieur à R, ou bien l'une des deux fonctions cesse d'être holomorphe, ou bien l'une des combinaisons cesse d'être exceptionnelle. Nous allons voir que R ne dépend que des quatre coefficients α_0, α_1, β_0, β_1.

Pour plus de symétrie, déterminons trois fonctions holomorphes autour de $z=0$:

$$f = a_0 + a_1 z + \ldots,$$
$$g = b_0 + b_1 z + \ldots,$$
$$h = c_0 + c_1 z + \ldots,$$

par les conditions

$$g_1 = g - h, \qquad g_2 = h - f;$$

on voit que l'une des trois fonctions peut être choisie arbitrairement. Les combinaisons

$$g_1, \quad g_2, \quad g_1 + g_2$$

s'écrivent alors

$$g - h, \quad h - f, \quad g - f;$$

dire que ces combinaisons sont exceptionnelles, c'est dire que deux des trois fonctions f, g, h ne deviennent jamais égales, ou que le déterminant

$$\begin{vmatrix} 1 & 1 & 1 \\ f & g & h \\ f^2 & g^2 & h^2 \end{vmatrix}$$

ne s'annule pas dans le domaine considéré. Posons

$$\Delta = \begin{vmatrix} 1 & 1 & 1 \\ a_0 & b_0 & c_0 \\ a_0^2 & b_0^2 & c_0^2 \end{vmatrix}, \qquad \Delta_n = \begin{vmatrix} 1 & 1 & 1 \\ a_0 & b_0 & c_0 \\ a_n & b_n & c_n \end{vmatrix} \qquad (n = 1, 2, \ldots).$$

Le déterminant Δ n'est pas nul par hypothèse. Quant aux déterminants Δ_n, ou bien l'un d'eux n'est pas nul, ou bien tous ces déterminants sont nuls. Dans ce dernier cas, on a l'identité

$$\begin{vmatrix} 1 & 1 & 1 \\ a_0 & b_0 & c_0 \\ f & g & h \end{vmatrix} \equiv 0,$$

c'est à-dire

$$\frac{g_2}{g_1} = \frac{h-f}{g-h} = \frac{c_0-a_0}{b_0-c_0}.$$

Le rapport $\frac{g_2}{g_1}$ est alors constant, c'est-à-dire que le rapport anharmonique (f, g, h, ∞) est constant.

Supposons qu'il n'en soit pas ainsi et considérons le premier déterminant Δ_n qui est différent de zéro. Examinons d'abord le cas où $n = 1$:

$$\Delta_1 = \begin{vmatrix} 1 & 1 & 1 \\ a_0 & b_0 & c_0 \\ a_1 & b_1 & c_1 \end{vmatrix} \neq 0.$$

La fonction

$$\varphi(z) = \frac{f-h}{g-h} = \frac{(a_0-c_0)+(a_1-c_1)z+\dots}{(b_0-c_0)+(b_1-c_1)z+\dots} = \frac{-(\beta_0+\beta_1 z+\dots)}{\alpha_0+\alpha_1 z+\dots}$$

est holomorphe et ne prend ni la valeur zéro ni la valeur 1 tant que les différences $f-g$, $g-h$, $h-f$ ne s'annulent pas. Écrivons

$$\varphi(z) = \gamma_0+\gamma_1 z+\dots = -\frac{\beta_0+\beta_1 z+\dots}{\alpha_0+\alpha_1 z+\dots};$$

on a

$$\begin{aligned}
\alpha_0\gamma_0+\beta_0 &= 0,\\
\alpha_0\gamma_1+\alpha_1\gamma_0+\beta_1 &= 0,\\
\alpha_0\gamma_2+\alpha_1\gamma_1+\alpha_2\gamma_0+\beta_2 &= 0,\\
\dots\dots\dots\dots\dots\dots&\dots,\\
\alpha_0\gamma_n+\alpha_1\gamma_{n-1}+\dots+\alpha_n\gamma_0+\beta_n &= 0.
\end{aligned}$$

On déduit de ces équations, puisque $\alpha_0 \neq 0$,

$$\gamma_0 = -\frac{\beta_0}{\alpha_0},$$

$$\gamma_1 = \frac{1}{\alpha_0^2}\begin{vmatrix} \beta_0 & \alpha_0 \\ \beta_1 & \alpha_1 \end{vmatrix} = \frac{-1}{\alpha_0^2}\begin{vmatrix} 0 & 0 & 1 \\ a_0-c_0 & b_0-c_0 & c_0 \\ a_1-c_1 & b_1-c_1 & c_1 \end{vmatrix}$$

ou

$$\gamma_1 = -\frac{\Delta_1}{\alpha_0^2}.$$

On sait que, étant donnée la fonction

$$\varphi(z) = \gamma_0+\gamma_1 z+\dots \qquad (\gamma_1 \neq 0),$$

si l'on calcule R par la formule

$$R = \frac{2Q}{\pi} | e_1 - e_2 | \left| \frac{\gamma_0}{\gamma_1} \right|,$$

dans laquelle e_1, e_2, e_3 désignent trois nombres dont la somme est nulle et tels que

$$\frac{e_2 - e_3}{e_1 - e_3} = \gamma_0,$$

et Q désigne la surface du parallélogramme des périodes d'une fonction elliptique p définie au moyen d'un polynome du troisième degré dont les racines sont e_1, e_2, e_3, le nombre R ainsi obtenu est tel que, à l'intérieur d'un cercle de centre origine et de rayon supérieur à R, la fonction $\varphi(z)$ ou bien cesse d'être holomorphe, ou bien prend l'une des valeurs zéro ou *un* [1]. Comme nous avons ici

$$\gamma_0 = -\frac{\beta_0}{\alpha_0} = \frac{a_0 - c_0}{b_0 - c_0},$$

et que nous pouvons supposer $a_0 + b_0 + c_0 = 0$, car on peut ajouter une même constante aux trois fonctions f, g, h sans changer Δ ni Δ_n, nous prendrons

$$e_1 = b_0, \qquad e_2 = a_0, \qquad e_3 = c_0,$$

et nous aurons

$$R = \frac{2Q}{\pi} | b_0 - a_0 | \left| \frac{a_0 - c_0}{b_0 - c_0} \right| \frac{| b_0 - c_0 |}{| \Delta_1 |}$$

ou encore

$$R = \frac{2Q}{\pi} \left| \frac{\Delta}{\Delta_1} \right|.$$

Lorsque Δ_1 est nul, il en est de même de γ_1. Désignons par Δ_n le premier déterminant différent de zéro. Les équations qui déterminent $\gamma_0, \gamma_1, \gamma_2, \ldots, \gamma_n$ montrent que $\gamma_1, \gamma_2, \ldots, \gamma_{n-1}$ sont nuls et que γ_n est donné par les équations

$$\alpha_0 \gamma_0 + \beta_0 = 0.$$

$$\alpha_0 \gamma_n + \alpha_n \gamma_0 + \beta_n = 0;$$

on en déduit

$$\gamma_n = \frac{1}{\alpha_0^2} \begin{vmatrix} \beta_0 & \alpha_0 \\ \beta_n & \alpha_n \end{vmatrix} = \frac{-1}{\alpha_0^2} \begin{vmatrix} 0 & 0 & 1 \\ a_0 - c_0 & b_0 - c_0 & c_0 \\ a_n - c_n & b_n - c_n & c_n \end{vmatrix}$$

---

[1] Cette expression est due à M. Hartogs. *Voir* Ed. LANDAU, *Ueber den Picardchen Satz* (*Vierteljahrschrift der naturforschenden Gesellschaft in Zürich*, 1906, p. 273).

ou

$$\gamma_n = -\frac{\Delta_n}{\alpha_0^2}.$$

Dans ce cas, le rayon R est fourni par l'égalité

$$R^n = \frac{2Q}{\pi}|e_1 - e_2|\left|\frac{\gamma_0}{\gamma_n}\right| = \frac{2Q}{\pi}\left|\frac{\Delta}{\Delta_n}\right|$$

ou

$$R = \sqrt[n]{\frac{2Q}{\pi}\left|\frac{\Delta}{\Delta_n}\right|}.$$

Nous avons donc établi la proposition suivante :

Soient

$$\begin{aligned} f &= a_0 + a_1 z + \ldots \\ g &= b_0 + b_1 z + \ldots \qquad (\Delta_1 \neq 0) \\ h &= c_0 + c_1 z + \ldots \end{aligned}$$

trois fonctions holomorphes autour de l'origine. A l'intérieur d'un cercle de rayon supérieur à

$$R = \frac{2Q}{\pi}\left|\frac{\Delta}{\Delta_1}\right|,$$

ou l'une des fonctions cesse d'être holomorphe, ou deux des fonctions prennent la même valeur en un point.

Si Δ_1 est nul et si Δ_n est le premier déterminant non nul, il faut remplacer l'expression précédente par

$$\left[\frac{2Q}{\pi}\left|\frac{\Delta}{\Delta_n}\right|\right]^{\frac{1}{n}}.$$

Dans le premier cas, le rayon ne dépend que des différences $a_0 - b_0$, $a_0 - c_0$, $a_1 - b_1$, $a_1 - c_1$; dans le second, il ne dépend que des différences $a_0 - b_0$, $a_0 - c_0$, $a_n - b_n$, $a_n - c_n$.

Ce théorème n'est qu'une extension du théorème de M. Landau sous la forme que lui a donnée M. Hartogs. Il se réduit à ce dernier théorème si l'on suppose que les fonctions g et h se réduisent aux constantes o et 1.

134. Généralisations. — Il comporte une série de généralisations comme le théorème de M. Landau lui-même. On voit que le rayon R est déterminé lorsqu'on a fixé les valeurs a_0, b_0, c_0, a_1, b_1, c_1, ou plutôt leurs différences, de manière que Δ_1 soit différent de zéro. Au lieu de se donner ces six nombres, on peut se donner les valeurs de f, g, h, en deux points déterminés du plan, par exemple

$$\begin{matrix} f(0) = a_0, & g(0) = b_0, & h(0) = c_0, \\ f(z_0) = a'_0, & g(z_0) = b'_0, & h(z_0) = c'_0, \end{matrix} \quad (z_0 \neq 0);$$

alors, il existe un nombre R ne dépendant que des valeurs a_0, b_0, c_0, a'_0, b'_0, c'_0 et possédant les propriétés précédentes, à moins que l'on n'ait

$$(a_0, b_0, c_0, \infty) = (a'_0, b'_0, c'_0, \infty).$$

En effet, la fonction $\varphi(z)$ considérée plus haut prend pour $z = 0$ et $z = z_0$ des valeurs

$$\varphi(0) = \frac{a_0 - c_0}{b_0 - c_0}, \qquad \varphi(z_0) = \frac{a'_0 - c'_0}{b'_0 - c'_0},$$

et ces valeurs sont différentes par hypothèse. On sait que, dans ces conditions, il existe pour R une valeur qui ne dépend que des nombres z_0, $\varphi(0)$, $\varphi(z_0)$ (¹). Donc

Étant données trois fonctions holomorphes dans un domaine contenant deux points P *et* Q *et prenant en ces points des valeurs déterminées, il existe un nombre* R *qui ne dépend que de la différence des affixes des points et des différences des valeurs données en chaque point tel que, à l'intérieur d'un cercle de centre origine et de rayon supérieur à* R, *ou l'une des fonctions n'est pas holomorphe, ou deux des fonctions deviennent égales, à moins que les trois valeurs des fonctions au point* Q *ne se déduisent, par une même transformation linéaire, des trois valeurs prises au point* P.

Remarquons encore que la condition que doivent vérifier les valeurs données aux points P et Q peut aussi s'écrire

$$D = \begin{vmatrix} 1 & 1 & 1 \\ a_0 & b_0 & c_0 \\ a'_0 & b'_0 & c'_0 \end{vmatrix} \neq 0;$$

(¹) *Voir* P. Lévy, *Remarques sur le théorème de M. Picard* (*Bulletin de la Société mathématique de France*, t. XL, 1912, p. 25-39).

c'est une condition que nous retrouverons bientôt. Géométriquement, cette inégalité peut s'interpréter de la manière suivante : les deux triangles dont les sommets ont pour affixes les valeurs des trois fonctions en P et en Q ne doivent pas être semblables.

135. **Cas où les fonctions peuvent être égales.** — Plaçons-nous maintenant dans l'hypothèse où les nombres des zéros des fonctions $g-h$, $h-f$, $f-g$ demeurent inférieurs à des nombres fixes. Nous supposons par exemple que $g-h$ n'ait pas plus de p zéros ; que $h-f$ n'ait pas plus de q zéros ; que $f-g$ n'ait pas plus de r zéros, avec la condition $p \leqq q \leqq r$ que l'on peut toujours supposer réalisée en changeant au besoin les noms des fonctions f, g, h.

Dans ces conditions, la fonction

$$\varphi(z) = \frac{f-h}{g-h}$$

est une fonction méromorphe dont les nombres des pôles, des zéros et des points où cette fonction est égale à *un*, ne dépassent pas, respectivement, les entiers p, q, r. On sait que, si l'on fixe pour $\varphi(z)$, $p+q+2$ conditions telles qu'il n'existe pas de fraction rationnelle remplissant ces conditions ayant p pôles et q zéros au plus, il existe un nombre R tel que, à l'intérieur d'un cercle de rayon supérieur à R, où la fonction $\varphi(z)$ cesse d'être méromorphe, ou elle a plus de p pôles, ou plus de q zéros, ou plus de r points-unités [1].

Par exemple, si l'on fixe les $p+q+2$ premiers coefficients γ_0, $\gamma_1, \ldots, \gamma_{p+q+1}$ du développement de $\varphi(z)$ en série de Taylor, il existera un nombre R, fonction de p, q, r et des γ_i, à moins que ce développement ne puisse convenir à une fraction rationnelle du type indiqué. S'il en était ainsi, les γ_i devraient vérifier une relation linéaire de récurrence à $p+1$ termes et le déterminant

$$\Delta = \begin{vmatrix} \gamma_{q-p+1} & \gamma_{q-p+2} & \cdots & \gamma_{q+1} \\ \gamma_{q-p+2} & \gamma_{q-p+3} & \cdots & \gamma_{q+2} \\ \cdots\cdots & \cdots\cdots & \cdots & \cdots\cdots \\ \gamma_{q+1} & \gamma_{q+2} & \cdots & \gamma_{q+p+1} \end{vmatrix},$$

---

[1] *Voir* paragraphes 76 et suivants, page 153.

d'ordre $p+1$, serait nul. Donc, si $\Delta \neq 0$, le nombre R existe. Comme les γ_i peuvent être calculés au moyen des coefficients a_j, b_j, c_j, à l'aide des équations écrites au paragraphe **133**, on peut remplacer la condition $\Delta \neq 0$ par son expression au moyen des $p+q+2$ premiers coefficients des développements de Taylor relatifs à f, g, h. On peut obtenir plus simplement le résultat en opérant de la manière suivante : lorsque $\varphi(z)$ est une fraction rationnelle du type indiqué, on a

$$\frac{f-h}{g-h} = -\frac{Q}{P},$$

P désignant un polynome de degré p et Q un polynome de degré q. Cette identité s'écrit

$$Pf + Qg + Rh \equiv 0,$$

avec

$$P + Q + R \equiv 0.$$

Ainsi, dans le cas d'exception, on peut déterminer trois polynomes P, Q, R, de degrés inférieurs ou égaux à p, q, r et vérifiant les deux identités précédentes. En écrivant ces polynomes avec des coefficients indéterminés, les $p+q+2$ premières équations d'identification relatives à la première identité et les $q+1$ premières équations d'identification relatives à la seconde permettront de calculer ces coefficients indéterminés lorsque le déterminant des inconnues, qui est ici d'ordre $p+2q+3$, sera égal à zéro. Ce déterminant, facile à former, contient les coefficients a_j, b_j, c_j dont les indices varient de 0 à $p+q+1$.

Prenons par exemple le cas de $p=q=r=1$. On a ici

$$P = \lambda + \lambda' z, \qquad Q = \mu + \mu' z, \qquad R = \nu + \nu' z;$$

et les identités

$$\begin{aligned} P + Q + R &\equiv 0, \\ Pf + Qg + Rh &\equiv 0. \end{aligned}$$

On en déduit

$$\begin{aligned}
\lambda + \mu + \nu &= 0, \\
\lambda' + \mu' + \nu' &= 0, \\
\lambda a_0 + \mu b_0 + \nu c_0 &= 0, \\
\lambda a_1 + \mu b_1 + \nu c_1 + \lambda' a_0 + \mu' b_0 + \nu' c_0 &= 0, \\
\lambda a_2 + \mu b_2 + \nu c_2 + \lambda' a_1 + \mu' b_1 + \nu' c_1 &= 0, \\
\lambda a_3 + \mu b_3 + \nu c_3 + \lambda' a_2 + \mu' b_2 + \nu' c_2 &= 0.
\end{aligned}$$

Le déterminant des inconnues est

$$D = \begin{vmatrix} 1 & 1 & 1 & 0 & 0 & 0 \\ 0 & 0 & 0 & 1 & 1 & 1 \\ a_0 & b_0 & c_0 & 0 & 0 & 0 \\ a_1 & b_1 & c_1 & a_0 & b_0 & c_0 \\ a_2 & b_2 & c_2 & a_1 & b_1 & c_1 \\ a_3 & b_3 & c_3 & a_2 & b_2 & c_2 \end{vmatrix}.$$

Lorsque $D \neq 0$, la fonction $\varphi(z)$ ne peut être une fraction rationnelle du type indiqué. Donc :

Soient les fonctions

$$f = a_0 + a_1 z + \ldots + a_{p+q+1} z^{p+q+1} + \ldots,$$
$$g = b_0 + b_1 z + \ldots + b_{p+q+1} z^{p+q+1} + \ldots,$$
$$h = c_0 + c_1 z + \ldots + c_{p+q+1} z^{p+q+1} + \ldots$$

holomorphes autour de l'origine et telles que les équations

$$g - h = 0, \qquad h - f = 0, \qquad f - g = 0$$

n'aient pas, respectivement, plus de p, q, r racines. Il existe, en général, un nombre positif

$$R(a_0, b_0, c_0, \ldots, a_{p+q+1}, b_{p+q+1}, c_{p+q+1}, p, q, r),$$

tel que, à l'intérieur d'un cercle de rayon supérieur à R, *ou bien l'une des fonctions f, g, h n'est pas holomorphe, ou bien l'une des équations précédentes a plus de p, de q, ou de r racines.*

Pour que le nombre R *existe, il suffit qu'un déterminant* D, *formé avec les $p+q+2$ premiers coefficients de chaque développement, soit différent de zéro.*

Bien entendu, si l'on fixe d'autres coefficients que les $p+q+2$ premiers, il sera facile de former le déterminant correspondant à ces nouveaux coefficients en suivant la marche indiquée dans ce paragraphe.

Admettons maintenant que l'on donne les valeurs de f, g, h en $p+q+2$ points du plan; les valeurs de φ seront déterminées en ces points, et il existera une limite R, sauf dans le cas exceptionnel où une fraction rationnelle du type indiqué pourra prendre les valeurs attribuées à φ aux points considérés [1]. En suivant la même marche que précédemment, on obtiendra aisément la condition d'existence sous la forme $D \neq 0$, D étant un déterminant facile à former.

Examinons encore le cas particulier où $p = q = r = 1$; et supposons données les valeurs f_1, f_2, f_3, f_4; g_1, g_2, g_3, g_4; h_1, h_2, h_3, h_4 des fonctions considérées, aux points z_1, z_2, z_3, z_4. Soient $\varphi_1, \varphi_2, \varphi_3, \varphi_4$ les valeurs correspondantes pour φ. Le nombre R existe à moins qu'une fraction rationnelle du premier degré, c'est-à-dire une fonction homographique de z, ne prenne les valeurs φ_j aux points z_j. Or, pour qu'il en soit ainsi, il faut et il suffit que les deux rapports anharmoniques (z_1, z_2, z_3, z_4) et $(\varphi_1, \varphi_2, \varphi_3, \varphi_4)$ soient égaux. Pour que R existe, il suffit que

$$(\varphi_1, \varphi_2, \varphi_3, \varphi_4) \neq (z_1, z_2, z_3, z_4).$$

Un calcul facile, que nous omettons, permet d'exprimer le rapport anharmonique des valeurs de φ au moyen des valeurs attribuées aux fonctions f, g, h. Posons

$$d_i^j = \begin{vmatrix} 1 & 1 & 1 \\ f_i & g_i & h_i \\ f_j & g_j & h_j \end{vmatrix};$$

on a alors

$$(\varphi_1, \varphi_2, \varphi_3, \varphi_4) = \frac{d_3^1}{d_3^2} : \frac{d_4^1}{d_4^2},$$

et la condition devient

$$\frac{d_3^1}{d_3^2} : \frac{d_4^1}{d_4^2} \neq (z_1, z_2, z_3, z_4).$$

136. Sur certaines familles normales. — Nous allons maintenant nous occuper des familles complexes de fonctions obtenues en fixant certains coefficients a_j, b_j, c_j. Considérons d'abord la famille complexe des fonctions f, g, h, holomorphes dans le cercle $|z| < R$, prenant au centre les valeurs fixes a_0, b_0, c_0, et telles que l'on ait, dans le cercle,

$$(f - g)(g - h)(h - f) \neq 0.$$

---

[1] *Loc. cit.*, p. 275, en note.

Cette famille complexe n'est pas toujours normale : prenons par exemple

$$f_n = 0, \qquad g_n = e^{nz}, \qquad h_n = 2\,e^{nz},$$

n étant un entier positif arbitraire, la famille des $g_n(z)$ et la famille des $h_n(z)$ ne sont pas normales dans un cercle quelconque $|z| < R$.

Nous sommes conduits à introduire la condition que les familles formées par deux des trois fonctions soient normales : supposons, par exemple, que la famille des g et celle des h soient l'une et l'autre normales. La famille des f est alors une famille normale. En effet, considérons une suite infinie de fonctions f,

$$f_1, \quad f_2, \quad \ldots, \quad f_n, \quad \ldots,$$

auxquelles correspondent des fonctions

$$\begin{gathered} g_1, \quad g_2, \quad \ldots, \quad g_n, \quad \ldots, \\ h_1, \quad h_2, \quad \ldots, \quad h_n, \quad \ldots. \end{gathered}$$

Posons

$$\varphi_n = \frac{f_n - h_n}{g_n - h_n};$$

les fonctions φ_n, holomorphes pour $|z| < R$, ne prennent dans ce cercle, ni la valeur zéro, ni la valeur *un*. Au centre, leur valeur est

$$\varphi_n(0) = \frac{a_0 - c_0}{b_0 - c_0}.$$

Ces fonctions forment une famille normale et bornée : de la suite φ_n, on peut extraire une suite partielle convergeant uniformément vers une limite holomorphe φ^* ; soit

$$\varphi_{n_1}, \quad \varphi_{n_2}, \quad \ldots, \quad \varphi_{n_k}, \quad \ldots$$

cette suite. Les familles g et h étant normales, on peut extraire de la suite g_{n_k} une suite partielle $g_{n'_k}$ convergeant uniformément vers une limite g^* ; et de la suite $h_{n'_k}$, on peut extraire une suite partielle h_{ν_k} convergeant vers une limite h^* ; alors les suites

$$\begin{gathered} \varphi_{\nu_1}, \quad \varphi_{\nu_2}, \quad \ldots, \quad \varphi_{\nu_k}, \quad \ldots, \\ g_{\nu_1}, \quad g_{\nu_2}, \quad \ldots, \quad g_{\nu_k}, \quad \ldots, \\ h_{\nu_1}, \quad h_{\nu_2}, \quad \ldots, \quad h_{\nu_k}, \quad \ldots, \end{gathered}$$

convergent respectivement vers les limites $\varphi^\star$, $g^\star$, $h^\star$, et la suite

$$f_{\nu_k} = h_{\nu_k} + \varphi_{\nu_k}(g_{\nu_k} - h_{\nu_k})$$

converge uniformément vers la limite

$$f^\star = h^\star + \varphi^\star(g^\star - h^\star).$$

Les fonctions f forment donc une famille normale. Cette famille est bornée puisque toutes ces fonctions prennent à l'origine la valeur fixe a_0 : dans tout cercle (C′) de rayon θ R ($0 < \theta < 1$), concentrique au cercle (C), le module de f ne dépasse pas une limite fixe.

On peut obtenir les mêmes résultats par une autre voie qui nous permettra d'avoir quelques précisions sur cette limite. Les fonctions g et h forment des familles normales et bornées dans l'intérieur de (C). On a donc, pour $|z| \leqq \theta \mathrm{R}$,

$$|g| \leqq \Omega_1(b_0, \theta, \mathrm{R}), \qquad |h| \leqq \Omega_2(c_0, \theta, \mathrm{R}),$$

les nombres Ω_1 et Ω_2 dépendant des arguments indiqués et des caractères qui rendent normales les deux familles. De même, les fonctions φ forment une famille normale et bornée et l'on a, pour $|z| \leqq \theta \mathrm{R}$,

$$|\varphi| \leqq \Omega_3\left(\frac{a_0 - c_0}{b_0 - c_0}, \theta\right);$$

donc

$$|f| \leqq \Omega_2 + \Omega_3(\Omega_1 + \Omega_2) = \Omega(a_0, b_0, c_0, \theta, \mathrm{R}).$$

Ainsi, les fonctions f ont leurs modules bornés dans l'intérieur de (C) par un nombre qui ne dépend que de a_0, b_0, c_0, θ, R et des caractères rendant normales les familles g et h.

Les résultats précédents demeurent exacts si l'on supprime l'hypothèse que $g - h$ n'a pas de racine dans (C) pourvu que $b_0 - c_0$ ne soit pas nul. En d'autres termes, si, à chaque fonction f, on peut associer des fonctions g et h telles que $f - g$ et $f - h$ n'aient pas de zéro dans (C) et si $g(0) - h(0)$ n'est pas nul, la famille f est normale lorsque les familles g et h le sont.

En effet, la famille des fonctions $g - h$ est normale dans (C); aucune des fonctions limites n'est la constante zéro, puisque $g(0) - h(0) = b_0 - c_0$ n'est pas nul. Donc, dans le cercle (C″)

défini par $|z| \leqq \frac{1+\theta}{2}$ R, ces fonctions ont un nombre fini de zéros ([1]). Dans ces conditions, la famille des fonctions

$$\psi = \frac{1}{\varphi} = \frac{g-h}{f-h}$$

est composée de fonctions holomorphes dans (C″), ne prenant jamais la valeur *un*, et ne prenant qu'un nombre fini de fois la valeur zéro. Cette famille est normale ([2]). D'ailleurs, aucune fonction limite n'est égale à la constante zéro. Considérons alors une suite infinie f_n de fonctions f : nous pouvons choisir une suite d'indices ν_k tels que les suites g_{ν_k}, h_{ν_k} et ψ_{ν_k} convergent dans (C′) uniformément vers $g^\star$, $h^\star$ et $\psi^\star$. La différence $g^\star - h^\star$ n'a qu'un nombre fini de zéros dans (C′); traçons un cercle (C'_1), concentrique et intérieur à (C′), et dont la circonférence ne contienne aucun de ces zéros. Sur cette circonférence, la suite

$$f_{\nu_k} = h_{\nu_k} + \frac{1}{\psi_{\nu_k}}(g_{\nu_k} - h_{\nu_k})$$

converge uniformément vers la limite

$$f^\star = h^\star + \frac{1}{\psi^\star}(g^\star - h^\star);$$

donc la même suite converge uniformément, à l'intérieur de (C'_1), vers la fonction holomorphe $f^\star$.

La famille des fonctions f est, dans ce cas encore, normale et bornée.

Examinons quelques hypothèses particulières. Supposons d'abord que les fonctions g et h aient leurs modules bornés dans (C) :

$$|g| \leqq \mathrm{M}, \qquad |h| \leqq \mathrm{M}.$$

Ces fonctions forment des familles normales : donc les fonctions f forment une famille normale et bornée. Dans le cercle (C′), le module de f est borné par un nombre qui peut dépendre de a_0, b_0, c_0, θ, M, R. Mais R ne peut figurer dans ce nombre, car, en

([1]) *Voir* paragraphe 21, page 36.
([2]) *Voir* paragraphe 37, page 69.

remplaçant z par $\frac{z}{R}$, on obtient des fonctions possédant les mêmes valeurs et les mêmes propriétés dans le cercle $|z| \leqq 1$. D'autre part, en remplaçant f, g, h par $f - c_0$, $g - c_0$, $h - c_0$, on voit que le module de $f - c_0$ est borné par un nombre dépendant de $a_0 - c_0$, $b_0 - c_0$, θ, M, et, comme $|c_0| \leqq |$ M, on a

$$|f| \leqq \Omega(a_0 - c_0, b_0 - c_0, \theta, M).$$

Donc :

Soient

$$f = a_0 + a_1 z + \ldots,$$
$$g = b_0 + b_1 z + \ldots,$$
$$h = c_0 + c_1 z + \ldots$$

trois fonctions holomorphes dans le cercle $|z| < R$. *On suppose*

$$|g| \leqq M, \qquad |h| \leqq M, \qquad b_0 - c_0 \neq 0$$

et que les équations

$$f - g = 0, \qquad f - h = 0$$

n'aient pas de racine dans le cercle $|z| < R$. *Alors, dans le cercle*

$$|z| \leqq \theta R \qquad (0 < \theta < 1),$$

on a

$$|f| < \Omega(a_0 - c_0, b_0 - c_0, \theta, M).$$

Si l'on suppose que la fonction h est la constante zéro, on retrouve un théorème dû à M. Valiron [1].

On obtient un théorème analogue en supposant que les fonctions g et h ne prennent pas plus de p fois la valeur zéro, ni plus de q fois la valeur *un* dans le cercle (C) et que l'on ait fixé, si $p \leqq q$, les valeurs des coefficients

$$b_0, \quad b_1, \quad \ldots, \quad b_p; \qquad c_0, \quad c_1, \quad \ldots, \quad c_p$$

avec $b_0 - c_0 \neq 0$.

Plus généralement, supposons que les fonctions g et h forment des familles normales et que les équations

$$f - g = 0, \qquad f - h = 0$$

---

[1] *Compléments aux théorèmes de Picard-Borel* (*Comptes rendus des séances de l'Académie des Sciences de Paris,* t. 179, 1924, p. 746).

aient, respectivement, p ou q racines au plus, dans le cercle (C). Dans le cercle (C″), les fonctions $g-h$ ont r zéros au plus, en supposant toujours $b_0-c_0\neq 0$. Les fonctions

$$\varphi=\frac{f-h}{g-h}$$

sont méromorphes dans ce cercle : elles ne prennent pas plus de p fois la valeur *un*, ni plus de q fois la valeur zéro, ni plus de r fois la valeur infinie. Elles forment donc une famille quasi-normale dont l'ordre est égal au nombre moyen de la suite p, q, r ([1]). Si $p\leqq q$, cet ordre est toujours inférieur ou égal à q. Par conséquent, en fixant les $q+1$ premiers coefficients $\gamma_0, \gamma_1, \ldots, \gamma_q$ du développement de φ, les fonctions limites seront toutes des fonctions méromorphes distinctes de la constante infinie ([2]). Ces coefficients seront fixés, si l'on fixe les différences

$$\begin{gathered} a_0-b_0,\quad a_1-b_1,\quad \ldots,\quad a_q-b_q; \\ a_0-c_0,\quad a_1-c_1,\quad \ldots.\quad a_q-c_q. \end{gathered}$$

En reprenant le raisonnement précédent, et en l'appliquant à une suite d'entiers ν_k telle que les suites g_{ν_k}, h_{ν_k}, φ_{ν_k} convergent vers les fonctions $g^\star$, $h^\star$, $\varphi^\star$, les deux premières, holomorphes, et la troisième, méromorphe dans le cercle (C′), on démontrera que la suite f_{ν_k} converge uniformément dans (C′). Il suffit, en effet, de choisir un cercle (C'_1) dont la circonférence ne contienne aucun zéro de $g^\star-h^\star$ ni aucun point irrégulier de la suite quasi-normale φ_{ν_k}. La suite f_{ν_k} converge uniformément sur la circonférence de (C'_1), donc aussi à l'intérieur; comme (C'_1) est aussi voisin qu'on le veut de (C′) et que (C′) est aussi voisin qu'on le veut de (C), la famille des fonctions f est normale et bornée dans (C).

Par exemple, si $|g|\leqq M$, $|h|\leqq M$, on aura

$$|f|\leqq\Omega(a_0-c_0,\ a_1-c_1,\ \ldots,\ a_q-c_q,\ b_0-c_0,\ b_1-c_1,\ \ldots,\ b_q-c_q,\ M,\ \theta,\ R)$$

lorsque $|z|\leqq\theta R$.

([1]) *Voir* paragraphe 73, page 149.
([2]) *Voir* paragraphe 74, page 151.

137. Système de quatre fonctions méromorphes toujours inégales. — Voici maintenant une extension aux fonctions méromorphes des résultats obtenus au paragraphe 133. Soient

$$\begin{aligned} f &= a_0 + a_1 z + \ldots + a_n z^n + \ldots, \\ g &= b_0 + b_1 z + \ldots + b_n z^n + \ldots, \\ h &= c_0 + c_1 z + \ldots + c_n z^n + \ldots, \\ k &= d_0 + d_1 z + \ldots + d_n z^n + \ldots \end{aligned}$$

quatre fonctions méromorphes dans le cercle (C) $[|z| < \mathrm{R}]$ et telles que les équations

$$\begin{array}{lll} f - g = 0, & f - h = 0, & f - k = 0, \\ g - h = 0, & g - k = 0, & h - k = 0 \end{array}$$

n'aient aucune racine dans (C); en d'autres termes, le déterminant de Van der Monde

$$\Delta(f, g, h, k) = \begin{vmatrix} 1 & 1 & 1 & 1 \\ f & g & h & k \\ f^2 & g^2 & h^2 & k^2 \\ f^3 & g^3 & h^3 & k^3 \end{vmatrix}$$

ne s'annule pas dans (C). Nous allons montrer que R a, en général, une limite supérieure ne dépendant que des deux premiers coefficients des fonctions. Dans certains cas, la limite pourra dépendre d'autres coefficients du développement jusqu'à un rang déterminé. Le seul cas où R n'a pas de limite supérieure et où, par conséquent, les quatre fonctions méromorphes peuvent exister dans tout le plan sans que deux d'entre elles deviennent égales est celui où le rapport anharmonique de ces quatre fonctions est constant.

Considérons en effet la fonction

$$\varphi(z) = (f, g, h, k) = \frac{f-h}{g-h} : \frac{f-k}{g-k};$$

cette fonction est holomorphe dans le cercle (C) où elle ne prend ni la valeur zéro ni la valeur *un*. Il faut remarquer que deux des fonctions ne peuvent admettre le même pôle, sinon elles seraient égales en ce point. On a donc, dans le cercle (C),

$$\varphi(z) = \gamma_0 + \gamma_1 z + \ldots.$$

On sait que le rayon R ne peut dépasser la limite

$$\frac{2Q}{\pi}|e_1-e_2|\left|\frac{\gamma_0}{\gamma_1}\right|$$

dans laquelle les lettres ont la même signification qu'au paragraphe 133. Or,

$$\gamma_0=\varphi(0)=(a_0, b_0, c_0, d_0)=\frac{a_0-c_0}{a_0-d_0}:\frac{b_0-c_0}{b_0-d_0},$$
$$\gamma_1=\varphi'(0).$$

Un calcul facile donne

$$\varphi'(z)=\frac{D}{(g-h)^2(f-k)^2},$$

avec

$$D=\begin{vmatrix} 1 & 1 & 1 & 1 \\ f & g & h & k \\ f^2 & g^2 & h^2 & k^2 \\ f' & g' & h' & k' \end{vmatrix}.$$

Donc

$$\varphi'(0)=\frac{\Delta_1}{(b_0-c_0)^2(a_0-d_0)^2},$$

en posant

$$\Delta_1=D(0)=\begin{vmatrix} 1 & 1 & 1 & 1 \\ a_0 & b_0 & c_0 & d_0 \\ a_0^2 & b_0^2 & c_0^2 & d_0^2 \\ a_1 & b_1 & c_1 & d_1 \end{vmatrix}.$$

D'autre part, on peut prendre

$$e_2-e_3=(a_0-b_0)(c_0-d_0),$$
$$e_3-e_1=(b_0-c_0)(a_0-d_0),$$
$$e_1-e_2=(c_0-a_0)(b_0-d_0).$$

Alors

$$R=\frac{2Q}{\pi}\frac{|(a_0-b_0)(a_0-c_0)(a_0-d_0)(b_0-c_0)(b_0-d_0)(c_0-d_0)|}{|\Delta_1|}$$

ou, en écrivant

$$\Delta=\begin{vmatrix} 1 & 1 & 1 & 1 \\ a_0 & b_0 & c_0 & d_0 \\ a_0^2 & b_0^2 & c_0^2 & d_0^2 \\ a_0^3 & b_0^3 & c_0^3 & d_0^3 \end{vmatrix},$$

$$R=\frac{2Q}{\pi}\left|\frac{\Delta}{\Delta_1}\right|,$$

d'où le théorème :

Étant données quatre fonctions

$$\left.\begin{array}{l} f = a_0 + a_1 z + \ldots, \\ g = b_0 + b_1 z + \ldots, \\ h = c_0 + c_1 z + \ldots, \\ k = d_0 + d_1 z + \ldots, \end{array}\right. \qquad (\Delta_1 \neq 0),$$

il existe un nombre ne dépendant que des différences des nombres a_0, b_0, c_0, d_0 *et des différences des nombres* a_1, b_1, c_1, d_1, *tel que, à l'intérieur d'un cercle de centre origine et de rayon supérieur à ce nombre :*

$$\frac{2Q}{\pi}\left|\frac{\Delta}{\Delta_1}\right|,$$

ou bien l'une des fonctions cesse d'être méromorphe, ou bien deux des quatre fonctions au moins sont égales en un point.

Si les fonctions g, h, k sont des constantes différentes b_0, c_0, d_0, on retrouve un théorème classique correspondant à l'hypothèse $a_1 \neq 0$.

Dans le cas où Δ_1 est nul, γ_1 est nul; soit alors γ_n le premier coefficient qui n'est pas nul : on obtient pour R, comme au paragraphe **133**, une limite supérieure dont l'expression contient les $n+1$ premiers coefficients de chaque fonction.

Il n'y a pas de limite pour R lorsque les coefficients γ_n sont tous nuls. Dans ce cas, $\varphi(z)$ est une constante. *Le cas d'exception correspond aux systèmes de quatre fonctions méromorphes dont le rapport anharmonique est constant.*

Dans les autres cas, on vérifie aisément que la limite supérieure de R peut être atteinte pour certains systèmes de quatre fonctions.

138. Généralisations. — On peut varier de bien des manières les hypothèses qui entraînent l'existence d'une limite supérieure pour R. Donnons-nous par exemple les valeurs a_0, b_0, c_0, d_0 des fonctions au point $z = 0$, et leurs valeurs a'_0, b'_0, c'_0, d'_0, en un autre point z_0. Si les rapports anharmoniques (a_0, b_0, c_0, d_0) et (a'_0, b'_0, c'_0, d'_0) sont différents, il existe une limite ne dépendant que des nombres z_0, a_0, b_0, c_0, d_0, a'_0, b'_0, c'_0, d'_0. En effet, la fonction $\varphi(z)$ prend des valeurs différentes aux points 0 et z_0. On sait que, dans ce cas, il existe une limite supérieure pour le rayon du cercle dans lequel cette fonction est holomorphe et différente de zéro et de *un*. Donc :

Étant données quatre fonctions prenant en deux points P *et* Q *des valeurs fixes telles que le rapport anharmonique des valeurs en* P *soit différent du rapport anharmonique des valeurs en* Q, *il existe un nombre ne dépendant que de la différence des affixes des points* P *et* Q *et des différences des valeurs données en chaque point, tel que, dans tout cercle de centre origine et de rayon supérieur à ce nombre, ou bien une des fonctions cesse d'être méromorphe, ou bien deux fonctions deviennent égales.*

FONCTIONS ALGÉBROÏDES ADMETTANT DES INVOLUTIONS EXCEPTIONNELLES.

139. Involution. — Étant données deux équations du second degré

$$u^2 + f_1 u + f_2 = 0,$$
$$\lambda_2 u^2 - 2\lambda_1 u + \lambda_0 = 0,$$

on sait que les racines u_1 et u_2 de la première sont conjuguées par rapport aux racines a, b de la seconde, lorsque

$$\lambda_0 + \lambda_1 f_1 + \lambda_2 f_2 = 0.$$

Les racines vérifient la relation

$$(u_1, u_2, a, b) = -1$$

ou

$$(u_1 - a)(u_2 - b) + (u_1 - b)(u_2 - a) = 0,$$

que nous écrirons

$$\Sigma(u_1 - a)(u_2 - b) = 0,$$

étant entendu que la somme est relative aux deux permutations a, b et b, a des racines de la deuxième équation ou aux deux permutations des racines de la première. On dit aussi que les nombres u_1, u_2 appartiennent à l'involution dont les nombres doubles sont a, b ou encore que le couple (u_1, u_2) est en involution avec le couple (a, b). La disposition des quatre points du plan dont les affixes sont u_1, u_2, a, b est bien connue. En particulier, tout cercle contenant les deux points d'un couple contient au moins un point de l'autre couple.

Plus généralement, considérons deux équations de degré ν :

$$F(u) \equiv u^\nu + f_1 u^{\nu-1} + f_2 u^{\nu-2} + \ldots + f_\nu = 0,$$
$$\lambda_\nu u^\nu - C_\nu^1 \lambda_{\nu-1} u^{\nu-1} + C_\nu^2 \lambda_{\nu-2} u^{\nu-2} + \ldots + (-1)^\nu \lambda_0 = 0,$$

les nombres C_ν^i étant les coefficients du développement de la puissance $\nu^{\text{ième}}$ d'un binome. Nous dirons que les racines u_1, u_2, ..., u_ν de la première et les racines a, b, ..., l de la seconde sont en involution lorsque l'on a

$$\Sigma(u_1 - a)(u_2 - b)\ldots(u_\nu - l) = 0,$$

la somme étant étendue aux ν! permutations des nombres a, b, ..., l ou aux ν! permutations des nombres u_1, u_2, ... u_ν. Cette condition s'exprime aisément au moyen des coefficients des équations puisque le premier membre est une fonction symétrique des racines de chaque équation, on obtient ainsi

$$\lambda_0 + \lambda_1 f_1 + \lambda_2 f_2 + \ldots + \lambda_\nu f_\nu = 0.$$

Si l'on marque les points du plan dont les affixes sont les racines des deux équations, une des propriétés géométriques d'un système de quatre points en involution est encore vraie : tout domaine circulaire contenant les points de l'un des groupes contient au moins un point de l'autre groupe (¹).

On retrouve la même condition lorsqu'on veut exprimer que le polynome $F(u)$ peut se mettre sous la forme d'une somme de puissances $\nu^{\text{ièmes}}$ des binomes relatifs aux racines a, b, ..., l du second polynome :

$$F(u) \equiv A(u - a)^\nu + B(u - b)^\nu + \ldots + L(u - l)^\nu,$$

A, B, ..., L étant des constantes. Pour que cette identité soit possible, il faut que les systèmes de racines soient en involution, c'est-à-dire que l'on ait

$$\lambda_0 + \lambda_1 f_1 + \ldots + \lambda_\nu f_\nu = 0.$$

(¹) G. Szegö, *Bemerkungen zu einem Satz von J. H. Grace* (*Mathematische Zeitschrift*, 1922, p. 29).

Nous avons supposé dans ce qui précède que les nombres a, b, c, ..., l étaient distincts. Dans le cas des racines multiples, il faut, dans la somme Σ, répéter les termes égaux autant de fois qu'ils se présentaient quand les racines étaient distinctes. Si a est racine d'ordre de multiplicité α, le terme

$$(u_1 - a)(u_2 - a)\ldots(u_\alpha - a)(u_{\alpha+1} - b)\ldots(u_\nu - l)$$

doit être répété $\alpha!$ fois.

De même, la représentation de $F(u)$ au moyen d'une somme de puissances de binomes doit être modifiée; il faut écrire

$$F(u) \equiv A(x-a)^\nu + B(x-a)^{\nu-1} + \ldots \\ + H(x-a)^{\nu-\alpha+1} + K(x-b)^\nu + \ldots + L(x-l)^\nu$$

lorsque la racine a a l'ordre de multiplicité α.

En particulier, si tous les nombres a, b, c, ..., l sont égaux, la relation d'involution devient

$$\nu!(u_1 - a)(u_2 - a)\ldots(u_\nu - a) = 0,$$

elle exprime que a est racine de $F(u) = 0$; d'ailleurs, dans ce cas, le polynome se met sous la forme

$$F(u) \equiv A(x-a)^\nu + B(x-a)^{\nu-1} + \ldots + L(x-a).$$

Enfin, il peut arriver que certains des nombres a, b, c, ..., l soient infinis. Il suffira de supprimer les binomes correspondants dans la somme Σ ou dans la représentation de $F(u)$ au moyen de puissances $\nu^{\text{ièmes}}$. La relation

$$\lambda_0 + \lambda_1 f_1 + \ldots + \lambda_\nu f_\nu = 0$$

donnera la nouvelle condition en supposant nuls les derniers coefficients λ_i. On vérifie aisément ce résultat, soit par un passage à la limite, soit par un calcul direct.

140. Fonction algébroïde. Involution exceptionnelle. — On dit qu'une fonction $u(z)$ est algébroïde entière à ν déterminations dans un domaine (D) lorsque les ν déterminations u_1, u_2, ..., u_ν de cette fonction correspondant à un point z de ce domaine vérifient une équation

$$F(z, u) \equiv u^\nu + f_1(z)u^{\nu-1} + \ldots + f_\nu(z) = 0$$

dont les coefficients $f_1(z)$, $f_2(z)$, ..., $f_\nu(z)$ sont holomorphes dans le domaine ouvert (D). Si ce domaine comprend le plan tout entier, on dit que $u(z)$ est une fonction algébroïde entière.

Soit une équation de degré ν à coefficients constants

$$\lambda_0 u^\nu - C_\nu^1 \lambda_1 u^{\nu-1} + \ldots + (-1)^\nu \lambda_\nu = 0,$$

dont les racines, distinctes ou non, sont a, b, ..., l. Les valeurs de z, pour lesquelles les déterminations u_1, u_2, ..., u_ν de la fonction $u(z)$ sont en involution par rapport aux nombres a, b, ..., l, sont données par l'équation

$$\lambda_0 + \lambda_1 f_1(z) + \ldots + \lambda_\nu f_\nu(z) = 0.$$

Lorsque cette équation n'a qu'un nombre fini de racines dans le domaine (D), nous dirons que l'involution est exceptionnelle dans ce domaine ou que le *système* $(a, b, c, \ldots, l)$ est *exceptionnel dans le domaine*. En particulier, dire que $(a, a, a, \ldots, a)$ est un système exceptionnel dans le domaine (D) revient à dire que a est une valeur exceptionnelle pour $u(z)$ dans ce domaine. On voit que, à toute involution exceptionnelle pour l'algébroïde $u(z)$ correspond une combinaison exceptionnelle pour le système des ν fonctions holomorphes

$$f_1(z), \quad f_2(z), \quad \ldots, \quad f_\nu(z).$$

111. Classe d'algébroïdes. — Si l'on remplace le système f_1, f_2, ..., f_ν par un système g_1, g_2, ..., g_ν de la même classe, nous savons que le nombre des combinaisons exceptionnelles demeure le même [1]. Nous dirons que deux algébroïdes définies dans le domaine (D) sont de la même classe lorsque les systèmes de coefficients des équations qui les définissent sont deux systèmes de même classe. Une *classe d'algébroïdes* à ν déterminations est obtenue à partir de l'une d'elles en faisant sur les coefficients de l'équation qui la définit une substitution linéaire réversible quelconque à coefficients constants. Nous allons voir que les involu-

---

[1] Pour les combinaisons exceptionnnelles du premier type, on doit supposer que ce sont des formes linéaires indépendantes, car toute combinaison du premier degré de plusieurs combinaisons exceptionnelles du premier type est encore une combinaison exceptionnelle du même type.

tions exceptionnelles jouent, par rapport aux fonctions multiformes, un rôle semblable à celui que jouent les valeurs exceptionnelles par rapport aux fonctions uniformes.

142. Nombre maximum d'involutions exceptionnelles. — Supposons que les fonctions $f_1, f_2, \ldots, f_\nu$ soient des fonctions entières de z et que le domaine (D) comprenne tout le plan. Nous supposons aussi que ces fonctions ne soient pas toutes des polynomes, c'est-à-dire que $u(z)$ ne soit pas une fonction algébrique.

Puisque, à chaque involution exceptionnelle correspond une combinaison exceptionnelle pour le système $f_1, f_2, \ldots, f_\nu$, il suffit de nous reporter aux résultats du paragraphe 128 pour obtenir la proposition suivante dans laquelle l'expression « involutions exceptionnelles distinctes » signifie « involutions correspondant à des combinaisons distinctes ».

Théorème. — *Le nombre des involutions exceptionnelles d'une fonction algébroïde entière ne peut dépasser $2\nu-1$, ν désignant le nombre des déterminations de cette fonction. Il ne peut exister plus de $\nu-1$ involutions exceptionnelles distinctes du premier type, ni plus de ν involutions exceptionnelles distinctes du second type.*

En particulier, il peut arriver que certaines de ces involutions correspondent à des groupes $(a, b, \ldots, l)$ dont tous les termes sont égaux; dans ce cas, la valeur a est une valeur exceptionnelle au sens habituel de ce mot. On voit que le nombre maximum des valeurs exceptionnelles est $2\nu - h - 1$, en désignant par h le nombre des involutions exceptionnelles ordinaires [1].

S'il n'y a pas d'involutions ordinaires, le nombre maximum des valeurs exceptionnelles est $2\nu-1$: il n'y a pas besoin de supposer ici que les involutions soient distinctes car tous les déterminants sont des déterminants de Van der Monde différents de zéro.

Nous retrouvons ainsi un théorème démontré par M. Rémoundos [2]. Mais on voit en même temps qu'il n'y a pas lieu de distin-

---

(1) La valeur infinie n'est pas comptée comme valeur exceptionnelle.

(2) *Sur les zéros d'une classe de fonctions transcendantes* (*Annales de la Faculté des Sciences de Toulouse*, 2e série, t. VIII, 1906).

M. Varopoulos a complété ce théorème en montrant que le nombre maximum

guer entre les valeurs exceptionnelles et les involutions exceptionnelles. *Pour toutes les algébroïdes d'une même classe, le nombre des involutions exceptionnelles distinctes est le même.* Si certaines involutions correspondent à des valeurs exceptionnelles proprement dites pour une algébroïde, ces valeurs ne sont plus exceptionnelles en général pour une autre algébroïde de la classe et donnent lieu à des involutions exceptionnelles ordinaires.

Le nombre maximum $2\nu - 1$ peut être atteint comme le montre l'équation

$$P_\nu(u) + e^z Q_{\nu-1}(u) = 0,$$

dans laquelle P_ν et $Q_{\nu-1}$ sont des polynomes de degrés ν et $\nu - 1$ dont toutes les racines sont distinctes et n'ayant aucune racine commune. Dans ce cas particulier, toutes les algébroïdes de la classe définie par l'algébroïde précédente ont $2\nu - 1$ valeurs exceptionnelles.

143. Ordre d'une valeur exceptionnelle. — Nous allons maintenant définir l'ordre d'une valeur exceptionnelle. Nous dirons qu'un nombre a est une *valeur exceptionnelle d'ordre* α lorsque cette valeur a est exceptionnelle pour les algébroïdes définies au moyen de

$$F(z, u), \quad F'_u(z, u), \quad F''_{u^2}(z, u), \quad \ldots, \quad F^{(\alpha-1)}_{u^{\alpha-1}}(z, u).$$

On peut dire encore que le polynome $F(z, u)$ est en involution avec les polynomes

$$(u-a)^\nu, \quad (u-a)^{\nu-1}, \quad \ldots, \quad (u-a)^{\nu-\alpha+1};$$

ou encore que le système $(u_1, u_2, \ldots, u_\nu)$ est en involution avec les α systèmes

$$(a, a, \ldots, a), \quad (\infty, a, \ldots, a), \quad (\infty, \infty, a, \ldots, a), \quad \ldots.$$

En particulier, une valeur exceptionnelle d'ordre ν correspond à ν combinaisons exceptionnelles entre les fonctions $f_1, f_2, \ldots, f_\nu$ formant un tableau triangulaire.

---

de valeurs exceptionnelles est $\nu + h$, h désignant le nombre des relations linéaires distinctes à coefficients constants entre les fonctions f_i. Voir : *Sur le nombre des valeurs exceptionnelles des fonctions multiformes* (*Comptes rendus*, t. 177, 1923, p. 306; *Bulletin de la Soc. math. de France*, t. LIII, 1925, p. 23-34).

Lorsqu'une algébroïde admet des valeurs exceptionnelles a, b, ..., l d'ordres respectifs α, β, ..., λ avec la condition

$$\alpha + \beta + \ldots + \lambda = \nu,$$

les ν combinaisons exceptionnelles sont distinctes, car le déterminant des coefficients est égal à un produit de puissances des différences $a - b$, $a - c$, ..., $k - l$. Lorsque la somme des ordres de multiplicité dépasse ν, ν combinaisons exceptionnelles ne sont pas nécessairement toujours distinctes, quand les nombres a, b, ..., l vérifient des relations particulières. Considérons par exemple l'algébroïde définie par l'équation

$$u^2 + f_1 u + f_2 = 0,$$

et supposons qu'elle admette a comme valeur exceptionnelle d'ordre 2, b et c comme valeurs exceptionnelles d'ordre *un*; nous aurons les combinaisons exceptionnelles

$$\begin{aligned} &a^2 + f_1 a + f_2, \\ &2a + f_1, \\ &b^2 + f_1 b + f_2, \\ &c^2 + f_1 c + f_2; \end{aligned}$$

les trois dernières seront distinctes si $2a - b - c$ n'est pas nul; elles ne seront pas distinctes lorsque $a = \frac{b+c}{2}$; par exemple, l'algébroïde

$$u^2 + u e^x - 1 = 0$$

admet 0 comme valeur exceptionnelle d'ordre deux, 1 et -1 comme valeurs exceptionnelles d'ordre *un*.

Dans le cas où les valeurs exceptionnelles d'ordres de multiplicité supérieurs à *un* donnent lieu à des combinaisons exceptionnelles distinctes lorsqu'on prend ν ou $\nu + 1$ d'entre elles, on peut dire que *la somme des ordres de multiplicité des valeurs exceptionnelles ne peut dépasser* $2\nu - 1$.

144. Familles normales de fonctions algébroïdes. — Lorsque l'on a une famille de fonctions algébroïdes d'ordre ν, les coefficients forment une famille de systèmes de ν fonctions f_1, f_2, ..., f_ν. Si la famille des systèmes est normale et bornée dans le domaine (D) considéré, de toute suite infinie de systèmes, on peut extraire une suite partielle convergeant uniformément vers un système de ν fonctions

$$f_1^0, \quad f_2^0, \quad \ldots, \quad f_\nu^0$$

bornées dans le domaine (D). Considérons la fonction algébroïde u d'ordre ν définie par l'équation

$$u^\nu + f_1^0 u^{\nu-1} + \ldots + f_\nu^0 = 0.$$

Pour une valeur déterminée de z, cette fonction a ν valeurs u_1, $u_2, \ldots, u_\nu$ et ces valeurs sont les limites des valeurs prises au même point z par les algébroïdes dont la suite correspond à la suite convergente des systèmes $f_1, f_2, \ldots, f_\nu$: c'est une conséquence immédiate du théorème sur la continuité des racines d'une équation algébrique. La convergence est d'ailleurs uniforme autour de chaque point z, et par conséquent dans tout domaine complètement intérieur à (D). Nous dirons dans ce cas, avec M. Rémoundos (1), que la famille des algébroïdes est normale dans le domaine (D).

Par exemple, si les diverses déterminations de $u(z)$ sont bornées dans le domaine, la famille est normale.

145. Cas des fonctions non bornées. — Lorsque la famille complexe n'est pas bornée, elle peut être normale sans que les algébroïdes admettent une algébroïde limite; et réciproquement, les algébroïdes peuvent avoir une limite sans que la famille complexe soit normale

Prenons, par exemple, les algébroïdes définies par

$$u^2 + 2^n z^n u + 2^n = 0,$$

n étant un entier positif; la famille complexe

$$f_1 = 2^n z^n, \qquad f_2 = 2^n$$

---

(1) *Sur les familles de fonctions multiformes admettant des valeurs exceptionnelles dans un domaine* (*Acta mathematica*, t. 37, 1914, p. 241-300). *Sur les familles et les séries de fonctions multiformes dans un domaine* (*Annali di Matematica*, 3e série, t. XXIII, p. 1-24).

est normale dans le cercle $|z-1|<\frac{1}{2}$. Or, l'algébroïde n'a pas de limite, comme on le voit sur l'équation aux inverses $v=\frac{1}{u}$,

$$v^2+z^n v+\frac{1}{2^n}=0.$$

De même, les algébroïdes

$$u^2+2^n z^n u+2^n=0$$

ont pour limite l'infini lorsque $|z|<1$; or, dans ce domaine, la famille complexe f_1, f_2 n'est pas normale.

Nous nous bornerons donc à l'étude des familles d'algébroïdes qui demeurent bornées.

146. Critère d'une famille normale. — Nous avons vu, au paragraphe **132**, qu'une famille complexe $f_1, \ldots, f_\nu$ est normale lorsqu'elle admet 2ν combinaisons exceptionnelles formant deux tableaux triangulaires dont l'écart demeure supérieur à un nombre positif fixe. Or, l'existence d'une valeur exceptionnelle d'ordre ν pour l'algébroïde

$$u^\nu+f_1 u^{\nu-1}+\ldots+f_\nu=0$$

entraîne l'existence de ν combinaisons exceptionnelles formant un tableau triangulaire. S'il y a deux valeurs exceptionnelles a et b d'ordre de multiplicité ν, l'écart des deux tableaux triangulaires correspondant sera, pour chaque point z, le plus petit module des différences

$$F(z, b)-F(z, a), \qquad F'_u(z, b)-F'_u(z, a),$$

$$\frac{1}{2}[F''_{u^2}(z, b)-F''_{u^2}(z, a)], \quad \ldots, \quad \frac{1}{(\nu-2)!}\left[F^{(\nu-2)}_{u^{\nu-2}}(z, b)-F^{(\nu-2)}_{u^{\nu-2}}(z, a)\right].$$

147. Extension du théorème de M. Schottky. — Fixons par exemple les valeurs de $f_1, f_2, \ldots, f_\nu$ pour $z=0$; soient

$$\begin{aligned} f_1 &= a_0+a_1 z+\ldots, \\ f_2 &= b_0+b_1 z+\ldots, \\ &\ldots\ldots\ldots\ldots\ldots\ldots, \\ f_\nu &= l_0+l_1 z+\ldots; \end{aligned}$$

nous supposerons fixes les nombres $a_0, b_0, \ldots, l_0$.

Supposons encore qu'aucune des différences

$$F(o, b) - F(o, a) = b^{\nu} - a^{\nu} + a_0(b^{\nu-1} - a^{\nu-1}) + b_0(b^{\nu-2} - a^{\nu-2}) + \ldots + k_0(b - a),$$

$$F'_u(o, b) - F'_u(o, a) = \nu(b^{\nu-1} - a^{\nu-1}) + (\nu - 1)\, a_0(b^{\nu-2} - a^{\nu-2}) + \ldots + 2h_0(b - a),$$

$$\ldots\ldots\ldots\ldots,$$

$$\frac{1}{(\nu-2)!}\left[F^{(\nu-2)}_{u^{\nu-2}}(o, b) - F^{(\nu-2)}_{u^{\nu-2}}(o, a)\right] = \frac{\nu(\nu-1)}{1.2}(b^2 - a^2) + (\nu - 1)a_0(b - a)$$

ne soit nulle; alors, l'écart des deux tableaux reste supérieur à un nombre fixe. On obtient ainsi le théorème :

Théorème. — *Considérons la famille des algébroïdes*

$$F(z, u) = u^{\nu} + f_1 u^{\nu-1} + \ldots + f_{\nu} = 0$$

définies dans un cercle (C), $|z| < R$ *et telles que* $F(o, u)$ *ait ses coefficients fixes. Si chaque algébroïde admet deux valeurs* o *et* 1 *comme valeurs exceptionnelles d'ordre* ν *et si l'écart à l'origine des tableaux correspondants n'est pas nul, cette famille est normale et bornée.*

Dans le cercle $|z| \leqq \theta R$, *on a*

$$|u(z)| < \Omega(a_0, b_0, \ldots, l_0, \theta),$$

$a_0, b_0, \ldots, l_0$ *étant les valeurs de* $f_1, \ldots, f_{\nu}$ *pour* $z = 0$.

Ce théorème constitue une extension aux algébroïdes du théorème de M. Schottky sur les fonctions uniformes admettant deux valeurs exceptionnelles. Pour $\nu = 1$, on retrouve d'ailleurs le théorème de M. Schottky. La condition que l'écart en un point particulier reste supérieur à un nombre positif est indispensable. Par exemple, les algébroïdes définies par l'équation $P(u) = e^{nz}$, où $P(u)$ est un polynome de degré ν à coefficients constants dont les racines sont distinctes, ne forment pas une famille normale dans tout domaine comprenant l'origine : elles admettent ν valeurs exceptionnelles d'ordre ν.

Toute famille d'algébroïdes de la même classe que la famille considérée est une famille normale et bornée. Pour une famille arbitraire de cette classe, il n'y aura pas en général deux valeurs exceptionnelles d'ordre ν, mais 2ν combinaisons exceptionnelles pouvant se ramener, par une substitution linéaire, à deux tableaux triangulaires distincts.

On peut toujours supposer, comme nous l'avons fait, que les valeurs exceptionnelles soient o et 1, en effectuant au besoin sur u une substitution linéaire.

148. Extension du théorème de M. Landau. — Le théorème précédent conduit à une proposition donnant une extension, aux familles d'algébroïdes, du théorème de M. Landau sur les fonctions uniformes admettant deux valeurs exceptionnelles.

Supposons en effet que l'un des nombres $a_1, b_1, \ldots, l_1$ soit fixe et non nul : soit par exemple a_1. Les fonctions $f_1(z)$ forment une famille normale et bornée dans le cercle (C) et l'on a

$$|f_1(z)| < \nu\Omega;$$

donc,

$$R \leq \frac{\nu\Omega}{|a_1|}.$$

Dans les conditions énoncées au théorème précédent, il existe un nombre R_0 *ne dépendant que de* $a_0, b_0, \ldots, l_0$ *et de* $a_1 \neq 0$ *tel que, à l'intérieur d'un cercle de centre origine et de rayon supérieur à* R_0, *ou bien la fonction* $u(z)$ *cesse d'être algébroïde à* ν *branches, ou bien l'une des valeurs zéro ou un cesse d'être exceptionnelle d'ordre* ν.

On peut remarquer que, fixer les valeurs de $f_1, f_2, \ldots, f_\nu$ à l'origine, revient à fixer les ν déterminations de l'algébroïde pour $z = 0$.

On peut aussi, au lieu de se donner a_1, fixer les valeurs de $f_1(z)$ en un point $z_0 \neq 0$, ou encore se donner une des fonctions symétriques élémentaires des valeurs de u en z_0; par exemple, on pourra se donner la somme de ces valeurs pourvu qu'elle soit différente de $-a_0$.

149. Généralisations. — Les résultats précédents comportent des extensions diverses. Il est clair que toutes les circonstances permettant d'affirmer l'existence, pour une algébroïde, de deux tableaux triangulaires distincts formés par des combinaisons exceptionnelles des coefficients de l'équation qui définit cette algébroïde, conduisent à des énoncés du même type que ceux du paragraphe précédent.

Par exemple, au lieu de supposer qu'une valeur a est exceptionnelle d'ordre α, on peut supposer qu'elle est exceptionnelle pour les algébroïdes définies par les polynomes en u :

$$F(z, u), \quad \Delta F(z, u), \quad \Delta^2 F(z, u), \quad \ldots, \quad \Delta^{\alpha-1} F(z, u),$$

$\Delta, \Delta^2, \ldots, \Delta^{\alpha-1}$ étant les différences d'ordre $1, 2, \ldots, \alpha-1$, de la suite

$$F(z, u), \quad F(z, u+h), \quad F(z, u+2h), \quad \ldots, \quad F[z, u+(\alpha-1)h].$$

On peut aussi supposer qu'il existe des valeurs $a, b, \ldots, l$ respectivement exceptionnelles pour les algébroïdes définies par

$$F(z, u), \quad F'(z, u), \quad F''(z, u), \quad \ldots, \quad F^{(\alpha-1)}(z, u).$$

Remarquons enfin que, dès qu'une algébroïde admet ν combinaisons exceptionnelles distinctes, il existe dans la même classe une algébroïde admettant une valeur exceptionnelle d'ordre ν.

Supposons en effet que l'algébroïde

$$u^\nu + f_1 u^{\nu-1} + \ldots + f_\nu = 0$$

admette les ν combinaisons exceptionnelles *distinctes*

$$\begin{aligned} g_1 &= \lambda_0^1 + \lambda_1^1 f_1 + \ldots + \lambda_\nu^1 f_\nu, \\ g_2 &= \lambda_0^2 + \lambda_1^2 f_1 + \ldots + \lambda_\nu^2 f_\nu, \\ &\ldots\ldots\ldots\ldots\ldots\ldots\ldots\ldots, \\ g_\nu &= \lambda_0^\nu + \lambda_1^\nu f_1 + \ldots + \lambda_\nu^\nu f_\nu. \end{aligned}$$

L'algébroïde

$$u^\nu + g_1 u^{\nu-1} + \ldots + g_\nu = 0$$

est de la même classe et elle admet la valeur zéro comme valeur exceptionnelle d'ordre ν.

On peut aussi, dans ce qui précède, supposer que les involutions soient relatives à des fonctions algébriques ou même à des algébroïdes. Il suffit de supposer que les coefficients $\lambda_0, \lambda_1, \ldots, \lambda_\nu$ soient des polynomes ou des fonctions entières croissant moins vite que les fonctions $f_1, f_2, \ldots, f_\nu$. En particulier, si l'équation

$$\lambda_\nu u^\nu - C_\nu^1 \lambda_{\nu-1} u^{\nu-1} + \ldots + (-1)^\nu \lambda_0 = 0$$

a ses racines égales, nous aurons un polynome exceptionnel, ou une fonction entière exceptionnelle.

150. Fonctions algébroïdes non entières. — Nous avons étudié dans les paragraphes précédents des algébroïdes entières. Si le coefficient de u^ν est une fonction holomorphe $f_0(z)$ qui peut s'annuler dans (D), nous aurons une algébroïde non entière définie par

$$f_0 u^\nu + f_1 u^{\nu-1} + \ldots + f_\nu = 0.$$

S'il existe une combinaison exceptionnelle

$$g_0 = \lambda_0 f_0 + \lambda_1 f_1 + \ldots + \lambda_\nu f_\nu,$$

nous aurons dans la même classe une algébroïde entière. Supposons en effet que l'un des coefficients non nuls soit λ_k. La substitution

$$f_i = g_i \quad (i \neq k), \qquad f_0 = g_k,$$

$$f_k = \frac{1}{\lambda_k}[g_0 - \lambda_0 g_k - \lambda_1 g_1 - \ldots - \lambda_\nu g_\nu]$$

conduit à l'algébroïde v définie par l'équation

$$g_0 v^\nu + g_1 v^{\nu-1} + \ldots + g_k v^{\nu-k} + \ldots + g_\nu = 0,$$

qui est une algébroïde entière, et à laquelle on peut appliquer les résultats précédents. En particulier, si la première algébroïde admet une valeur exceptionnelle a, la substitution $v = \frac{1}{u-a}$ conduira à une algébroïde entière.

FIN.

INDEX.

ALGEBRAIC THEORY OF MEASURE AND INTEGRATION

By C. CARATHÉODORY

Translated from the German by FRED E. J. LINTON. By generalizing the concept of point function to that of a function over a Boolean ring ("soma" function), Prof. Carathéodory gives an algebraic treatment of measure and integration.

—1963. 378 pp. 6x9. 8284-0161-6.

VORLESUNGEN UBER REELLE FUNKTIONEN

By C. CARATHÉODORY

This great classic is at once a book for the beginner, a reference work for the advanced scholar and a source of inspiration for the research worker.

—3rd ed. (c.r. of 2nd). 1968. 728 pp. 5⅜x8. 8284-0038-5.

NON-EUCLIDEAN GEOMETRY, *by H. S. CARSLAW.* See BALL

COLLECTED PAPERS (OEUVRES)

By P. L. CHEBYSHEV

One of Russia's greatest mathematicians, Chebyshev (Tchebycheff) did work of the highest importance in the Theory of Probability, Number Theory, and other subjects. The present work contains his post-doctoral papers (sixty in number) and miscellaneous writings. The language is French, in which most of his work was originally published; those papers originally published in Russian are here presented in French translation.

—1962. Repr. of 1st ed. 1,480 pp. 5½x8¼. 8284-0157-8.
Two vol. set

TEXTBOOK OF ALGEBRA

By G. CHRYSTAL

In addition to the standard topics, Chrystal's *Algebra* contains many topics not often found in an Algebra book: inequalities, the elements of substitution theory, and so forth. Especially extensive is Chrystal's treatment of infinite series, infinite products, and (finite and infinite) continued fractions.

OVER 2,400 EXERCISES (with solutions).

—7th ed. 1964. 2 vols. xxiv + 584 pp.; xxiv + 626 pp. 5⅜x8.
8284-0084-9. Cloth. Each vol.
8284-0181-0. Paper. Each vol.

MATHEMATICAL PAPERS

By W. K. CLIFFORD

One of the world's major mathematicians, Clifford's papers cover only a 15-year span, for he died at age 34. [Included in this volume is Clifford's English translation of an important paper of Riemann.]

—1882-67. 70 + 658 pp. 5⅜x8. 8284-0210-8.

CURVE TRACING

By P. FROST

This much-quoted and charming treatise gives a very readable treatment of a topic that can only be touched upon briefly in courses on Analytic Geometry. Teachers will find it invaluable as supplementary reading for their more interested students and for reference. The Calculus is not used.

Partial Contents: Introductory Theorems. II. Forms of Certain Curves Near the Origin. Cusps. Tangents to Curves. Curvature. III. Curves at Great Distance from the Origin. IV. Simple Tangents. Direction and amount of Curvature. Multiple Points. Curvature at Multiple Points. VI. Asymptotes. VIII. Curvilinear Asymptotes. IX. The Analytical Triangle. X. Singular Points. XI. Systematic Tracing of Curves. XII. The Inverse Process. CLASSIFIED LIST OF THE CURVES DISCUSSED. FOLD-OUT PLATES.

Hundreds of examples are discussed in the text and illustrated in the fold-out plates.

—5th (unaltered) ed. 1971. 210 pp. + 17 fold-out plates. 5⅜x8. 8284-0140-3.

GESAMMELTE MATHEMATISCHE WERKE

By L. FUCHS

—1904/09-71. L. C. 72-113126. 6x9. 3 vol. set.

LECTURES ON ANALYTICAL MECHANICS

By F. R. GANTMACHER

Translated from the Russian by PROF. B. D. SECKLER, with additions and revisions by Prof. Gantmacher.

Partial Contents: CHAP. I. Differential Equations of Motion of a System of Particles. II. Equations of Motion in a Potential Field. III. Variational Principles and Integral-Invariants. IV. Canonical Transformations and the Hamilton-Jacobi Equation. V. Stable Equilibrium and Stability of Motion of a System (Lagrange's Theorem on stable equilibrium, Tests for unstable E., Theorems of Lyapunov and Chetayev, Asymptotically stable E., Stability of linear systems, Stability on basis of linear approximation, . . .). VI. Small Oscillations. VII. Systems with Cyclic Coordinates. BIBLIOGRAPHY.

—Approx. 300 pp. 6x9.

THE THEORY OF MATRICES

By F. R. GANTMACHER

This treatise, by one of Russia's leading mathematicians gives, in easily accessible form, a coherent account of matrix theory with a view to applications in mathematics, theoretical physics, statistics, electrical engineering, etc. The individual chapters have been kept as far as possible independent of each other, so that the reader acquainted with the contents of Chapter I can proceed immediately to the chapters that especially interest him. Much of the material has been available until now only in the periodical literature.

Partial Contents. VOL. ONE. I. Matrices and Matrix Operations. II. The Algorithm of Gauss and Applications. III. Linear Operators in an n-Dimensional Vector Space. IV. Characteristic Polynomial and Minimal Polynomial of a Matrix (Generalized Bézout Theorem, Method of Faddeev for Simultaneous Computation of Coefficients of Characteristic Polynomial and Adjoint Matrix, . . .). V. Functions of Matrices (Various Forms of the Definition, Components, Application to Integration of System of Linear Differential Eqns, Stability of Motion, . . .). VI. Equivalent Transformations of Polynomial Matrices; Analytic Theory of Elementary Divisors. VII. The Structure of a Linear Operator in an n-Dimensional Space (Minimal Polynomial, Congruence, Factor Space, Jordan Form, Krylov's Method of Transforming Secular Eqn, . . .). VIII. Matrix Equations (Matrix Polynomial Eqns, Roots and Logarithm of Matrices, . . .). IX. Linear Operators in a Unitary Space. X. Quadratic and Hermitian Forms.

VOL. TWO. XI. Complex Symmetric, Skew-symmetric, and Orthogonal Matrices. XII. Singular Pencils of Matrices. XIII. Matrices with Non-Negative Elements (Gen'l and Spectral Properties, Reducible M's, Primitive and Imprimitive M's, Stochastic M's, Totally Non-Negative M's, . . .). XIV. Applications of the Theory of Matrices to the Investigation of Systems of Linear Differential Equations. XV. The Problem of Routh-Hurwitz and Related Questions (Routh's Algorithm, Lyapunov's Theorem, Infinite Hankel M's, Supplements to Routh-Hurwitz Theorem, Stability Criterion of Liénard and Chipart, Hurwitz Polynomials, Stieltjes' Theorem, Domain of Stability, Markov Parameters, Problem of Moments, Markov and Chebyshev Theorems, Generalized Routh-Hurwitz Problem, . . .). BIBLIOGRAPHY.

—Vol. I. 1960-70. x + 374 pp. 6x9. 8284-0131-4.
—Vol. II. 1960-64. x + 277 pp. 6x9. 8284-0133-0.

UNTERSUCHUNGEN UEBER HOEHERE ARITHMETIK

By C. F. GAUSS

In this volume are included all of Gauss's number-theoretic works: his masterpiece, *Disquisitiones Arithmeticae,* published when Gauss was only 25 years old; several papers published during the ensuing 31 years; and papers taken from material found in Gauss's handwriting after his death.

These papers (pages 457-695 of the present book) include a fourth, fifth, and sixth proof of the Quadratic Reciprocity Law, researches on biquadratic residues, quadratic forms, and other topics.

—1889-65. xv + 695 pp. 6x9. 8284-0191-8.

COMMUTATIVE NORMED RINGS

By I. M. GELFAND, D. A. RAĬKOV, and G. E. SHILOV

Partial Contents: CHAPS. I AND II. General Theory of Commutative Normed Rings. III. Ring of Absolutely Integrable Functions and their Discrete Analogues. IV. Harmonic Analysis on Commutative Locally Compact Groups. V. Ring of Functions of Bounded Variation on a Line. VI. Regular Rings. VII. Rings with Uniform Convergence. VIII. Normed Rings with an Involution and their Representations. IX. Decomposition of

Normed Ring into Direct Sum of Ideals. HISTORICO-BIBLIOGRAPHICAL NOTES. BIBLIOGRAPHY.
—1964. 306 pp. 6x9. 8284-0170-5.

THEORY OF PROBABILITY

By B. V. GNEDENKO

This textbook, by a leading Russian probabilist, is suitable for senior undergraduate and first-year graduate courses. It covers, in highly readable form, a wide range of topics and, by carefully selected exercises and examples, keeps the reader throughout in close touch with problems in science and engineering.

"extremely well written . . . suitable for individual study . . . Gnedenko's book is a milestone in the writing on probability theory."—*Science.*

Partial Contents: I. The Concept of Probability (Various approaches to the definition. Space of Elementary Events. Classical Definition. Geometrical Probability. Relative Frequency. Axiomatic construction . . .). II. Sequences of Independent Trials. III Markov Chains IV. Random Variables and Distribution Functions (Continuous and discrete distributions. Multidimensional d. functions. Functions of random variables. Stieltjes integral). V. Numerical Characteristics of Random Variables (Mathematical expectation. Variance... Moments). VI. Law of Large Numbers (Mass phenomena. Tchebychev's form of law. Strong law of large numbers...). VII. Characteristic Functions (Properties. Inversion formula and uniqueness theorem. Helly's theorems. Limit theorems. Char. functs. for multidimensional random variables...). VIII. Classical Limit Theorem (Liapunov's theorem. Local limit theorem). IX. Theory of Infinitely Divisible Distribution Laws. X. Theory of Stochastic Processes (Generalized Markov equation. Continuous S. processes. Purely discontinuous S. processes. Kolmogorov-Feller equations. Homogeneous S. processes with independent increments. Stationary S. process. Stochastic integral. Spectral theorem of S. processes. Birkhoff-Khinchine ergodic theorem). XI. Elements of Queueing Theory (General characterization of the problems. Birth-and-death processes. Single-server queueing systems. Flows. Elements of the theory of stand-by systems). XII. Elements of Statistics (Problems. Variational series. Glivenko's Theorem and Kolmogorov's criterion. Two-sample problem. Critical region . . . Confidence limits). TABLES. BIBLIOGRAPHY. ANSWERS TO THE EXERCISES.
—4th ed. 1968. 527 pp. 6x9. 8284-0132-2.

TRAITÉ DES COURBES SPÉCIALES REMARQUABLES

By F. GOMES TEIXEIRA

A comprehensive treatise, in three volumes, on curves in the plane and in space, and their special properties.
—2nd (corr.) ed. 1908/09/15-71. 1,337 pp. 3 vol. set.

INVARIANTENTHEORIE

By P. A. GORDAN

TWO VOLUMES IN ONE. A classical work.
—1885/7-1971. 583 pp. 5⅜x8. 2 vols. in 1.

REELLE FUNKTIONEN. Punktfunktionen

By H. HAHN

—1932-48. xi + 415 pp. 5½x8½. 8284-0052-0.

ALGEBRAIC LOGIC

By P. R. HALMOS

"Algebraic Logic is a modern approach to some of the problems of mathematical logic, and the theory of polyadic Boolean algebras, with which this volume is mostly concerned, is intended to be an efficient way of treating algebraic logic in a unified manner.

"[The material] is accessible to a general mathematical audience; no vast knowledge of algebra or logic is required . . . Except for a slight Boolean foundation, the volume is essentially self-contained."—*From the Preface.*

—1962. 271 pp. 6x9. 8284-0154-3.

LECTURES ON ERGODIC THEORY

By P. R. HALMOS

CONTENTS: Introduction. Recurrence. Mean Convergence. Pointwise Convergence. Ergodicity. Mixing. Measure Algebras. Discrete Spectrum. Automorphisms of Compact Groups. Generalized Proper Values. Weak Topology. Weak Approximation. Uniform Topology. Uniform Approximation. Category. Invariant Measures. Generalized Ergodic Theorems. Unsolved Problems.

"Written in the pleasant, relaxed, and clear style usually associated with the author. The material is organized very well and painlessly presented."

—*Bulletin of the A.M.S.*

—1956-60. viii + 101 pp. 5⅜x8. 8284-0142-X.

INTRODUCTION TO HILBERT SPACE AND THE THEORY OF SPECTRAL MULTIPLICITY

By P. R. HALMOS

A clear, readable introductory treatment of Hilbert Space.

—1957. 2nd ed. (C.r. of 1st ed.) 120 pp. 6x9. 8284-0082-2.

ELEMENTS OF QUATERNIONS

By W. R. HAMILTON

Sir William Rowan Hamilton's last major work, and the second of his two treatises on quaternions.

—2nd ed. 1899/1901-68. 1,185 pp. 6x9. 8284-0219-1.
Two vol. set.

RAMANUJAN:
Twelve Lectures on His Life and Works

By G. H. HARDY

The book is somewhat more than an account of the mathematical work and personality of Ramanujan; it is one of the very few full-length books of "shop talk" by an important mathematician.

—1940-59. viii + 236 pp. 6x9. 8284-0136-5

Grundzüge Einer Allgemeinen Theorie der LINEAREN INTEGRALGLEICHUNGEN

By D. HILBERT

—1912-53. 306 pp. $5\frac{1}{2} \times 8\frac{1}{4}$. 8284-0091-1.

GEOMETRY AND THE IMAGINATION

By D. HILBERT and S. COHN-VOSSEN

Translated from the German by P. NEMENYI.

"A fascinating tour of the 20th century mathematical zoo. . . . Anyone who would like to see proof of the fact that a sphere with a hole can always be bent (no matter how small the hole), learn the theorems about Klein's bottle—a bottle with no edges, no inside, and no outside—and meet other strange creatures of modern geometry will be delighted with Hilbert and Cohn-Vossen's book."
—*Scientific American.*

"Should provided stimulus and inspiration to every student and teacher of geometry."—*Nature.*

"A mathematical classic. . . . The purpose is to make the reader *see* and *feel* the proofs. . . . readers can penetrate into higher mathematics with . . . pleasure instead of the usual laborious study."
—*American Scientist.*

"Students, particularly, would benefit very much by reading this book . . . they will experience the sensation of being taken into the friendly confidence of a great mathematician and being shown the real significance of things."—*Science Progress.*

"A person with a minimum of formal training can follow the reasoning. . . . an important [book]."
—*The Mathematics Teacher.*

—1952. 358 pp. 6x9. 8284-0087-3.

GESAMMELTE ABHANDLUNGEN (Collected Papers)

By D. HILBERT

Volume I (Number Theory) contains Hilbert's papers on Number Theory, including his long paper on Algebraic Numbers. Volume II (Algebra, Invariant Theory, Geometry) covers not only the topics indicated in the sub-title but also papers on Diophantine Equations. Volume III carries the sub-title: Analysis, Foundation of Mathematics, Physics, and Miscellaneous Papers.

—1932/35-66. 1,457 pp. 6x9. 8284-0195-0.

PRINCIPLES OF MATHEMATICAL LOGIC

By D. HILBERT and W. ACKERMANN

"As a text the book has become a classic . . . the best introduction for the student who seriously wants to master the technique. Some of the features which give it this status are as follows:

"The first feature is its extraordinary lucidity. A second is the intuitive approach, with the introduction of formalization only after a full discussion of motivation. Again, the argument is rigorous and exact . . . A fourth feature is the emphasis on general extra-formal principles . . . Finally, the work is relatively free from bias . . . All together, the book still bears the stamp of the genius of one of the great mathematicians of modern times."—*Bulletin of the A.M.S.*

—1959. xii + 172 pp. 6x9. 8284-0069-5.